21世纪教育科学系列教材

应用心理基础教程

主　编　兰继军
副主编　赵颖　沈潘艳

图书在版编目(CIP)数据

应用心理基础教程/兰继军主编. —北京:北京大学出版社,2014.10
(21世纪教育科学系列教材)
ISBN 978-7-301-24911-6

I. ①应⋯ II. ①兰⋯ III. ①应用心理学—高等学校—教材 IV. ①B849

中国版本图书馆CIP数据核字(2014)第228648号

书　　　名	:应用心理基础教程
著作责任者	:兰继军　主编
责 任 编 辑	:刘　军
标 准 书 号	:ISBN 978-7-301-24911-6/G·3896
出 版 发 行	:北京大学出版社
地　　　址	:北京市海淀区成府路205号　100871
网　　　址	:http://www.pup.cn　新浪官方微博:@北京大学出版社
电 子 信 箱	:shfli2004@126.com
电　　　话	:邮购部 62752015　发行部 62750672　编辑部 62767346　出版部 62754962
印 刷 者	:北京鑫海金澳胶印有限公司
经 销 者	:新华书店
	787毫米×1092毫米　16开本　18印张　350千字
	2014年10月第1版　2023年3月第3次印刷
定　　　价	:48.00元

未经许可,不得以任何方式复制或抄袭本书之部分或全部内容。
版权所有,侵权必究
举报电话:010-62752024　电子信箱:fd@pup.pku.edu.cn

内容简介

本书在吸收当代心理学研究前沿成果的基础上,系统阐述了感知觉、注意、记忆、思维、情绪、动机、人格、智力等心理现象,详细介绍了人类心理活动的物质基础、个体心理的发展历程和群体心理的多样化表现等方面的知识,并简要介绍了感官障碍、智力障碍、注意障碍、学习障碍、孤独症等特殊群体的心理现象。

本书采用故事、图片、案例、知识卡片等多种形式呈现心理学原理,在内容选择上注重结合当前热点的社会心理现象,有助于帮助读者拓展心理学的应用知识。

本书适合作为教师教育必修课程心理学教材、特殊教育学专业基础课程心理学教材及普通高校心理学选修课程教材,也可以作为面向实践的应用心理硕士入门教材。

主编简介

兰继军,博士,陕西师范大学心理学院教授。主要研究方向:特殊儿童心理,残疾人社会心理,行为矫正,全纳教育,体育心理。先后主持、完成全国教育科学"十五"、"十一五"规划课题、教育部人文社会科学研究规划基金项目、教育部哲学社会科学研究重大招标项目子课题等科研项目。担任中国心理卫生协会残疾人心理卫生分会副秘书长兼特殊教育专业委员会副主任委员、陕西省中小学心理健康教育专家指导委员会委员等职。

前　言

近年来,心理学在社会中的应用越来越多,相对于普通大众,一些与人打交道的职业更需要心理学的支撑作用,其中三类专业群体是本书关注的读者对象。首先是注重应用心理实践的专业人员。进入21世纪,应用心理学越来越得到重视,在加强心理学科学研究的同时,心理学的实践应用也蓬勃开展。2009年国务院学位委员会批准设立应用心理硕士(MAP)专业学位硕士点,首批批准30所高校开设应用心理硕士专业学位点。在应用心理硕士(MAP)专业办学过程中,我们深感急需一本《应用心理基础教程》,以帮助入学者打好心理学科基础,并侧重于实践应用,为将来从事应用心理实践工作奠定坚实的基础。其次是开展融合教育的普通学校教师、正在接受教师教育的师范生。常规的心理学入门教材,往往假设了一个标准的人,将这个人的心理解剖为诸多的心理现象,完全忽视了这个人的心理的整体性、差异性和群体性。个体的心理在内部而言是一个整体,各种心理现象彼此关联;不同个体之间的心理具有差异性,而不同个体集合在一起又组成了各种社会群体,形成了极为复杂的群体心理氛围。因此,本教材穿插介绍了感官障碍、智力障碍、注意障碍、孤独症(自闭症)和学习障碍等特殊群体的心理特点和典型行为,希望未来从事教育工作的师范生,能更加包容和接纳各类残障人群。第三类是学习特殊教育专业的学生。学好心理学是从事教育工作的基础,特殊教育专业的学生,更需要形成系统的、人性化的、科学的心理学思想。因而本教材并不是将各类残障人群的心理与普通人的心理割裂开来,而是将其置身于广阔的现实中,实现文本层面上的"融合"。

在此背景下,我们申报了陕西师范大学优秀研究生教材建设项目并获得立项(GERP-11-05),在三届学生教学试用的基础上,修订完成了这本《应用心理基础教程》。本教材的主要特点如下。

(1)体现人文关怀,注重对各类人群的差异性进行分析,关注心理发展历程中的特殊群体,帮助学习者了解特殊困难群体的心理特点。

(2)加强趣味性。本教材大量选取生活中发生的典型事例,生动活泼,具有趣味性、可读性。特别是在各章导入的案例设计上,统一选取金庸武侠小说中的故事,并加以心理学的解读,以期为读者提供新的视角,在轻松愉快的阅读中领会相对枯燥乏味的心理学原理。

（3）立体化呈现。本教材不仅使用图片等方式呈现,而且在各章末以推荐故事、影片、歌曲等形式,结合本章主题对推荐的媒体素材进行心理学的专业解读。这就在文本之外,给读者以思维和想象的空间,启发他们通过多媒体素材来拓展对心理学的理解。

（4）注重实践和灵活思维。教材选取的案例、知识卡片中都渗透了注重实践和灵活思维的指导思想。在每章之后的实践与实验指导,分别选取与本章主题相符的实践活动或实验设计任务,以增强学生的动手能力,而在复习思考题中,也减少了需要死记硬背的题目,更多的是需要灵活思考的问题。

基于以上特点,本教材适合作为应用心理硕士的入门教材,也可以作为师范院校师范生(包括特殊教育专业)的心理学基础课教材。

本教材的编写者来自多个高校,从不同视角为丰富本教材提供了新思路。各章分工如下：

第一章：兰继军(陕西师范大学),赵颖(西安交通大学)

第二章：郭智慧(宝鸡职业技术学院)

第三章：兰继军,杨伶(陕西师范大学)

第四章：兰继军,杨伶,赵颖

第五章：兰继军,徐嘉玉(陕西师范大学)

第六章：马春花(西北民族大学)

第七章：兰继军,焦武萍(陕西师范大学)

第八章：沈潘艳(西南科技大学)

第九章：兰继军,李嫱(商洛学院)

第十章：兰继军,勾柏频(安顺学院)

第十一章：简洁(威海职业技术学院)

各章的导入案例由兰继军统一起草,参加统稿的人员有兰继军、赵颖、沈潘艳、郭智慧、简洁等。

根据心理学的研究规范,教材中有关量表的评分方法不宜公开,教学中如需要进行测评,请与作者联系,联系方式可以发送邮件至：spchild@126.com。

编者感谢陕西师范大学研究生院相关领导与工作人员对教材编写工作的支持,同时感谢北京大学出版社对本教材出版工作的大力支持。

兰继军
2014 年 8 月

目 录

第一章 心理学概述 ········· 1
    第一节 心理与心理现象/1
    第二节 心理学的概念、体系与流派/14

第二章 脑与心理 ········· 25
    第一节 心理的神经基础/25
    第二节 脑的功能及其应用/34

第三章 感知觉 ········· 47
    第一节 感觉与知觉/48
    第二节 感知觉规律及其应用/56

第四章 注意 ········· 76
    第一节 注意概述/76
    第二节 注意的类型与品质/81

第五章 记忆 ········· 90
    第一节 记忆概述/91
    第二节 记忆的过程/93

第六章 思维 ········· 107
    第一节 思维概述/107
    第二节 问题解决/112
    第三节 想象与创造性思维/117

第七章 情绪 …………………………………………………… 129
- 第一节 情绪、情感概述/129
- 第二节 情绪调节与控制/138
- 第三节 情绪智力/148

第八章 动机 …………………………………………………… 156
- 第一节 需要/156
- 第二节 动机/159

第九章 人格 …………………………………………………… 178
- 第一节 人格/178
- 第二节 人格成分/184
- 第三节 人格与文化/191
- 第四节 人格的测验与评估/196

第十章 智力 …………………………………………………… 208
- 第一节 智力概述/208
- 第二节 智力测验/215
- 第三节 智力差异/222

第十一章 发展心理 …………………………………………… 236
- 第一节 发展的阶段性与生理发展/236
- 第二节 认知发展/247
- 第三节 语言发展/254
- 第四节 社会性发展/257
- 第五节 性别发展/270

第一章　心理学概述

案例1-1

我是谁？

金庸所著的武侠小说《侠客行》中，描绘了一个身份不明的少年石破天，他自幼被养母抚养，养母梅芳姑出于对其亲生父母石清和闵柔夫妇的嫉妒，将石破天叫做"狗杂种"。石破天不谙世事，并不理解这是咒骂的话语。在他流落江湖的几年里，时而被人错认为是长乐帮的帮主，时而被错认为雪山派的学徒石中玉，连石清和闵柔夫妇都错认他是自己的儿子玉儿。谜底最终也没有被解开，石破天茫然自问："我爹爹是谁？我妈妈是谁？我自己又是谁？"[1]

我是谁？这是每个人都要面对的问题，更是心理学家不断探索的话题。正如苏格拉底所说："人，认识你自己！"心理学以人的心理现象为研究对象。认识人的各种心理现象，探索心理发生发展的规律，指导人们在实践中解决实际问题，是心理学的基本任务之一。

第一节　心理与心理现象

一、心理的概念

人的心理现象属于精神层面，必须建立在特定的物质基础之上，并反映客观现实。具体来说，心理必须依托于人脑这一物质基础之上，并反映出人们所经历的客观现实和实践活动。

因此，心理就是人脑对客观现实的主观反映。

人的心理现象是复杂多样的，这些心理现象共同的物质基础是大脑，其来源

---

[1] 金庸.侠客行[M].广州：广州出版社,花城出版社,2001:565.

则是客观现实。

（一）大脑是心理产生的物质器官

1. 动物的神经系统与心理发展水平的关系

首先从生物进化的角度来看,动物脑结构的差异导致心理发展水平的不同,动物的心理活动是随着其进化不断提升的。从表1-1可以看出,动物的神经系统越复杂,功能越强大,心理发展水平也就越高。

表1-1 动物心理进化简表

动物进化层次	神经系统特点	心理发展水平
人类	大脑高度发达	抽象思维
高等脊椎动物	大脑	形象思维萌芽
脊椎动物	管状神经	知觉
环节、节肢动物	梯状、链状神经	感觉
腔肠动物	网状神经	感受性
植物、单细胞动物	无神经	感应性
无生命	——	机械、物理、化学的反映

单细胞动物只具有感应性。多细胞动物分化出了神经细胞,具有了感受性。无脊椎动物如环节、节肢动物的心理发展水平达到了感觉阶段,但只能反映刺激的个别属性。如蜘蛛可以凭振动作为信号来捕捉食物,当苍蝇飞行撞到了蜘蛛网,就有可能被蜘蛛捕食;而如果用夹子夹住一只苍蝇,把它放在蜘蛛面前,但不去触动蜘蛛网,蜘蛛却不会有任何反应。低等脊椎动物的心理发展水平达到了知觉阶段,如鱼类、两栖类、爬行类和鸟类等能够对刺激的多个属性进行反应。低等脊椎动物的脊椎骨里有一条空心的神经管,为神经兴奋的传递提供了有利条件,使神经系统获得了向更为复杂、更为完善的方面发展的可能性。例如爬行类动物出现了大脑皮层,同时为了适应陆地生活环境,视觉器官成了它们最为重要的器官。爬行类动物能够辨别对象的大小、颜色、运动和静止等状态。有的爬行类动物的听觉也非常发达。高等脊椎动物的心理发展水平更高,大部分哺乳类动物达到了知觉的高度复杂阶段,而灵长类动物的心理发展到了思维萌芽阶段,其神经系统发展日趋完善,大脑皮层出现了沟回,大脑不同部位机能分化的趋势也日益明显。当动物进化为人类,心理发展到抽象思维阶段。人类心理是在动物心理发展的基础上产生的,但是与动物心理又有本质的区别。

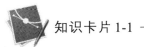

知识卡片1-1

对灵长类动物处于思维萌芽阶段的验证

顿悟： 心理学家科勒以猩猩为研究对象,发现了顿悟现象。将香蕉挂在房间顶上,起初猩猩使劲跳着去抓香蕉,但抓不到。然后,猩猩发现了房屋一角的木箱,它将木箱搬过来,爬到箱子上去够香蕉。如果还是抓不到高处的香蕉,猩猩又去搬一个箱子,把新箱子摞在原来的箱子上,然后爬上去取到香蕉。在这个实验中,猩猩能够把箱子作为工具来解决问题,其前提是它们能够对不同形状的箱子产生概括性的认识。在另外的实验中,大猩猩还表现出其他顿悟现象:把一团弯曲的铁丝弄直,或者把几根管子接起来,然后再用这样弄成的棍棒,去够放在兽栏外的食饵。

手势语： 美国学者阿连和加尔德涅尔利用聋人使用的美国手语,训练黑猩猩沃休在五年内学会了350个手势,它能正确地应用其中近150个手势。在实验中,从袋子里依次取出物件,让它认出这些东西是什么。沃休领会了这个任务,并用不同手势确认了物体。甚至其发生的错误都与人类幼儿学语过程类似,如第一次见到刷子时,沃休用梳子的手势来确认。这与幼儿经常发生的典型用词错误是一致的。沃休还创造出了新词和组词的句法结构,如第一次看到鸭子从池塘里登岸时,用手势称之为"水鸟";当它第一次拿到一个橘子时,称之为"橘子色的苹果"。当沃休从镜子里看见自己的像后,被提问道:"这是谁?"它回答:"我,沃休。"这说明黑猩猩存在着原始的自我意识。

抽象符号： 美国加利福尼亚大学心理学教授戴维·普雷马克和安·普雷马克夫妇训练雌猩猩萨拉学习了抽象符号。他们设计了一套颜色和形状各不相同的小塑料片,代表各种物体和事物,如蓝色三角代表"苹果",粉红色方块代表"香蕉",绿色大写M代表萨拉的主要教师"Mary(玛丽)",沙斗状的绿色塑料片代表"给"等。把塑料片按一定顺序贴在黑板上,则可组成简单的语句,如在绿色M下放一个沙斗状绿色塑料片,再放一个蓝色三角,就是"玛丽给苹果"。经过训练,萨拉掌握了130多个单词,其中有名词、动词、形容词和比较词类等。此外,她还学会了一些祈求、提问和肯定的句型。她能够根据塑料片的排列理解"萨拉把香蕉放在木桶里"、"萨拉把苹果放在水桶里"、"萨拉把香蕉和苹果放在木桶和水桶里"等句子,还能够根据诸如"玛丽给萨拉一个苹果"、"萨拉把苹果放在桶内、把香蕉放在盘子里"、"哪一个是苹果"、"如果萨拉拣出一块黄色塑料,那么玛丽就给萨拉一只香蕉"等句子按照要求去做动作。

这些实验发现猩猩能够掌握比较复杂的"语言",表明猩猩具有了一定的思维能力,并且达到了语言和思维的萌芽阶段。

2. 人类进化过程中脑容量的变化

在进化过程中,人类祖先的脑容量逐渐增大,前额逐渐隆起。生活于距今约350万年前的阿法南方古猿的脑容量为400毫升左右;生活于距今约200万年前的能人的脑容量为750毫升左右;在非洲发现的生活于距今约170万年前的早期直立人的平均脑容量为900毫升;生活于距今50万年前的晚期直立人的平均脑容量为1100~1200毫升;生活于距今30万~40万年前的早期智人的平均脑容量为1200毫升;生活于距今约2万~3万年前的尼安德特人的脑容量为1500毫升;现代人的平均脑容量则为1400毫升。随着人类的进化,大脑的沟回数增加,沟的深度增大,使得大脑皮质的总面积增加。

3. 脑损伤导致的心理异常表现

即使一个个体从生物学角度具有人类的基因,但由于异常变异或受外界因素的干扰,大脑结构会发生一些变化,导致异常的心理现象,最极端的情况就是无脑儿——新生儿出生时被发现没有大脑,但有脑干等脑组织。这些有严重先天缺陷的婴儿出生后只有简单的生理功能,无法存活,更无从产生心理活动。

脑瘫患者的心理与行为问题与脑损伤有一定程度的关系。脑瘫是指出生前至出生后1个月内因各种原因所致的非进行性脑损伤综合征,主要表现为中枢性运动障碍及姿势异常,同时经常伴有智力、视听觉、进食、吞咽、言语、行为等多种障碍。引起脑瘫的主要病因就是脑损伤和脑发育缺陷。

19世纪60年代,法国医生布洛卡对死亡后的失语症患者大脑进行解剖,发现第三额叶回后部、靠近大脑外侧裂处的一个小区是语言的运动中枢。该部位被命名为布洛卡区。布洛卡区的功能是产生协调的发音程序,提供语言的语法结构、言语的动机和愿望。而布洛卡区病变引起的失语症常被称为运动性失语症,患者的阅读、理解和书写不受影响,知道自己想说什么,但发音困难,说话缓慢费力,不能使用复杂句法和词法,有自发性主动语言障碍,很少说话和回答,语言有模仿被动的性质。

(二)客观现实是心理活动内容的来源

1. 人的知识来源于客观实践

在关于人的知识来源问题上,历来有不同的看法。中世纪神学家圣奥古斯丁认为人的知识需要来自上帝的光照;17世纪英国哲学家洛克提出了白板说,认为人是通过经验获得知识的;18世纪法国启蒙思想家狄德罗通过对先天盲人复明后感觉经验的分析,进一步明确了人的知识来自自身的经验而不是先天获得的。随着医学研究的进展,感觉器官在获取外界信息过程中的作用也得到了肯定,没有感知觉基础,就无从产生更为复杂的心理活动。

人类历史上曾经发现几十起人类婴儿被野兽所收养的事例,典型的是狼孩。狼孩从生物属性上属于人类,但由于在发展的关键时期脱离了人类社会,被狼所抚养,结果形成了狼的习性。1920年在印度发现了一对女性狼孩,其中较小的一个很快就死亡了。而当时8岁的卡玛拉则被人抚养,活到了17岁。刚进孤儿院的时候,卡玛拉的生活习性与狼一样:用四肢行走;白天睡觉,晚上出来活动,怕火、光和水;只知道饿了找吃的,吃饱了就睡;不吃素食而要吃肉;吃的时候不用手拿,放在地上用牙齿撕开吃;不会讲话,每到午夜后像狼似地引颈长嚎。她的心理发展极慢,智力低下。第二年,卡玛拉学会用双膝行走、靠椅子站立、用双手拿东西吃,对抚养她的辛格夫人能叫"妈"。第三年她学会自己站起,让人给她穿衣报,用摇头表示"不"。辛格夫人外出回来,她会表示高兴。第四年她才能摇摇晃晃地直立行走,早饭时能说"饭"这个词,智力水平相当于一岁半的孩子。第六年时,她能说出30个单词,与别人交往时有了一定的感情,智力达到两岁半儿童的水平。第七年,卡玛拉基本上改变了狼的习性,能与普通儿童生活在一起,能说出45个单词,能表达简单的意思,唱简单的歌。她有了一定的羞耻心,注意穿着,不穿好衣服不出屋,能自觉地到鸡窝去拣蛋,受到表扬就高兴。第九年死去时,她的智力只有三岁半儿童的水平。

狼孩的事例说明人的心理所反映的内容是来源于客观现实的。卡玛拉尽管生而具有人脑,但她从小就在狼群中生活,形成了狼的习性。在回归社会后,经过艰苦的训练,她开始表现出一些人的心理活动。文学名著《鲁滨孙漂流记》讲述了因船只失事而独自流落荒岛28年的鲁滨孙的探险历程。鲁滨孙从实现了近代工业革命的英国出发,学习了工业文明下的生活、生产技能,这为他在荒岛上开辟生活天地提供了前提。在荒岛上的28年也使他不断适应荒岛上特有的环境。当他被路过的船只搭救回国后,他发现家乡已经发生了翻天覆地的变化,而此时的他已经不太适应工业化社会的环境。我们从鲁滨孙的经历可以进一步认识到人的心理活动内容来自社会实践。

2. 不同的客观现实对人心理的影响

长期以来,对于个体的心理发展受遗传决定还是环境决定,学者们争论不休。个体生活在不同的客观环境下,在心理发展上也会有一些差异,但不同的个体本身的遗传素质也有差异,因此很难说清究竟是哪个因素主导。同卵双胞胎具有完全一样的遗传基因,如果能够对分开抚养的同卵双胞胎进行追踪研究,则可以在排除遗传因素的条件下探索环境因素的影响作用。学者对同卵双胞胎的追踪研究发现,环境对个体的心理发展起决定作用。张某某(姐)和上官某某(妹)系同卵双胞胎姐妹,16岁,长相、健康状况相同。出生第一年,抚养环境相同,心理发展没有差异,观察力和语言发展等智力表现几乎相同。一岁后,两人被分开抚养。姐姐在一个农民家庭生活,她的早期教育无人抓,生活自由自在,从小参加力所能及的劳动。妹妹在一个医生家庭生活,早期教育抓得紧,作为独生女,一切事情都由成人照顾,并提前两年入小学。从六七岁开始,姐妹俩在性格和意志行为上的表现开始分化,姐姐粗犷、泼辣、大胆,而妹妹娇弱、文静、害羞。有一次姐妹俩同到一处,七岁的姐姐能从一米高的戏台上往下翻跟头,妹妹则吓得遮住眼睛不敢看。到少年期,姐姐成为一个似乎天不怕、地不怕的人,而妹妹却是文质彬彬[①]。

有共同遗传基础的同卵双胞胎,在不同的环境下可以形成不同的性格特点,对于遗传基因不同的两个个体来说,他们的差异就可能更大了。遗传因素是人们无法选择和控制的,但环境因素则可以调控。"孟母三迁"的故事就反映出古人已经认识到环境对儿童成长的重要影响。所谓"近朱者赤、近墨者黑",也反映了环境习染对个体行为的影响。

此外,还应将时代变迁的因素加以考虑。近年来,社会上对"80后"、"90"后的看法很多,过去所谓的"代沟"已不再是两代人之间差异的专有名词,而可以广泛地用于生活年代略有差异的不同群体之间。造成不同年代人们之间的心理差异大的原因,除了个体因素以外,每一代人所生活的时代大背景都影响着这一代人,而在信息化社会,这种影响更明显。

3. 社会实践促进人的心理发展

从猿进化到人,以及人类智能的不断发展,都离不开重要的社会实践——劳动,因此可以说劳动创造了人类。劳动是人按照自觉的目的改造自然的社会化活动。劳动首先促使人类祖先四肢加以分化,并得以直立行走。随着身体直立,猿的前肢也就变成了人手。直立行走使人类从外界接收更多的信息。手成为劳动的器官,使人能触摸到更多的事物和获取信息。在劳动的过程中,手的动作与眼睛的观察结合起来,不仅对刺激物的认识更深刻,而且刺激大脑更加复杂化,大脑皮质接受来自各种感官的复杂信息,建立了复杂的神经联系,进而产生了强大的功能。直立行走还使人类祖先的口腔、鼻腔、咽喉形成了直角。于是呼吸道增长了,发音器官的活动灵活了,并使大脑皮质出现了言语机能区,而言语也成为人类独有的大脑的功能。语言是人类祖先在社会劳动和社会交往中为了交流思想、传递信息而产生的。语言一经产生,又对人类的心理发展起着巨大的推动作用,使人类的心理产生了质的飞跃。在劳动的过程中也促进了人类意识的不断发展。一方面,人类的祖先在使用工具、制造工具的过程中,逐渐认识到工具的性质和功能、劳动对象的特点、工具与劳动对象之间的关系、劳动的结果,以及工具、劳动结

[①] 林崇德.遗传与环境在儿童性格发展上的作用——双生子的心理学研究.朱智贤[M].儿童心理发展的基本理论.北京:北京师范大学出版社,1982:121.

果与自身的关系,并且按照事先考虑好的计划制造工具,按其用途来使用它、保存它。这促使人类的祖先的观察能力、抽象思维能力、想象能力和精细运动技能都得到发展。人的心理就这样逐渐产生了。另一方面,人类祖先建立了人与人之间的社会关系。在劳动中人类的祖先就逐渐区分出了自己、群体成员、自己和群体成员之间的关系等,促进了人类祖先意识的产生,也促成人类社会的形成。人类进化的历程,验证了客观现实是心理的源泉,社会实践是促使人心理不断向前发展的推动力量。

发展心理学的研究表明,儿童的心理发展不仅仅是靠成熟、成长因素,更重要的则是学习,儿童的观察力、注意力、记忆力、思维能力、情感控制能力、人际协调能力等,都随着学习和与人交往的增多,在不断向前发展。在现代社会,学校中的学习活动成为个体成长的重要推动力量,不仅儿童青少年积极行为的获得可以用学习来解释,许多心理问题也往往归结于学习中的错误模仿或不适当的强化。在进入社会时,青年人往往会遇到由学生向职场中的一员转变的问题,这时,社会实践对其发展和成功的作用也很明显。在事业有成的个体那里,实践活动也是其心理不断发展的推动力量。例如20世纪60年代曾被称为"老三届"的一批青年人,由于响应党和国家的号召而"上山下乡"。他们在应该上学的阶段耽误了学业,但也获得了非常宝贵的社会经验,在实行改革开放和恢复高考制度之后,其中相当多的人成为国家和社会的栋梁之材。可见社会实践在不断促进人的心理发展和完善。

(三) 心理是人脑对客观现实的主观反映

人的心理可以反映客观现实,但并不是原原本本地将客观事物在头脑中再现一遍,而是根据自身的认知特点进行加工后得出各自的认识。因此,人的心理具有主观能动性是不容忽视的重要特点。

就一个客观的事物而言,尽管其物理属性是固定的,但通过感知觉系统进入人脑时就有可能分化出不同的结果。以图1-1为例,一部分人会报告看到的是一个面目狰狞的凶汉,而另一部分人则会说他们看到了几个美少女在交谈,这是由于人们在观察时对对象和背景进行不同处理的结果。从记忆角度来看,人们凭自己的记忆在回忆往事时往往会有错误发生,不同的人对同一事件的事后回顾可以有很大的不同,有时人们还会遇到新到某地或初次见某人却有似曾相识的错误记忆出现等情况。从思维角度来看,人们对同一事件的理解也会有差异。比如"塞翁失马"的故事,说的是靠近边境居住的一位老人总能未卜先知。一次他家的马跑到边境外胡人所在地了,邻居们特意来安慰他。老人却说:"这怎么就不能变成一件好事呢?"过了几个月,那匹马带着胡人的良马回来了。邻居们都来祝贺。老人又说:"这怎么就不能变成一件坏事呢?"结果他的儿子从马上掉下来摔得大腿骨折。人们又来安慰他们一家。老人仍然说:"这怎么就不能变成一件好事呢?"

过了一年,胡人大举入侵,青壮年男子都被迫参战,很多人战死了。而老人的儿子因伤残而免于征战,父子得以保全生命。这位老人和普通人看问题的视角不一样,总是可以得出福祸相倚的结论。

图1-1　知觉中的对象与背景转换(凶汉还是少女)

对同一事物的认识差异,可以导致人们情绪、行为的极大不同。古代两位将军为一个盾牌是金的还是银的而争吵,而事实上这个盾牌是两面合成的,一面是金的,一面是银的,他们出错的原因是两人各站在盾牌的一边,没有看到盾牌的全貌。因此,人们受自身认知特点、情绪特点等的影响,有时对同一件事却得出不同的结论来。

人们常说:"一千个读者心中,有一千个哈姆雷特。"当文字符号、语言符号通过感官系统传入人的头脑中后,在头脑中所形成的表象各不相同。由于表象的不同,在进行加工时,形成的记忆表象、想象等也会有所不同。即使是做梦,也离不开外界刺激的作用,如俗话所说:"日有所思,夜有所梦。"有时周围的环境变化都会被熟睡的人加工为梦中的情境。

人的心理活动,还可以在探索未知世界、揭开远古之谜、指向未来等活动过程中发挥积极作用。这些客观存在的事物由于年代久远、距离遥远或过于微小,用普通的感官无法感知,而通过人的心理活动却可以对其进行加工改造。科学家在进行科学探索的过程中,更需要借助已有的线索和实验结果,来对未知领域做出准确的预测。这些都体现了心理的主观能动性。

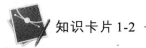

知识卡片 1-2

钱学森所做的科学预见

著名科学家钱学森是我国"两弹一星"的功勋人物之一。在美国留学和工作期间,他就表现出了非凡的智慧。在冲破美国的封锁回国后,他开创了中华人民共和国多个科学领域的工作,对力学、物理力学、工程控制论、导弹与火箭技术等领域做出过多次准确的科学预见。

1945年,钱学森随美国科学咨询团考察了德国的导弹技术。在由钱学森作为主要执笔者完成的《迈向新高度》的报告中,预测了高速空气动力学的发展,包括脉冲式喷气发动机、冲压式喷气发动机、固态与液态燃料火箭、超音速导弹及至把核能作为飞行动力的可能性等尖端技术的发展。

1947年,在受聘为麻省理工学院终身教授的时候,钱学森做了《飞向太空》的报告,提出了火箭载人飞向太空的前景和使用核能燃料助推火箭的可能性。1948年他完成的《关于火箭核能发动机》的论文是世界上第一篇关于核火箭的论文。1949年在美国火箭学会会议上,他提出实现洲际高速客机的蓝图,而这个火箭客机就是后来出现的航天飞机。他还进一步预测在三十年内,人类可以登上月球,往返需时为一周。

1957年,苏联发射了第一颗人造卫星。该卫星在能量耗尽后向地球坠落,苏联方面请中国帮助查找可能落在中国境内的卫星残骸,我国在搜索区派出大批战士查找。钱学森仔细询问了目击者两处的位置、划过天空的火光位置和角度等情况后,立即在手心里计算。经过计算,他指出不用找了,他认为士兵所看到的轨迹不是卫星的轨迹,即使是卫星的轨迹,其落点也在2000公里以外了。事后得到苏联的通报,卫星可能落到阿拉斯加了。

1961年,聂荣臻元帅来电要钱学森根据苏联公布的数据,计算其"东方号"宇宙飞船的运载火箭的重量和推力。经过精密计算,他推算出的发射重量为6.5吨,之后美国发表的相关文章也得出了同样的计算结果。

二、心理学研究对象

(一)个体心理现象

个体心理现象非常繁杂,大致可以分为以下几方面。

1. 认知心理

认知心理也叫认知过程,指人认识客观事物的过程。用信息加工理论来解释的话,认知过程就是人脑对信息进行加工处理的过程,是人由表及里、由现象到本质地反映客观事物特征与内在联系的心理活动,具体包括感知觉(细分为感觉、知觉)、注意、记忆、思维和想象等。依据信息加工理论,认知过程可以用信息的输入、信息的解码和整合、信息的输出等几个环节来解释。图1-2直观地显示了认知加工过程:在注意状态下,外界刺激经过感知觉进入人的认知系统,再经过记忆的各个环节,由中枢处理器进行加工,然后发出指令,指挥效应器官做出适合的反应。

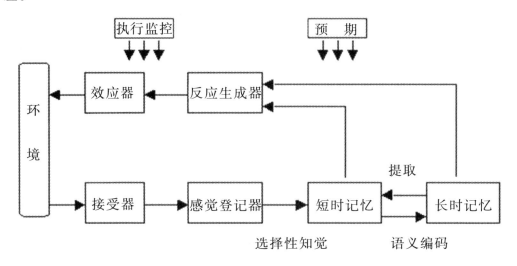

图1-2 信息加工学派代表人物加涅提出的认知加工模型

2. 情绪心理

情绪心理是指个体对客观事物某种态度的体验或感受,包括情绪、情感等。

情绪与认知心理有着密切的关系。情绪是从认识过程发展出来的,同时,情绪又对认知活动发生影响。情绪情感对于人的心理健康也有影响,消极情绪本身对人们的身心就会产生不良的影响,而积极的情绪对于调节身心状态起着积极的作用。

3. 动机心理

以动机为主的个性倾向性,是决定个体对事物的态度和行为的内部动力系统,是具有一定的动力性和稳定性的心理。动机心理涉及人的需要、动机、意志、兴趣、价值观等,对个体心理活动起着支配和控制作用。

4. 智力心理

以智力为核心的能力,是个体表现在完成某种活动的潜在可能性方面的特征,具体而言,就是个体在感知、注意、记忆、思维等认知活动中潜在的可能性的特征。

5. 人格心理

人格心理是个体经常表现出来的本质的、稳定的心理特征,包括气质、性格、自我等心理现象。气质是表现在心理活动的动力方面的特征;性格是表现在完成活动态度和行为方式方面的特征,是人格的核心;自我调节系统是个体对自己的心理特点和行为进行认识、评价、调节和控制的过程,主要包括自我认知、自我体验和自我控制等。

(二) 群体心理现象

社会性是人有别于动物的重要特征之一。不同的个体聚集在一起,组成了群体,各种群体共同组成了社会。在个体、群体与社会环境的相互作用过程中,心理活动表现出特有的发展规律,形成了各种团体心理或社会心理。单纯从个体心理的角度,无法解释社会中人与人交往时产生的各种心理活动和行为。群体心理现象包括群体的认知心理、民族心理、团队心理、人际心理、群体网络心理等。

群体心理的研究对象也涉及部分个体心理活动,这是因为个体心理活动是在社会影响下发展的,如个体如何实现社会化,个体的社会动机、社会认知和社会态度的特点等。在个体心理及个体交互的行为基础上,还要关注人际吸引、人际关系、人际沟通、社会影响、语言和沟通符号等,这些心理活动反映了个体被纳入群体后的心理与行为的交互性。群体心理的研究还包括特定群体的心理活动,如群体氛围、群体成员的相互影响、群体的凝聚力、群体的领导与决策、群体冲突等。从群体的类型和规模上说,不论是正式群体还是非正式群体,不论是一个小的组织和群体(如班级、学校、企业、临时组建的团队等),还是一个大的群体(如民族、阶层、性别等),其心理活动都呈现出多样的特点,需要予以关注。除了现实社会中的群体,还应关注网络上形成的虚拟群体。在网络上,由于用户身份的匿名性、信息时效的及时性、信息容量的无穷性、用户情绪发泄的任意性等特点,容易产生各种问题,造成网络群体事件。因此在发挥互联网影响群体心理的积极作用的同时,应关注其潜在的问题。

 知识卡片1-3

"天堂之城"的纷争

耶路撒冷被犹太教、基督教、伊斯兰教三大宗教共同奉为圣地,但是千百年来,不仅不同宗教信仰的信徒们为争夺圣地而开战,在同一宗教内部也出现了各种不同的声音。耶路撒冷作为世界上独一无二的"天堂之城",集中了爱、仇恨和热情等复杂的情绪,见证了历史上狂热的崇拜行为、强大的凝聚力精神、相互的仇视和敌对等复杂的社会现象。我们从中可以看出群体心理与个体心理有很大的不同,群体聚集在一起往往会被激发出各种意料之外的行为。

场景一:在耶路撒冷老城,西墙(哭墙)下,犹太教信徒在祈祷、在抚摸哭墙的巨石而哭泣,他们把写有各种愿望的纸条塞进石缝里,祈求上帝实现他们的愿望;在西墙之上,辉煌的金顶圣殿里,穆斯林信徒在向传说中穆罕默德升天处的一块岩石朝拜;在仅仅几百米外的圣墓教堂里,有传说中耶稣受难处的岩石、停放耶稣尸体的涂油礼之石和耶稣的墓室,基督教信徒们向这些圣物、圣地膜拜。来自世界各地的民族、肤色各异并且身着不同教派服饰的信徒们,都在为自己心中的上帝而祈祷。

场景二:每年复活节前,来自世界各地的基督徒们行走在耶稣曾经走过的"悲痛之道"上,以纪念耶稣的受难与复活。各种宗教仪式、读《圣经》、听传教士的说教等行为,使宗教教义以情感化、精神化的形式鲜活地呈现给信徒们。活动的高潮是朝圣者亲自扛着大十字架,走在耶稣受难之路上,许多朝圣者由于情感过于投入而晕厥。有的原本精神状况良好的游客,当身处圣城时,突然产生了急性精神反应,被诊断为此地特有的"急性耶路撒冷综合征"。更多的情形是参与活动的信徒们感受到了神圣和精神力量,甚至改变了自己对人生的看法。

场景三:尽管共同信仰基督教,不同教派的基督教徒,都想在圣墓教堂占有最神圣之处,为了确定教堂的归属,在基督教内部曾引发神职人员之间的流血冲突,甚至引发了战争。最终达成了协议,由希腊东正教、亚美尼亚派、罗马天主教等七种派别共同分享圣墓教堂,教堂内每一块地砖、每根柱子、每枝烛台,都有明确的归属。面对此景,有人感叹说:"离上帝越近,就越难与他人分享上帝。"

场景四:在安息日,严格遵守教义的保守的犹太教徒停止一切工作,公交和小汽车也禁止运行,激进的犹太教徒聚集在街道上,试图阻止不守教规的犹太人驾驶汽车通过。安息日变得不能安息。

这几个场景引发了人们的深思:(1)是什么样的力量可以将来自全世界的人们聚合在这里?(2)对于各个宗教的信徒来说,是什么信念导致他们产生强烈的精神力量、被激发出强烈的情感?(3)对于有共同信仰的教徒来说,不同教派之间对教义的理解和观点不同,为什么会产生强烈的对抗和冲突?

结语:和平之城,是人们对耶路撒冷的美好愿望。不同宗教的人们都希望能够在这个离天堂最近的地方,找寻自己的精神家园。然而由于历史和政治的原因,处于同一圣城的多样化群体,却从不相互来往,冲突和暴力不断发生,将耶路撒冷变成了一座位于冲突中心的城市。

(三) 正确认识人的心理

1. 正确认识个体心理现象

(1) 个体心理的差异性

个体心理的差异性应当作为心理现象研究中第一位的因素。通常在对人的心理现象进行分析时，往往是按"标准人"、"理想人"模式，或者将人群按某种指标（如气质类型、性别、年龄等）分为几个大的群体，分别对其亚群体的心理特点进行解析。但这样的结果是抹杀了不同个体之间的差异性，也导致在实践中，如果照搬书本会发现很多条框用不上的情况。

尽管人的心理在许多方面有共同性，如感知觉的规律、记忆的规律等，但不同的个体之间也存在着很大的差异，在研究人的心理现象时应予以关注。俗话说"龙生九子，各有不同"，孔子在教育中因材施教，这些都是对个体心理差异性的认识。不论是在学校教育中还是在组织管理中，不论是在家庭成员的沟通中还是社会上人与人的交往中，不论是在促进心理和谐发展还是在通过咨询治疗解决心理问题时，都要考虑个体的差异性，因人而异，才会有实效。

(2) 个体心理具有发展性

个体心理的发展性，一方面是指，从纵向上看，个体从出生到成长、衰老和最终死亡的整个过程中，贯穿着发展的主题；另一方面，从横向上看，人的心理的发展是双向的，既可能向积极方向发展，也可能向消极方向发展。根据发展性特点，对人的心理的认识要有辩证观点，不能以静止的眼光来看待人的发展。

(3) 个体心理具有整体性

心理活动的整体性，是指人的各种心理现象构成一个复杂的系统，心理活动本身具有系统性，因此在研究个体心理时，应从整体上把握。认知过程是心理活动的重要方面，但认知活动也会受到情绪、动机、人格特点等多方面的因素影响，人的情绪也会受气质、认知、动机等因素的影响。在认知过程内部，单纯的感觉没有意义，总是要与知觉、记忆、思维等活动结合起来，才能解决实际问题。因此各种心理活动之间存在着相互的联系，当出现心理问题或要对个体进行心理训练时，应当从整体出发，而不是采取"头痛医头、脚痛医脚"的方式，将心理现象搞得支离破碎。

2. 正确认识群体心理现象

(1) 群体心理具有交互性

个体的心理不仅受遗传因素、自然环境的影响，更重要的是在特定社会环境影响下而发展变化的。这其中个人的心理与行为就显著地受到社会的影响，包括社会成员对个体的影响；同时，个体的心理发展也在影响着他人，进而对社会产生直接或间接的影响。这说明群体心理具有交互性，而不是各自独立发展的。在交互性方面,群体心理涉及人际吸引、人际关系、人际沟通、社会影响、语言和非言语的互动等多方面的心理现象。

（2）群体心理具有集群性

群体心理不能等同于组成群体的个体心理简单地相加,而是在个体心理基础上,通过群体成员的互动所形成的复杂系统,其显著特点是集群性。人们在个体情况下不太表现的行为或被压抑的行为,在集群情况下却有可能得到释放。个体在成长过程中,经过群体的潜移默化,通过外显的观察学习或内隐的无意识活动,无形中接受了群体的影响,按照符合群体特征的方向发展。群体心理的集群性典型地表现在个体成长中的社会化、自我同一性的形成、社会认知特点、社会动机和社会态度等方面。

（3）群体心理具有多样性

群体本身是多种多样的,群体内部的心理现象也是多种多样的,再加上个体的心理差异性,由不同个体聚合而成的群体,也就呈现出群体心理的多样性特点。在群体活动中,既有正式群体活动,也有非正式群体活动,既有微观群体的心理（如小团伙等）,也有大群体的心理（如民族心理、国民心理等）。从具体的心理表现看,则有群体的凝聚力、群体的结构、群体领导、群体决策、群体冲突等各种群体心理活动。

第二节　心理学的概念、体系与流派

案例1-2

对心理学的误解

场景一:在一节火车硬座车厢里,几位旅客在闲聊,其中一个放假回家的大学生介绍自己是学习心理学专业的,这时旁边一位算命先生马上搭腔,说道:"咱俩是同行。"

场景二:在一次社会活动中,来自各个领域的专家坐在一起讨论。活动间隙,一位自然科学领域的专家对旁边的心理学家开玩笑说:"我还是离你远点,不然我想什么,你都知道了。"

场景三:当有人对某人表示不满意甚至讨厌时,往往直呼其为"神经病",很多人搞不清楚神经病和精神病的区别,甚至认为心理学就是精神病学。

场景四:电影《异度空间》中张国荣饰演的心理医生,自己就患有严重的人格分裂症。有人据此认为学习和从事心理学工作的人都不太正常。

场景五：电影《无间道》里陈慧琳饰演一位精神分析师，在对来访者的治疗过程中，与来访者产生了恋情。很多人认为心理学就是心理咨询，并且对超越心理医生职责的行为不以为然。

一、心理学的概念

心理学是研究心理现象及其发生、发展规律的科学。

心理学最早是与哲学伴随而出现的。苏格拉底曾说："人，认识你自己！"这句话鲜明地表达了哲学和心理学共同关注的最根本问题——人，从哪里来，将到哪里去。具体到每个个体，则应深入思考"我是谁"的问题，即使人们并没有直接对这个问题进行思考或解答，但在具体的言行中，总是会触及这个问题。因此，只有了解了心理学，才能更好地认识人自身。

普通大众经常对心理学产生各种误解，最典型的错误认识有如下几种。(1)认为心理学与算命是一样的。算命是一种心理影响的活动，但其方法并不科学，所得结论也不可靠。算命先生只是不自觉地运用了心理学的研究方法，如察言观色等，结合求助者的心态，进行所谓的释梦、解字、算卦等活动，通过暗示使来访者接受算命的结果。(2)心理学就是研究精神疾病的，由此而引发的错误联想很多，如认为学习心理学会使一个人变得不"正常"，心理学家容易患精神疾病等。(3)心理学就是心理咨询。当代社会给大众带来许多压力，容易出现各种心理问题，心理咨询也应运而生。一些学生在选择专业时，只是单纯从心理咨询角度来认识心理学，而一旦接触心理学后，发现心理学与心理咨询不能完全画等号，就会对自己的专业选择感到迷茫。(4)学习心理学，可以一眼看透别人的心理。事实上，学习心理学客观上有助于人们更好地理解他人的心理状态和调节自身的心理状态，但心理学，并不能直接帮助人们预测他人的行为，更不能猜测他人内心的活动。对他人行为的解释与预期，需借助心理学仪器、测量工具、观察手段和心理学实践经验，所做出的解释和预期都应在一定条件下来理解，不能简单地对他人心理活动进行猜测或"预测"。

长期以来，由于社会大众对心理学缺乏了解，一些尚未得到证实的心理学原理或个别案例更使心理学增添了几分神秘色彩。现在各种媒体上出现了形形色色的打着心理学招牌的游戏、活动策划或节目。实际上，许多所谓的心理测试、情感节目、星相或科学算命等，往往都脱离了科学心理学的轨道，如果只是作为趣味活动倒也无妨，而如果把个人的前途、事业的发展、恋爱婚姻及家庭生活等建立在这些游戏活动基础上，那就有害了。因此，宣传科学心理学的原理和方法是当前紧迫的任务。

科学的心理学可以对心理现象进行描述和测量，对心理现象作出解释和说明,还可以对心理、行为进行预测和控制。但这些目标的达成,不是常人所想象的只要一眼就可以对人的心理作出揣测,更不能把影视片中夸大的情节当做心理学的神奇之处,而是靠借助客观的测量工具,对心理现象进行系统地测量,结合相关理论和原理,对心理现象作出合理的解释。尤其是在对个体的行为进行预测时,必须依据个体的心理的外在表现或行为特点,结合心理学原理来进行。要达成这些目标,心理学的理论学习和大量的社会实践都是不可缺少的,如果可以将两者结合起来,则能更好地发挥心理学在社会生活中的积极作用。

二、心理学的学科体系

现代心理学已经成为一门独立的科学。由于心理学既要研究作为生物体的人,又要将个体放在社会背景下去认识,因此心理学是兼有自然科学性质和社会科学性质的一门交叉学科。

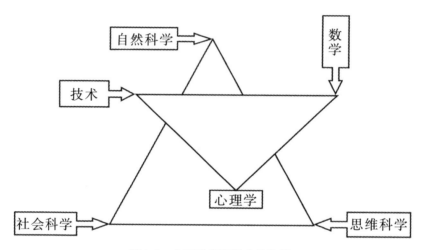

图1-3 心理学在科学中的位置

当代的心理学已经形成了一个完整、独立的学科体系。根据具体分支学科研究对象的不同,现代心理学又可以分为基础心理学类和应用心理学类两大分支。基础心理学分支是研究心理和行为的发生、发展基本原理和基本规律的学科,包括理论心理学、普通心理学、实验心理学、认知心理学、生理心理学、人格心理学、发展心理学、社会心理学等学科课程,其中普通心理学涉及认知过程、情绪过程、动力机制、能力、人格特点等,为心理学的其他分支学科提供了基础。应用心理学分支是研究心理学基本原理应用于实际生活问题或社会问题研究的学科,包括教育心理学、医学心理学、工业心理学、商业心理学、法律心理学、军事心理学、咨询心理学、运动心理学、环境心理学等具体应用学科。

以上是按照学理的分类方法对心理学分支学科进行区分。在我国,根据人才培养的需要,将心理学作为一级学科,下面分设了基础心理学、发展与教育心理学、应用心理学等三个二级学科,各个高校或科研院所在招收博士、硕士研究生时,则将三个二级学科作为具体的招生专业。这里多出来的发展与教育心理学专业,涵盖了发展心理学、教育心理学等具体的分支学科,体现了在学科内部的整合和交叉特点。发展与教育心理学的研究任务,一方面是为了更好地认识个体从出生、成熟到衰老过程中心理发生、发展的规律,另一方面是为了更好地认识学校教育和教学过程中学生的心理活动规律。这也可以在一定程度上解释为何在我国师范院校历来最重视心理学科的发展,而心理学科的布点也是师范院校最多。

 知识卡片1-4

中国图书分类法对心理学科的编码

中国图书分类法是在科学分类的基础上、结合图书的特性所编制的分类法。心理学分在哲学门类下,分类号为B84。教育心理学作为教育类下的分支,分类号为G44。此外,该分类法还将一些具体的分支学科划分到其他学科门类下,如将社会心理学归入社会心理、社会行为,分类号为C912.6;将管理心理学归入管理学,分类号为C93-05;将劳动心理学归入劳动学,分类号为C970.4;将司法心理学归入法学,分类号为D90-054;将犯罪心理学归入法学各部门,分类号为D917.2;将顾客心理学、消费行为学、消费心理学归入商业心理学、市场心理学,分类号为F713.55;将广告心理学归入广告理论与方法,分类号为F713.80;将审计心理学归入审计学,分类号为F239.0;将旅游心理学归入旅游经济,分类号为F59;将医学心理学、病理心理学归入基础医学,分类号为R395。

B84 心理学
  B84-0 心理学理论
  B841 心理学研究方法
  B842 心理过程与心理状态
  B843 发生心理学
  B844 发展心理学(人类心理学)
  B845 生理心理学
  B846 变态心理学、病态心理学、超意识心理学
  B848 个性心理学(人格心理学)
  B849 应用心理学

> G44 教育心理学
>   G441 教学心理学(课堂教育心理学)
>   G442 学习心理学
>   G443 教师心理学
>   G444 学生心理学
>   G445 青少年心理学
>   G446 教育社会心理学
>   G447 学科心理学
>   G448 教育心理诊断与教育心理辅导
>   G449 教育心理测验与评估
>
> 从这一分类也可以大致了解心理学的学科体系,同时还可以借助分类号在图书馆里快速查找到所需要的心理学类图书。但应注意,由于许多心理学的分支学科处于与其他学科交叉的领域,在具体划分时有些具体的分支学科被列在其他学科之下。当然这一分类也从一个侧面说明心理学具有十分庞杂的学科体系。

三、心理学的主要流派

从人类文明产生开始,就有了对心理现象的不断探索,这可以从史前岩画、神话传说、早期朴素的哲学思想甚至巫师及祭祀活动中看到。古代的心理学从属于哲学、宗教和医学,因此哲学家、宗教学家、医学家等通过自身的实践和思考,初步认识了心理现象,并探讨了其发生发展的可能规律。最有代表性的是古希腊的思想家亚里士多德所著的《灵魂论》一书,这是世界上第一部心理学专著,不过其对心理现象的解释都是唯心的。直到1879年,冯特(W. Wundt,1832—1920)在德国莱比锡大学创建了心理学实验室,才开创了近代科学心理学。冯特主张心理学直接研究经验,研究方法为内省实验法。之后,在各种思潮的影响下,形成了多个影响较大的心理学流派,其中最有代表性的是精神分析理论、行为主义、人本主义等。

(一)精神分析理论

奥地利精神病学家弗洛伊德(S. Freud,1856—1939)于19世纪末至20世纪初创立了精神分析学说。他通过对癔症患者的治疗,发现了潜意识、本能等在人心理中的作用。他认为潜意识就是被压抑的欲望、本能冲动及其替代物,而意识是人们平时能察觉到的心理活动。潜意识要进入意识的领域,就必须通过前意识的过滤,对潜意识中不能为人们所接受的观念、想法进行阻止,防止其进入意识层面。弗洛伊德说:"人格中有两大系统,一是无意识系统,另一是前意识系统(它包括意识)。它们类似于两个房间。无意识系统就像一个大的前庭,而前意识系统就像接着前庭的一个小房间,意识也居住于这一房间内。在意识居住的小客室和无意识居住的前庭之间的门槛上却站着一个检查官,他传递个别的精神冲动,检查它们,如果未经他的许可,它们是不能进入会客厅的。"

弗洛伊德特别强调本能在人发展中的作用。他认为本能是指人生命和生活中的基本要求、原始冲动和内驱力,如性本能、生本能、死本能等。性本能指与性欲和种族繁衍相关的冲动,性本能有延缓、被抑制而进入潜意识、可以升华等特点。生本能代表着潜伏在人类生命中的进取性、建设性和创造性的力量,性本能也可以被包含在内。死本能代表着潜伏在人类生命中的破坏性、攻击性、自毁性的力量,当这种力量指向外部,表现为争吵甚至战争,而指向内部,可以表现为自责甚至自残等。

精神分析理论在心理治疗中也有其独特之处。弗洛伊德主张通过释梦、自由联想、心理防御机制等方法来进行心理治疗。但是,弗洛伊德过分强调了本能的作用,特别是他的泛性论观点,受到了来自学派内外的广泛质疑和批判,导致了精神分析学派的分裂,涌现出了以阿德勒、荣格、安娜、埃里克森、霍妮、沙利文、弗洛姆等为代表的新精神分析学派。精神分析理论被称为是西方心理学的第二大势力,目前仍在临床心理治疗中有着广泛的应用,并且也影响了社会科学的多个领域,至今仍有旺盛的生命力。

(二)行为主义心理学

行为主义是现代心理学中影响力极大的心理学流派,被称为西方心理学的第一势力。行为主义由美国心理学家华生(J. B. Watson, 1878—1958)于1913年创立,针对当时盛行的构造主义和机能主义心理学提出了挑战,主张心理学从对意识的研究转向对行为的研究。行为主义认为引起行为的基本过程是"刺激—反应(S—R)",反对把意识作为心理学的研究对象、把内省法作为研究方法,主张心理学应采用自然科学的客观方法研究行为。根据刺激—反应学说,人或动物特定的反应是由外界刺激引起的,心理学研究的任务就是查明刺激与反应之间的规律性的关系,从而根据刺激预知反应,或根据反应推知刺激,从而预测和控制行为。

图1-4 儿童对动物恐惧的形成与消除

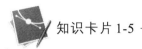

知识卡片1-5

早期行为主义的经典实验

一、制约情绪反应实验

华生、雷娜通过条件反射实验,使一名11月大的男孩阿尔伯特形成了对白鼠的恐惧。在实验前小阿尔伯特并不害怕白鼠,可当阿尔伯特看到一只白鼠出现时,身后就会传来一声刺耳的噪音。随后,阿尔伯特对白鼠产生了强烈的恐惧,并进而泛化到白色的兔子、白皮毛大衣和圣诞老人的白色毛发。

华生进一步还考虑采取条件反射的方法来去除小阿尔伯特的恐惧,但后来没有找到这个小男孩,实验没有继续进行,留下了一个遗憾。华生根据实验结果认为,一个人对某事物的恐惧都是在幼年时期通过条件反射而形成的,而不是精神分析理论所认为的起于无意识冲突。

二、反制约情绪反应实验

为了了解条件反射技术是否可以应用于消除儿童的恐惧,华生和琼斯对有恐惧心理的彼得进行了实验。彼得3岁,对兔子有强烈的恐惧反应。当彼得开心地吃喜爱的食物时,实验者把一只兔子关在笼子里放到房间一角。由于距离远,彼得没有产生恐惧反应。在彼得适应后,再逐渐把兔子移近。最终,当彼得习惯了兔子的存在后,把兔子从笼中放出,这时彼得可以触摸兔子而且没有再表现出恐惧反应。在训练初步有效果后,一次彼得在路上遇到一条凶猛的狗而引起对动物恐惧心理的复发。随后,研究者采用了榜样法,将彼得带到一组孩子中,这些孩子都不害怕兔子。通过与这些孩子一起玩耍,彼得彻底消除了对兔子的恐惧反应(图1-4)。

华生的一段话鲜明地反映了行为主义注重环境影响行为的观点和立场:"请给我一打健康而没有缺陷的婴儿,把他们放在我自己的特殊世界中教养,那么我可以担保,在这十几个婴儿中,随便拿出一个,都可以训练他成为任何专家——无论他的能力、嗜好、趋向、才能、职业及种族是怎样,我都能够任意训练他成为一个医生、律师、艺术家或商界首领,或可以训练他成为一个乞丐或窃贼。"

早期的行为主义单纯研究个体的行为,忽视内部的心理活动,特别是过分强调了刺激—反应的过程,将行为变成了机械的肌肉运动或腺体分泌过程,排斥了人的主观能动性,受到来自行为主义学派内外学者的批评和反对。于是,新行为主义应运而生。美国心理学家吴伟士提出了S—O—R的公式,弥补了S—R公式

图 1-5 对操作性条件反射理论观点的形象化描述

的不足,其中的 O 被看做是中介变量,在一定程度上可以解释人的内部心理因素对行为的影响。

新行为主义的代表人物是斯金纳(B. F. Skinner,1904—1990)。他通过大量的动物实验(包括白鼠、鸽子等)于 20 世纪 30 年代提出了操作性条件反射理论,认为个体的行为获得途径是:在一定刺激情境下(S'),个体主动发出某个行为(R),结果立即得到强化物($S+$),于是以后在该情境下,这一行为的出现率上升;而如果得到的结果是惩罚物,则该行为就倾向于减少(图 1-5)。依据操作性条件反射理论,人和动物的大多数行为不是消极、被动等待刺激,而是主动发出的,行为是否会被保持,取决于其之后得到的反馈(正强化、惩罚或无反馈)。依据操作性条件反射理论,斯金纳提出了程序教学法,研制了教学机器,其思想在当今的计算机辅助教学中也得到深入的体现。特别是 20 世纪 60 年代后,该理论被应用于行为矫正领域,成为心理、行为治疗和训练的有效方法之一。

(三) 人本主义心理学

人本主义心理学于 20 世纪 50 年代兴起,被称为是西方心理学的第三势力。人本主义心理学强调心理学是一门独特的关注人的人类科学,强调人的主观经验的独特性,关注人的潜能和自由,强调研究应以问题为中心,而非以方法为中心。

人本主义心理学的代表人物是马斯洛(A. H. Maslow,1908—1970)。他的贡献,一是提出了需要层次理论,将人的需要分为基本需要和发展性的需要,认为最高级的需要是自我实现的需要。他关于尊重的需要在组织管理、教育教学等领域得到了广泛的应用。二是他关于自我实现和高峰体验的观点,对于激发个体的潜能有重要意义。所谓自我实现是指对天赋、能力、潜力等的充分开拓和利用,自我实现的人能实现自己的愿望,对他们力所能及的事总是尽力去完成。高峰体验与自我实现密切相关,达到自我实现的人都曾有过一种奇妙的体验,即高峰体验。高峰体验是自我实现者或心理健康的一种人格特征,高峰体验对促进心理健康和提高生活质量都有积极的意义。

罗杰斯(C. Rogers,1902—1987)是人本心理学的创始人。他认为人性的核心从本质上说是积极的、可以信赖的、发展变化的,而人的认识活动的基础是意识经验。他强调在心理治疗中对个人自我实现潜能的信任,提出了个人中心疗法,主张在心理治疗中通过无条件的积极关注、准确地共情、真诚透明等方式,建立良好的治疗关系,促进来访者对自己的经验开放,自由而充分地体验自己的情感,信任自己。

尽管现代心理学的起源和主要学派都是来自西方国家,但这并不意味着中国心理学只能全盘接受这一舶来品。中国文化中有着丰富的心理学思想,有待于我们进一步去挖掘,并在现实中加以应用。一方面,可以将中国文化中关于心理学的思想和案例用来解读现代心理学理论;另一方面,可以发挥中国文化中关于心理和谐发展的观点,来弥补现代心理学的不足。

 推荐故事

拯救犹太人最多的外交官——何凤山

1938年3月14日,德国吞并了奥地利。奥地利是欧洲第三大犹太人聚居地,共有约18.5万犹太人。纳粹欲将这里的犹太人赶尽杀绝。他们将犹太人成批地投入集中营,但对持有外国签证的犹太人则网开一面,准许其离开奥地利。对当时的犹太人来说,离开就是生存,不能离开就意味着死亡。于是,犹太人纷纷想方设法寻找离开奥地利的签证。但是,出国签证到哪里去弄呢?很多国家的使领馆都不敢公开得罪纳粹,拒绝给犹太人签证。7月13日,在法国埃维昂召开了讨论犹太难民问题的国际会议,与会的32个国家都强调种种困难,拒绝伸出援助之手。

17岁的犹太青年艾瑞克·高德斯陶伯为了和全家一起逃离虎口,先后奔走于近50个国家驻维也纳的总领馆,都毫无结果。绝望中的他于7月20日来到中国总领馆,他在这里一下拿到了20份签证。捧着这一大沓性命攸关的签证,他激动不已。

很快,在走投无路的犹太人之间,一条消息在迅速传播:中国驻维也纳总领事何凤山博士正向犹太人伸出援助之手。自何凤山1937年5月到任至1940年5月离开,他到底给犹太人签发过多少生命的"船票"已难考证。根据一些档案资料估算,有数千名犹太人因为何凤山的签证而免遭纳粹的毒手,他们将何凤山所签发的宝贵的签证称为"生命签证"。当时,有一艘轮船往返7趟,运送3600名欧洲犹太难民来到上海。后来,这些犹太难民有的定居上海,有的定居哈尔滨,有的则转道前往美国、加拿大和菲律宾等国家。那时,持有中国签证的犹太人不仅能合法地离开维也纳,危急时刻还能将签证作为护身符拯救自己的生命。一时间,上海成为当时世界上唯一向犹太难民敞开大门的都市,顶峰时犹太难民达三万多人。

一位幸存者引用哲人的话称颂何凤山:"有些人虽然早已不在人间,但他们的光辉仍然照亮世界。这些人是月黑之夜的星光,为人类照亮了前程。"

何凤山是一个低调的人,他很少对人提起当年救助犹太人的义举。他曾对女儿说:"我对犹太人的处境深感同情,从人道主义立场出发,我感到帮助他们义不容辞。"何凤山在《我的外交生涯四十年》一书中说:"自从奥地利被德国兼并后,恶魔希特勒对犹太人的迫害便变本加厉,奥地利犹太人的命运非常悲惨,迫害的事每天都在发生。当时美国一些宗教和慈善组织开始紧急救助犹太人,我一直与这些组织保持着密切联系,我采用一切可能的方式,全力帮助犹太人,大量犹太人因此得以活了下来。""富有同情心,愿意帮助别人是很自然的事。"

点评与反思:从这个故事中,可以获得关于心理现象的多种启示:(1)从个体的心理角度看,德国公民中不乏能力强的人,但当他们聚集在一起时,受到纳粹主义的蒙蔽,疯狂地屠杀犹太人,从中可以看出个体心理与群体心理不一定是同步的。(2)犹太人以其勤劳、聪明、善于经商而著称于世,但千百年来,他们失去了自己的家园,历经了苦难,他们世世代代传递着一个美好的愿望:"明年相聚在耶路撒冷!"犹太人特有的文化传统和很强的凝聚力,在以色列建国过程中发挥了积极作用。(3)外交官何凤山是当年中国难得的高学历外交人才,他面对纳粹分子的屠杀行为,毅然做出了帮助犹太人的举动,体现了善良、同情、尽职尽责等良好品质。(4)中国上海是当时世界上唯一对犹太人开放的口岸,中国人民在艰苦的抗战期间,不仅接纳了犹太人,还尽力给他们提供生活上的帮助,这体现了中华民族博大的胸怀和救人于危难的美德。

实践与实验指导

1. 团体辅导活动:我是谁?

将全班学生分成4—6人的小组,让各组成员先各自在自己的纸上写下20句关于"我是谁"的回答。然后,在小组内进行交流,讲解自己所列出的20个"我是谁"。最后,在全班讨论交流时,各组推举代表进行分享。

复习思考题

一、名词解释

　　心理　　心理学

二、简答题

　　1. 如何理解心理是对客观现实的主观反映？

　　2. 举例说明个体心理现象的主要表现。

三、论述题

　　1. 谈谈为什么要学习心理学。

　　2. 简要分析心理学三个主要流派的观点。

四、案例分析

　　1. 请结合本章中同卵双胞胎分开抚养后性格特点显著不同的事例，分析遗传与环境在个体成长中的作用。

 主要参考文献

[1] 叶奕乾,祝蓓里.普通心理学[M].上海:华东师大出版社,1996.

[2] 叶浩生.心理学史[M].上海:华东师范大学出版社,2009.

[3] 斯塔福德,韦布.心理和脑——脑与心智历程100项[M].北京:科学出版社,2007.

[4] 乐国安.社会心理学[M].北京:中国人民大学出版社,2009.

[5] 叶永烈.钱学森[M].上海:上海交通大学出版社,2010.

第二章 脑与心理

条件反射形成的不良行为习惯

金庸所著的武侠小说《雪山飞狐》中讲到苗人凤与胡一刀比武时露出了破绽。苗人凤因幼年时期在练习剑法时受到蚊虫叮咬,进而影响到了学习剑法,遭到父亲的责打。自此之后,苗人凤在舞剑时每逢准备使出提撩剑白鹤舒翅这一招时,背上都会有一个很细微的耸肩动作。①

在这里,蚊虫叮咬引起的不舒适感和耸肩等动作是先天的、本能的非条件反射。那一次他正在练习提撩剑白鹤舒翅这一招式,遭到父亲的责打,从而使这一体验十分深刻,结果"提撩剑白鹤舒翅"这一招的名称就成了条件刺激物,成为蚊虫叮咬刺激作用的信号。自此之后,每当苗人凤准备使这一招术时,背上都会有一个很细微的耸肩动作。这就是应答性条件反射的形成过程。而条件反射则是建立在大脑神经活动基础上的。

第一节 心理的神经基础

一、神经系统

(一)微观的神经组织

1. 神经元

神经元即神经细胞,是神经系统结构和机能的基本单位,它的基本作用是接受和传递信息。神经元由胞体和胞突两部分组成,胞突又分为树突和轴突两种。树突的作用是接受刺激,将神经冲动传向胞体(图2-1)。每个神经元只有一根轴

---

① 金庸.雪山飞狐[M].广州:广州出版社,花城出版社,2001:96.

突,在轴突主干上有时分出许多侧枝,其作用是将神经冲动从胞体传出,到达与它联系的其他细胞。在发育过程中,轴突逐渐髓鞘化,髓鞘包裹着轴突可以起到绝缘的作用,能防止神经冲动从一根轴突扩散到另一轴突。在个体发育的过程中,神经纤维的髓鞘化,是行为分化的重要条件。

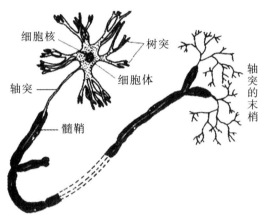

图2-1 神经元的构造

2. 突触

各神经元之间互相联系,构成神经通道,实现传导信息的功能。神经元之间彼此接触的部位,叫突触。在电子显微镜下,可以看到突触有三个部分,即突触前成分、突触间隙和突出后成分。突触结构可使神经冲动从一个神经元传递到相邻的神经元。

神经兴奋在突触间的传递,是借助于神经递质来完成的。一种是具有兴奋作用的神经递质,如乙酰胆碱、去甲肾上腺素、5-羟色胺等。这些递质可以使突触后神经元产生兴奋。另一种是具有抑制作用的神经递质,如多巴胺、甘氨酸等。这些递质使突触后神经元受到抑制。

当神经兴奋到达轴突末梢时,突触小泡内存储的神经递质通过突触前膜的张口处释放出来。这种神经递质经过突触间隙后作用于突触后膜,并与突触后神经元内的另一种化学物质(受体)联系在一起,从而改变了膜的通透性,并引起突触后神经元的电位变化,实现了神经兴奋的传递。

3. 神经网络

神经元与神经元通过突触建立的联系,构成了极端复杂的神经网络。据估计,一个脊髓前脚的运动神经元的胞体可能有2000个突触,大脑皮层每个神经细胞可有3万个突触。芝加哥大学神经学家赫利克计算,100万皮层细胞两两组合,就可得到102783000种组合,由此可见神经网络的复杂程度。

在神经网络基础上就构成了复杂的神经系统,神经系统又分为中枢神经系统和周围神经系统。

(二) 周围神经系统

周围神经系统包括脊神经、脑神经和植物性神经。

1. 脊神经

脊神经发自脊髓,穿过椎间孔外出,共31对。依脊柱走向,分为颈神经8对、胸神经12对、腰神经5对、骶神经5对、尾神经1对。脊神经由脊髓前根和后根的神经纤维混合而成。脊髓前根的纤维属运动性,后根的纤维属感觉性。因此,混合后的脊神经是运动兼感觉的。

2. 脑神经

脑神经由脑发出,共12对,包括:(1)嗅神经;(2)视神经;(3)动眼神经;(4)滑车神经;(5)三叉神经;(6)外展神经;(7)面神经;(8)听神经;(9)舌咽神经;(10)迷走神经;(11)副神经;(12)舌下神经。

脑神经根据功能可以分为三类。

(1)感觉神经:嗅神经、视神经、听神经分别传递嗅觉、视觉、听觉和平衡觉的感觉信息。

(2)运动神经:动眼神经、滑车神经、外展神经、副神经和舌下神经分别支配眼球活动、颈部和面部的肌肉活动以及舌的活动。

(3)混合神经:其中三叉神经负责面部感觉和咀嚼肌的活动;面神经支配面部表情、舌下腺、泪腺及鼻黏膜的分泌,并接受味觉的部分信息;舌咽神经接受味觉信息和负责腮腺的分泌;迷走神经支配颈部、躯体脏器的活动,包括咽喉肌肉、内脏平滑肌及心肌的运动,以及一般内脏感觉的输入。

3. 植物性神经

植物性神经系统是指控制内脏活动的传出神经系统,包括交感神经和副交感神经两个部分。交感神经和副交感神经在机能上具有拮抗性质,交感神经在机体应付紧急情况时发挥作用。如当人们紧张、恐惧、愤怒、激动的时候,交感神经马上发生作用,从而加速心脏的跳动,促使肝脏释放更多的血糖,使肌肉得以利用,暂时减缓或停止消化器官的活动,从而动员全身力量以应付危机。而副交感神经的作用则相反,它起着平衡的作用,抑制体内各器官的过度兴奋,使它们获得必要的休息。

植物性神经过去也被称为"自主神经",即人们认为这一神经系统不受中枢神经系统的支配,因而人们不能随意地控制内脏的活动。后来发现,个体通过训练,可以学会控制内脏的活动,如调节体温的升降、血压的高低、心跳的快慢等。这一原理已被应用到生物反馈治疗技术中。

(三) 中枢神经系统

中枢神经系统包括脊髓和脑(脑干、间脑、小脑、大脑)。

1. 脊髓

脊髓是中枢神经系统的低级部位,位于脊椎管内,略呈圆柱形,前后稍扁。它上接延髓,下端至于一根细长的终丝。脊髓按脊神经的出入分为31节,即颈椎8节、胸椎12节、腰椎5节、骶椎5节、尾椎1节。31对脊神经是由不同脊椎发出的。

脊髓的主要作用如下。

(1) 脊髓是脑和周围神经的桥梁。来自躯干和四肢的各种刺激,只有经过脊髓才能传导到脑,受到脑的更高级的分析和综合;而由脑发出的指令,也必须通过脊髓,才能支配效应器官的活动。

(2) 脊髓可以完成一些简单的反射活动,如膝跳反射、肘反射、跟腱反射等。在正常情况下,这些反射是可以受脑的支配的。

2. 脑干

脑干包括延脑、桥脑和中脑。

延脑在脊髓上方,背侧覆盖着小脑。延脑和有机体的基本活动有密切关系,它支配呼吸、排泄、吞咽、肠胃等活动,因而又叫"生命中枢"。

桥脑在延脑的上方,位于延脑和中脑之间,是中枢神经与周围神经之间传递信息的必经之地。它对人的睡眠具有调节和控制的作用。

中脑位于丘脑底部,小脑、桥脑之间。其中中央灰质部分分别支配眼球、面部肌肉的活动。中脑四叠体的上丘是视觉反射中枢,下丘是听觉反射中枢。

在脑干各段的广大区域,有一种由白质与灰质交织混杂的结构,叫网状结构。网状结构与保持大脑皮层的兴奋性、维持注意状态有密切的关系。

3. 间脑

在脑干上方、大脑两半球的下部,有两个鸡蛋形的神经核团,叫丘脑。它的正下方有一个更小的组织叫下丘。上、下丘脑共同组成间脑。

丘脑是个中继站。丘脑后部有内外侧膝状体,分别接受听神经和视神经纤维。除嗅觉外,所有来自外界感官的输入信息,都通过这里传向大脑皮层,从而产生视、听、触、味等感觉。丘脑是网状结构的一部分,因而对控制睡眠和觉醒有重要意义。

下丘脑是调节交感神经和副交感神经的主要皮下中枢,对维持体内平衡、控制内分泌腺的活动有重要意义。下丘脑对情绪也起着重要作用。用微波电流刺激下丘脑的某些部位,可产生快感;而刺激相邻的另一区域,将产生痛苦和不愉快的情绪。

在大脑内侧面最深处的边缘,有一些结构,它们组成一个统一的功能系统,叫边缘系统。这些结构包括扣带回、海马回、海马沟、附近的大脑皮层(如额叶眶部、岛叶、颞根、海马及齿状回),以及丘脑、丘脑下部、中脑内侧被盖等。图2-2中,深色部分为边缘系统。边缘系统与人的本能活动、情绪以及记忆有关。

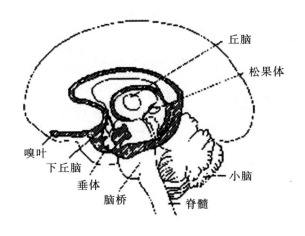

图2-2 边缘系统

4. 小脑

小脑在脑干背面,分左右两半球。小脑的作用主要是协助大脑维持身体的平衡与协调动作。一些复杂的动作,如签名、走路、舞蹈等,一旦学会,就编入小脑,并能自行进行。小脑损伤会出现痉挛、运动失调,丧失简单的运动能力。

5. 大脑

大脑分为左右两个半球,体积占中枢神经系统总体积的一半以上,重量约为脑总重量的60%左右。大脑半球的表面布满深浅不同的沟或裂。沟裂间有隆起的部分称为回。其中有三条大的沟裂,即中央沟、外侧裂和顶枕裂,这些沟裂将半球分成额叶、顶叶、枕叶和颞叶几个区域。在每一叶内,一些细小的沟裂又将大脑表面分成许多回,如额叶的额上回、额中回、额下回、中央前回,颞叶的颞上回、颞中回和颞下回,顶叶的中央后回等。

大脑半球的表面由灰质覆盖着,叫大脑皮质或皮层,总面积约为2200平方厘米。大脑半球内面是由大量神经纤维组成的髓质,叫白质,负责大脑回间、叶间、两半球间及皮层组织间的联系。其中特别重要的横行联络纤维叫胼胝体,它在大脑半球的底部,对两半球的协同活动有重要作用。

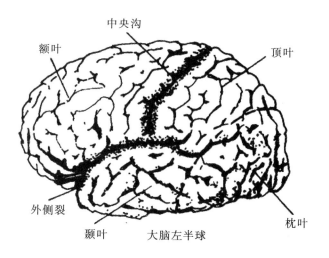

图2-3 大脑左半球侧面图

 知识卡片2-1

裂脑人

正常人大脑的两个半球由胼胝体连接,左、右两个半球的信息可在瞬间进行交流,因此,正常人的脑是作为一个整体而起作用的。1961年起,斯佩里(R. Sperry)等对"裂脑人"进行了一系列的实验研究。所谓"裂脑人",是指医生为了医治癫痫病人,将患者连接大脑两半球的神经纤维胼胝体切断,以改善其大脑功能。经过这样手术的人,实际上成了有两个独立的大脑的"裂脑人"。

在实验中,让"裂脑人"坐在挡住他双手的屏幕前,视线凝视屏幕中心的一点,用0.1秒的时间闪现"帽带"这个词("帽"呈现在左半屏幕,"带"呈现在右半屏幕)。由于呈现时间短,被试的眼睛来不及移动,"帽"就传到了右半球,"带"就传递到了左半球。当问"裂脑人"看到了什么时,他回答看到了"带"字。进一步要求"裂脑人"说出"带"的种类,他只好猜测是"胶带"、"音乐磁带"、"捆人的带子"等。如果在左半屏幕闪现一个物体的名称,从而使这个词传递到右半球,"裂脑人"虽然不能说出物体的名称,但能用左手从一堆他看不见的物体中选出这个物体。这表明虽然右半球有一些语言的功能,但语言中枢位于左半球。"裂脑人"大脑的每一个半球都有其独自的感觉、知觉和意念,都能独立地学习、记忆和理解,两个半球都能被训练执行同时发生的相互矛盾的任务。

对于大多数人来就,左半球是处理语言信息的"优势半球",它还能完成那些复杂、连续、分析性的活动,以及熟练地进行数学运算。右半球掌管空间知觉的能力,对非语言性的视觉图像的感知和分析比左半球占优势,音乐和艺术能力以及情绪反应等也与右半球有更大的关系。对于正常人来说,大脑两半球虽然存在机能的分工,但是大脑始终是作为一个整体而言的。斯佩里的实验证明了大脑两半球机能的不对称性,但发现右半球也有语言功能,从而更新了优势半球的概念。①

二、大脑的功能分区

大脑皮层可分成几个机能区域:感觉区、运动区、言语区、联合区。其中言语区是人脑特有的(图2-4)。

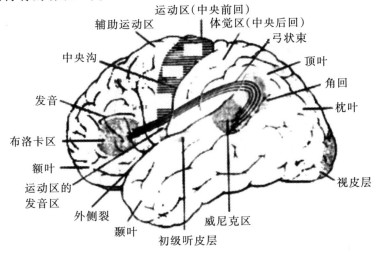

图2-4 大脑皮层分区示意图

1. 感觉区

感觉区是接受和加工外界信息的区域,包括视觉区、听觉区和机体感觉区,它们分别接受来自眼睛的光刺激、来自耳朵的声音刺激,以及来自皮肤表面和内脏的各种刺激。

视觉区位于顶枕裂后面的枕叶内,它接受在光刺激的作用下由眼睛输入的神经冲动,产生初级形式的视觉,如对光的觉察等。如果大脑两半球的视觉区受到破坏,即使眼睛的功能正常,人也将完全丧失视觉而成全盲。

听觉区在颞叶的颞横回处,它接受在声音的作用下由耳朵传入的神经冲动,产生初级形式的听觉,如对声音的觉察等。若破坏了大脑两半球的听觉区,即使

---

① 王延光.斯佩里对裂脑人的研究及其贡献[J].中华医学史杂志,1998,(1):57-61.

双耳的功能正常,人也将完全丧失听觉而成为全聋。

机体感觉区位于中央沟回后面的一条狭长区域内,它接受由皮肤、肌肉和内脏器官传入的感觉信号,产生触压觉、温度觉、痛觉、运动觉和内脏感觉等。躯干、四肢在体感区的投射关系是左右交叉、上下倒置的。中央后回的最上端的细胞,主宰下肢和躯干部位的感觉;由上往下的另一些区域主宰上肢的感觉。头部在感觉区的投射则不是倒置的,即鼻、脸部位投射在上方,唇、舌部位投射在下方等。身体各部位投射面积的大小取决于它们在机能方面的重要程度。例如,手、舌、唇在人类生活中有重要的作用,因而在机体感觉区的投射面积就较大(图2-5)。

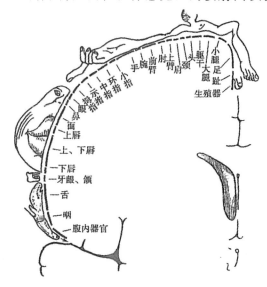

图2-5 躯体感觉皮层定位示意图

2. 运动区

运动区,也称为躯体运动区,在中央前回和旁中央小叶的前部。其主要功能是发出动作指令,支配和调节身体在空间的位置、姿势及身体各部分的运动。运动区与躯干、四肢运动的关系也是左右交叉、上下倒置的。中央前回最上部的细胞与下肢肌肉的运动有关,其余的细胞区域与上肢肌肉的运动有关。负责头部的运动区也不是倒置的。同样,身体各部位在运动区的投射面积不取决于各部位的实际大小,而取决于躯体运动的精细程度,负责精细运动的身体部位在运动区所的面积较大(图2-6)。

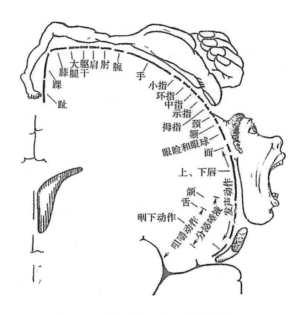

图 2-6 躯体运动皮层定位示意图

（图中皮层代表区范围的大小与躯体的大小无关，而与躯体运动的精细复杂程度有关。）

3. 言语区

对大多数人来说，言语区主要定位在大脑左半球，它由较广大的脑区组成。

布洛卡区，即言语运动区，在左半球额叶的后下方，靠近外侧裂处，它通过邻近的运动区控制说话时舌头和颚的运动。这个区域受损就会发生运动型失语症。

威尼克区，即言语听觉区，在颞叶上方、靠近枕叶处，它与理解口头言语有关。这个区域损伤会引起听觉性失语症，即病人不理解口头单词，不能重复刚听过的句子，也不能完成听写活动。

视觉语言中枢，在顶枕叶交界处。这个区域损坏会出现理解书面语言的障碍，病人看不懂文字材料，产生视觉失语症或失读症。

4. 联合区

大脑皮层中范围更广、具有整合或联合功能的一些脑区，称为联合区。联合区不接受任何感受系统的直接输入，从这个脑区发出的纤维，也很少直接投射到脊髓，支配身体各部分的运动。联合区和各种高级心理机能有着密切的关系。联合区可分为感觉联合区、运动联合区和前额联合区。

感觉联合区是指与感觉区邻近的广大区域。它们从感觉区接受大部分输入信息，并提供更高水平的知觉组织。感觉联合区受损将引起各种形式的"不识症"。如视觉联合区受损，就会出现视觉不识症，病人能看见光线，视敏度正常，但丧失认识和区别不同形状的能力，或能看见物体，但不能称呼它，也不知道它有什么用处。颞区是颞叶的联合区，这个区域与长时记忆有密切的关系。

运动联合区位于运动区的前方,负责精细的运动和活动的协调。运动联合区受到损伤的提琴家,能够正确地移动每个手指,正确完成演奏时的各种基本动作,但不能完成一段乐曲、演奏一个音节,甚至不能有韵律地弹动自己的手指。

前额联合区位于运动区和运动联合区的前方。前额联合区与动机的产生、行为程序的制定及维持稳定的注意有密切关系。切除前额皮层的病人,智力很少受到损害,智力测验分数很少下降,但不能适时地停止某种不适当的行为。

第二节 脑的功能及其应用

一、梦

梦是在睡眠状态下出现的一种想象活动。

(一) 睡眠和梦

在睡眠过程中,脑电图随着睡眠的深度而发生各种不同变化。根据脑电图的不同特征,可将睡眠分为两种状态:非眼球快速运动睡眠(又称慢波睡眠,NREM睡眠)和快速眼动睡眠(又称快波睡眠,REM睡眠),二者以是否有眼球阵发性快速运动及不同的脑电波特征相区别。快速眼动睡眠阶段的脑电波与个体处于清醒并放松的状态时类似,绝大多数的梦发生在这一阶段。当睡眠者在这个阶段被唤醒,74%~95%的人诉说在做梦并能记起梦境内容。

(二) 梦的生理基础

在睡眠状态下,大脑皮层处于不平衡的抑制状态,少数神经细胞的兴奋使一些表象被激活。由于缺乏意识的控制和调节,被激活的表象形成了离奇的组合,这些稀奇古怪的组合使得梦境与现实生活大相径庭。在快速眼动睡眠中大脑被激活,使得与这种状态有关的各神经分支产生了兴奋,从而产生了来自内部的混乱信号。而较高级的皮层系统试图将这些信号整合到正在进行的梦境中,从而产生了离奇的不连续性。

(三) 梦与重大的科学发现

化学元素周期表的发现:1869年,科学家已经发现了63种化学元素,他们设想自然界应该存在某种规律,使元素能有序地分门别类、各得其所。化学家门捷列夫苦苦思索这个问题,夜以继日地思考分析。一天,疲倦的门捷列夫进入了梦乡,在梦里他看到了一张表,元素纷纷落到合适的格子里。醒来后他立刻记下了这个表的设计原理——元素的性质随原子序数的递增,呈现有规律的变化。

"神经如何指挥肌肉"的发现:1921年复活节前夜,奥地利生物学家洛伊从梦中醒来,抓过一张纸记下了一个实验的设计方法,可以用来验证他17年前提出的某个假说。洛伊立即开始实验,结果发现,神经并不是直接作用于肌肉,而是通过释放化学物质来起作用,神经冲动的化学传递就这样被发现了。洛伊于1936年获得诺贝尔生理学和医学奖。

缝纫针的发明:工业化的缝纫针需要让线先穿过布料。发明家采用了双头针或多针的方法,但效率不高。19世纪40年代,美国人埃利亚斯·豪在不能解决这个问题的困惑中入睡,梦见一帮野蛮人要砍掉他的头煮来吃。豪拼命地想爬出锅,但被人用长矛恐吓着。这时他看到长矛的尖头上开着孔。这个梦使他决定放弃手工缝纫的原理,设计了针孔开在针头一端的曲针,配合使用飞梭来锁线。1845年他的第一台模型问世,每分钟能缝250针,真正实用的工业缝纫原理终于出现了。

负责做梦的脑区域的发现:2004年,一位73岁的老妇中风,脑部受到严重的损伤,使她在正常地睡眠时不能进入"梦乡"。瑞士苏黎世大学医院的神经学家克劳迪奥·巴塞蒂及其同事利用核磁共振成像技术确定了这位患者脑部受损的位置是后脑底部。他们认为人脑中的这个部位对做梦起着至关重要的作用,这一部位主管梦。如果这个部位遭受损伤,梦自然就没有了。

二、条件反射

(一) 反射与先天反射

反射是有机体对内外刺激的规律性的反应,即由内在和外在刺激作用于感受器,经感受器转换为神经冲动,神经冲动沿着传入神经到达中枢神经系统后,经加工又沿着传出神经到达效应器(肌肉和腺体),引起反应。

先天反射,也叫无条件反射,是在种系发展过程中遗传下来的反射,如婴儿一生下来就会啼哭、吸吮,成人当异物进入鼻孔就会打喷嚏。由无条件反射构成的行为链叫本能行为。在特定刺激的作用下,本能行为可以自动地、刻板地依次发生。无条件反射和本能行为是个体出生后生长和发育的先天基础。

(二) 条件反射

条件反射是指在一定条件下,外界刺激与有机体反应之间建立起的暂时神经联系。

条件反射是后天获得的,引起条件反射的刺激物叫条件刺激物或信号刺激物。

> 知识卡片2-2

> **条件反射实验**
>
> 俄国生理学家巴甫洛夫(I. P. Pavlov, 1849—1936)在实验中发现,每次在狗进食前,给予铃声刺激,反复多次以后,即使不喂食,只给铃声刺激,狗也会分泌唾液。经过多次实验,巴甫洛夫提出条件反射原理并解释了其神经基础。
>
> 实验对象:狗。
> 无条件刺激物:食物,它可以使狗产生无条件性的唾液分泌。
> 无关刺激物:铃声,它对唾液分泌原来没有影响,而只能引起狗的警觉。
> 实验条件:将无关刺激物与无条件刺激物同时、反复多次配对出现。
> 实验结果:在无条件刺激物(食物)出现的同时,出现无关刺激物(铃声),发现狗开始分泌唾液。而当重复多次以后,即使仅仅出现铃声,也会引起唾液分泌。这时,铃声就从无关刺激物转变成条件刺激物,即成为无条件刺激物的信号而引起狗的唾液分泌。这样条件反射就形成了(图2-7)。

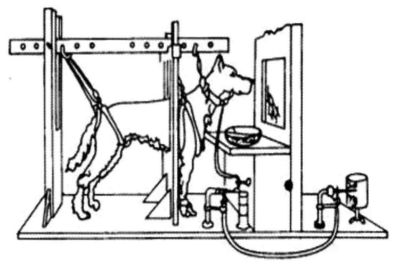

图2-7 经典条件反射实验

条件反射在日常生活中是非常普遍的,如成语中的望梅止渴、谈虎色变等。马戏团利用条件反射规律,训练动物表演各种节目,靠的是食物刺激作为强化物。人类驯养动物从事表演或某种工作有很悠久的历史,但是并没有意识到其中存在某种行为形成的规律,而借助条件反射原理则可以清楚地说明在台上表演各种节目的动物，实际上是被食物刺激的缘故。19世纪末，德国出现了一匹名叫"聪明的汉斯"的神奇的马。在舞台上，观众出个计算题，汉斯就会用马蹄敲击地面，敲击数目与答案完全一致。后来科学家们通过仔细观察、分析发现了其中的奥秘：如果把汉斯与主人用屏风隔开时，汉斯就再也做不出题目了。原来汉斯根本就不会做什么算术题，它只是根据主人的暗示敲击地面，当主人暗示它停止时，它就停下。

巴甫洛夫认为，条件反射是脑的高级神经活动，它是以大脑皮层上神经联系的暂时接通为基础的。无条件刺激和无关刺激物在大脑皮层上可以形成两个兴奋点。由于多次重复，两个兴奋灶就会沟通起来，形成暂时神经联系，这就是条件反射的基础。

当条件反射形成后，如果个体做出某个行为，并得到强化物，于是暂时神经联系就被增强，这个条件反射就被强化。但在一定条件下形成的条件反射，并不是固定不变的。如果仅呈现条件刺激物（如铃声），不给予强化（如食物），由于得不到强化物，已经形成的暂时神经联系就又会消失。这就是条件反射行为的消退过程。

三、左右脑分工理论及其应用

（一）左右脑的分工

大脑左右两半球分别对来自身体对侧的刺激作出反应，并调节对侧身体的运动。左脑支配右半身的神经和器官，同时还是理解语言的中枢，主要完成语言、分析、逻辑、代数的思考、认识和行为。因此左脑擅长的是逻辑思维。而右脑支配左半身的神经和器官，同时还有接受音乐的中枢，负责可视的、综合的、几何的、绘画的思考行为以及凭直觉观察事物、纵览全局等功能（图2-8）。

在正常情况下，大脑两个半球是协同活动的。进入大脑任何一侧的信息会迅速地经过胼胝体传达到另一侧，使大脑得以作出统一的反应。右脑如同一个书库，按分类摆放不同的书籍，每本书有自己的书名，书中再分章划节层层记述。右脑信息储存量是左脑的一百万倍。左脑则如同检索室，可以快速找到关键词并提供"索引号"到右脑提取信息。思考的过程是左脑一边观察、提取右脑所描绘的图像，一边将其符号化、语言化地输出。换言之，右脑储存的形象的信息经左脑进行逻辑处理，变成语言的、数字的信息。

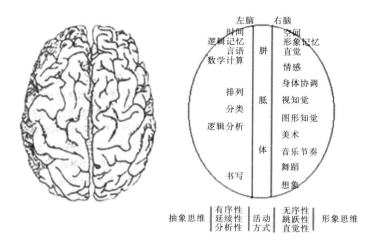

图2-8 左右脑功能比较

知识卡片2-3

关于右脑功能的几个趣闻

一、人是用右脑认清自己的吗?

人照镜子、看照片时,本能地就能认出自己,科学研究发现,在这一过程中起作用的是右脑。哈佛大学讲师基南对五名即将接受手术的癫痫症病患做脑部测验,先后将他们脑部的左半部和右半部麻醉。在实验对象半边脑部麻醉的时间里,基南拿一张合成照片给他们看,照片一半是病人本身的脸,另一半是名人的脸。麻醉效果停止后,请病人回想刚才看到的照片内容。右脑麻醉后,病人看到的是名人的脸;左脑麻醉后,病人看到的是自己的脸。实验者又对十名健康的个体进行了同样的实验,结果也是当被试看到自己形象的时候,右脑比较活跃。由此可见,右脑在辨认"自己"脸的时候比较活跃。

二、名画中的人物为什么多以左颊示人?

有人发现,文艺复兴时期以来的著名人物画像,绝大多数画中人物都是脸向右偏露出左颊。这是什么原因?

澳大利亚墨尔本大学心理学教授尼柯尔从过去五百年的历史名画中,找出361幅人物画,发现其中58%的人物画,画中人是脸向右偏露出左颊。然而如果画中人物是女性的话,高于78%的画中人会脸向右偏,露出左颊。尼柯尔于是假设:画中人自己选择脸向右偏,因为侧脸时表现出某种情感。以《蒙娜丽莎的微笑》为例,蒙娜丽莎是一名商人的妻子,她希望这幅画使她看起来温柔、美丽、善解人意,侧脸有助于传达这种情感。

尼柯尔找了165名心理系学生(其中122名为女性)进行实验。他将学生分组,告诉他们要拍人物照,其中一组学生需幻想成顾家的人,照片是为表现自己多爱家人;另一组需幻想自己是事业处于巅峰的科学家。结果家庭爱情组的学生多数面对镜头时脸向右偏,露出左颊;事业腾达组则多数脸向左偏,露出右颊。尼柯尔的结论是,人的右半部大脑职司情感,控制人的左半部脸,因此无论是让人作画或拍照时,一个人想表现自己是温和、友善、讨人喜欢的一面,很自然会把脸就向右偏,以左半部脸颊示人。

三、母亲为什么多用左手抱孩子?

大多数母亲惯于用左手抱她们的孩子。这是一种偶然还是有其内在的根据呢?英国谢拉兹基医生发表报告称,让宝宝伏于母亲的左边,母亲的声音就会通过宝宝的左耳传到他们的右半边大脑——亦即是大脑中处理音调、旋律和情感的部分。研究发现,83%的右撇子母亲、78%的左撇子母亲,都爱用左手来抱宝宝——这样能使宝宝听见母亲的心跳声,让他们平静下来。

(二)右脑潜能的开发

根据左右脑分工理论,正是左右脑协同工作,人类才具有感知力、创造力。右脑具备的图形、空间、绘画、形象的认识能力,对于实现创造性思维是非常重要的,因此开发创造力必须充分调用右脑的功能。

爱因斯坦这样描述他的思维过程:"我思考问题时,不是用语言进行思考,而是用活动的跳跃的形象进行思考,当这种思考完成以后,我要花很大力气把它们转换成语言。"这充分说明了两脑协同、适当加强对右脑功能的开发是十分必要的。

根据左右脑分工差异的特点,有学者提出了开发右脑功能的建议,并形象地称之为"右脑教育"。这一观点认为右脑与创造性有着密切关系,开发右脑有助于开发人的潜能。但是,在现实中,受传统教育观念的影响,教师在教学中比较偏重于安排调用学生左脑功能的学习任务,比如:教师、家长要求学生从小就用右手写字、吃饭,这对部分左利手的儿童发展极为不利;在语文教学中,忽视了汉字的象形性,过多强调按照笔画、笔顺、笔数等方式来识字、写字,对于小学生来说无形中错失了使用右脑的机会;在数理化等课程中采用题海战术,进行机械训练,而不注意启发学生的思维;在语言、历史、政治等课程教学中依赖学生的死记硬背和机械记忆来提高成绩;为了应付考试而大量使用教辅材料、注重考试技巧训练,一味要求按照标准答案进行答题。这些教育理念和教学方法在无形中使左脑被过度使用,而右脑功能被闲置,限制了儿童创造力的提升。

开发右脑潜能的方法有很多,比如下述几种方法。

(1) 刺激指尖法

苏联教育家苏霍姆林斯基说："儿童的智慧在他的手指尖上。"人体的每一块肌肉在大脑层中都有着相应的代表区——神经中枢,其中手指运动中枢在大脑皮层中所占的区域最广泛。鼓励儿童多进行双手手指的灵活运动有利于开发右脑功能。

(2) 体育活动法

体操、乒乓球、羽毛球等运动都可以促使个体多用左手,以刺激右脑。

(3) 借助音乐的力量

音乐可以开发右脑,研究者以音乐为背景训练被试记忆单词,发现音乐由右脑感知,左脑并不因此受到影响,仍可独立工作,这样在不知不觉中就增进了右脑的功能。

(4) 开展珠心算练习

珠心算是以珠算为基础,通过实际拨珠训练,到模拟拨珠训练,再过渡到映像拨珠,最终在脑中形成珠像运动进行计算的一种计算技能。更形象地说是在脑子里打算盘,它从依靠算珠到脱离算珠,通过视觉、听觉、触觉把抽象的数码变成直观算珠映像,并在脑中快速完成计算过程。俗话说心灵才能手巧,反过来手巧才能促进心灵,学习珠心算正是利用算盘的直观来引导儿童进行实际的双手操作,使幼儿通过双手的活动,起到手脑并用的效果,开发幼儿右脑的潜能。一个学了珠心算的孩子这样描述他的感受："学了珠心算,我的听、看和动脑能力大大提高了。每当我看题目和课文,自己就好像变成了一只摄像机,很快就能把要学的东西深深地映在脑海里。"这正是右脑形象思维的鲜明特点。

(5) 下围棋训练右脑

围棋是一种用黑白棋子攻取阵地的棋艺,靠围地决定胜负,只要一方围的地超过181子,即胜出。下围棋不是你吃我一个子我吃你一个子的代数运算,而是占领一个范围的空间思维。下围棋时在脑中浮现的是一个图形、一个形状、一个不断变换的空间,而这正是右脑思维的领域。

(6) 入定和慢波睡眠训练

锻炼右脑的传统模式都是要制造一个没有语言的无意识状态,使右脑得到锻炼。有人测定坐禅高僧的脑电波图后发现,脑波速度有所降低,处于一种接近睡眠的状态。坐禅是一种清醒的无意识状态。在繁忙的公务或学习中抽出几十分钟时间去冥想,选一个舒适的位置,可以坐在椅子上,最好是盘腿坐。调整呼吸,排除干扰,使大脑处于空白状态。这种脱离琐事缠绕的清心寡欲状况,可以创造一种没有语言的无意识状态,增进右脑功能。

（7）训练左侧肢体功能

给予左利手儿童的使用左手的自由，对左利手不要强行纠正。而普通人也要多找机会多使用左手及其他左侧肢体。

强调开发右脑的功能，并不是要完全取代左脑，因为只有两脑协同才能发挥大脑的功能与潜力。要防止一味强调使用右脑，更不宜采取急功近利的方式进行突击训练，而应当从多数人的右脑功能属于相对的弱项出发，促进大脑潜能开发。

知识卡片2-4

相对论是如何被提出的？

著名科学家爱因斯坦提出了伟大的相对论，极大地更新了人们的时空观。而令人惊奇的是，这个高深的理论最初是爱因斯坦在放松活动中"灵光闪现"而想出的。

在一个阳光温暖的午后，爱因斯坦为了松弛一下紧张的神经，信步登上一座小山，躺在草地上，眯起眼睛仰望天空。阳光穿过他的睫毛，射进了他的眼睛，他好奇地想，如果能乘一条光线去旅行，那将是什么样子呢？于是，他的智慧在想象中闪光，相对论的灵感及理论体系由此脱颖而出。

类似爱因斯坦这样由直觉而获得某种灵感的事例很多，许多科学家在提出新的理论或发明创造时，往往是在睡眠、散步或搭乘火车时出现。当然，单靠空想也是徒劳无益的，仍然需要借助科学家们理性的思维才能最终结成正果。

四、当代认知神经科学的研究进展

人脑是自然界中最复杂的物质，人脑内部的运动是迄今所知的最复杂的物质运动形式。要了解人脑的工作原理，必须对工作着的人脑进行直接的实验测量。[①]随着生物、医学技术手段的改进，科学家可以将人的行为、认知过程和脑机制有机地结合起来对大脑进行研究，这就形成了一个全新的研究领域——认知神经科学。认知神经科学是阐明认知活动的心理过程和脑机制的科学，其技术手段包括：功能性磁共振成像(fMRI)、正电子发射断层扫描(PET)、脑电图(EEG)、事件相关电位(ERP)、脑磁图(MEG)、单光子发射断层扫描(SPECT)、光学成像等。这些新技术，不但可以以人类自身作为研究对象，而且可以直接观察各种行为状态时脑内的变化，从而更好地揭示大脑的心理过程和认知活动。

---

① 唐孝威,尹岭,唐一源.人类脑计划和神经信息学.香山科学会议,科学前沿与未来,第六集[C].北京:中国环境科学出版社,2002:98-111.

1. 脑电波

脑神经细胞无时无刻不在进行自发的、有节律的放电活动,这种连续的电活动被称为脑电波。脑电图描记法是应用电子放大技术将脑部的生物电活动放大100万倍,通过头皮上两点间的电位差,或者头皮与无关电极或特殊电极之间的电位差,描记出脑波图线,临床上称为脑电图(electroencephalogram,EEG),以研究大脑的功能状态。正常的脑电图可分为四种基本波形:α波、β波、θ波、δ波。

(1) α波

α波频率为8~13Hz,波幅10~100μv,平均50μv的正弦形节律。在顶、枕区活动最为明显,为正常成人的基本节律。

(2) β波

β波频率在14~30Hz,波幅5~20μv,不超过50μv,尖样负性波,在额、颞和中央区β活动最为明显。β波在额叶与顶叶比较明显。β波是大脑皮层处在紧张激动状态时电活动的主要表现。

(3) θ波

θ波频率在4~7Hz,波幅20~40μv,见于顶区、额颞区,在成人困倦时可以出现。在幼儿时期,脑电波频率比成人慢,一般常见到θ波,到十岁后才出现明确的α波。轻睡时θ波逐渐消失,此时θ波常首先出现于两侧额部。深层如皮质下的病变可产生两侧爆发性θ节律,经常存在局灶性θ节律,属不正常表现。

(4) δ波

δ波频率为4Hz以下,波幅10~200μv。正常成人在清醒状态下,几乎是没有δ波的,但在睡眠期间可出现δ波,代表皮层张力降低。在婴儿和少年儿童出现δ波属于正常。在婴儿时期,脑电波频率比幼儿更慢,常可见到δ波。经常存在的局灶性δ波,无论任何年龄意识水平均为异常,提示皮层病变,双侧和爆发性δ节律则常为皮层下病变。

高幅度的慢波(δ或θ波)可能是大脑皮层处于抑制状态时电活动的主要表现。

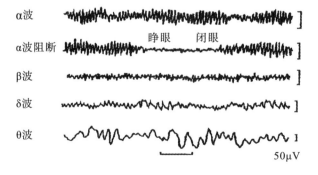

图2-9 正常的脑电图

2. 事件相关电位

事件相关电位(Event-related potential, ERP),是与实际刺激或预期刺激(声、光、电)有固定时间关系的脑反应所形成的一系列脑电波。根据ERP的固定时间关系特性,将原始记录的脑电波(自发电位)经计算机的叠加处理,提取出ERP成分,即认知电位。ERP有着较高的时间分辨率(达到毫秒级),空间分辨率仅为厘米级。也就是说,ERP对于刺激与脑反应之间的时间关系定位精确,而对大脑活动分布的空间定位精度不高。目前事件相关电位分析系统已经广泛应用于心理学研究中,包括知觉、注意、记忆、思维、情绪、社会认知等领域。

3. 正电子断层扫描术

正电子断层扫描术(PET)是利用带放射性标记(正电子发射同位素)的生物追踪剂做出灵敏的放射性分析,并可在毫微克或微微克分子浓度范围内分析生物系统,而不会扰乱它。PET技术可用来测量大脑的活动情况,如葡萄糖代谢、耗氧量、血流量等,将这些信息作为反映大脑活动的指标。如将氢与氧的放射性同位素化合成为标记水,注入静脉,标记水很快就会聚集在脑内,并不断放出正电子,从而获得脑血流像。研究者可以在实验条件下和对照条件下分别得到一幅脑血流像,将两幅图像相减,最后得到的PET图像就可反映与实验因素有关的脑血流状况。PET技术在视知觉、听觉、记忆和注意研究等方面都有很广泛的应用。

4. 功能性磁共振成像

功能性磁共振成像(functional Magnetic Resonance Imaging, fMRI)是基于血氧水平的大脑活动成像。受激发脑区会有局部血流增加现象,血流增加量超过了组织的氧需求量,使得静脉血液的含氧量增加、去氧血红素降低。这样,采用适当的成像序列就可观察脑结构功能活动。采用fMRI技术进行认知成像研究,在设备上的特殊要求有扫描室内的物体不能有太多的顺磁性物质。fMRI作为一种将脑活动与特定的任务或感受过程联系起来的成像技术,在心理学研究中具有如下优点:信号直接来自脑组织功能性的变化,不需要注射放射性同位素、人造影剂等物质,实现了无创伤性的测试,简便易行,同一被试可以反复参加实验;可以同时提供结构和功能的图像,有助于准确的功能定位;所需的扫描时间较短;空间分辨率较高,可以达到1毫米,是目前成像技术中效果最好的;有大量成像参数可供实验者自由控制,实现各种特定效果的扫描。

5. 脑磁图

脑磁图(MEG)检测的是头皮脑磁场信号,该脑磁场信号是由神经细胞内电流的体积电流所产生。这种脑磁场信号与颅骨形状的复杂性以及颅骨内脑组织导电率的不均匀一致性无关,因此MEG具有定位精度高、无损伤、无须测定基准等优点。空间定位精度可达2毫米范围以内,而且其时间分辨率可达1毫秒。

 推荐影片

《爱德华大夫》中的释梦

《爱德华大夫》是一部经典的心理分析片。影片讲述了一家精神病院的新院长爱德华大夫在上任前意外死亡,爱德华大夫的一位病人布朗曾与他共同前往滑雪胜地接受治疗。布朗因受惊吓而忘记了自己的身份,冒名顶替爱德华大夫来医院上任。影片围绕着谁是杀害爱德华大夫的凶手而展开了一个离奇曲折的故事。一心爱慕着"爱德华大夫"的女医生康斯坦斯帮助假爱德华大夫躲避追捕,来到了老师阿里克森博士家,在这里得到了阿里克森博士专业的释梦指导。

布朗躺在长沙发上,在阿里克森博士的引导下慢慢地回忆、述说出自己的梦境:"我来到一个类似大型赌场的地方,身边都是些看不清面目的人,他们在专心地玩着纸牌。四周悬挂有巨大的布帘,布帘上画着许多人的眼睛。这时走来一个人,用大剪刀将布帘剪开、撕碎……我看见远处的斜塔上有一个长胡子的人,当他朝我看来的时候,一声巨响,大胡子慢慢地倒下了,我看到了他穿着的滑雪板。这时我身边大赌场里的人戴着假面具,把手里拿着的可以变形的小轮子扔向了屋顶。我跑开了,奔跑时突然有一个巨大的翅膀向我压来……"

影片中精神分析专家依据精神分析原理,对布朗的梦境中的各种事物作出了带有象征意义的解释。如将"大赌场"解释为布朗和真爱德华大夫同在一起的场所;"身边的人在玩着纸牌"隐喻着阴谋和欺骗;"画有许多眼睛的布帘和剪刀"暗示有人企图掩盖事实真相;"远处的斜塔楼"则代表了故事发生地雪山;那个"倒下的大胡子"揭示了真正的爱德华大夫被谋杀的过程;梦中的"一声巨响"象征着现场发生的枪声;梦境中布朗在"奔跑"揭示了布朗在受到惊吓刺激后的逃跑过程;"巨大的翅膀"暗指事故发生的地名;最难以解释的事物是"被扔掉的轮子",在影片最后通过真凶暴露身份而得以揭开谜底,轮子正是象征着谋杀者所用的左轮手枪。而谋杀者竟然是医院的老院长,为了保住自己的位子而不惜杀害了爱德华大夫。

点评与反思:观赏该影片可以帮助观众了解精神分析的学说。该学说认为梦是有意义的精神现象,代表着愿望的达成,是清醒状态精神活动的延续。梦的来源是无意识的冲动,人们在现实中被压抑的欲望经过改头换面后可以在梦中得到满足。

实践与实验指导

一、观察大脑模型,熟练掌握大脑各个分区,并了解其功能特点。

二、测试一个人的惯用手。

以下有五个测试活动,每个测试用左右手各做一次,并记录所需时间(单位:秒)。

(1)掷飞镖:对着镖靶掷三只飞镖,记录与靶心的距离(使用不常用的手时应注意安全)。

(2)手写能力:测量连续写完汉字"一"、"二"、"三"……"二十"所需的时间。写六次,先从平常惯用的手开始,休息一分钟后,再换成另一只手。

(3)绘画能力:测量在直线与直线之间(如横线笔记本)画线所需要的时间,如果画的线碰到了上下的直线,即增加两秒。

(4)镊子夹物:测量以镊子夹起十二条线放至另一个容器所需要的时间。

(5)塞住瓶子:测量盖上五个瓶盖或塞上五个酒瓶的软木塞所需的时间。

测试完成后,计算:

惯用商数 =(左手成绩 − 右手成绩)/(右手成绩 − 左手成绩)× 100

测试结果的解释:负数表示左利手,正数是右利手,数字越大,则表明对该手的依赖越大。

 复习思考题

一、名词解释

神经元　突触　周围神经系统　中枢神经系统　植物性神经　脑干　边缘系统　大脑　联合区　条件反射

二、简答题

1.绘制一幅大脑左半球的侧面图,在上面标注出大脑的各个分区。

2.大脑主要的功能分区有哪些?

3.条件反射是如何形成的?

三、论述题

1.左右脑分工的原理对于开发右脑功能有何启示?

2.当代认知神经科学的研究手段有哪些?

四、案例分析

1.请以望梅止渴为例,说明条件反射是如何形成的。

主要参考文献

[1] 彭聃龄.普通心理学[M].北京:北京师范大学出版社,2001.
[2] 珍妮·古多尔.黑猩猩在召唤[M].刘后一,张锋,译.北京:科学出版社,1980.
[3] 魏景汉,罗跃嘉.认知事件相关脑电位教程[M].北京:经济日报出版社,2002.
[4] 沈德立.脑功能开发的理论与实践[M].北京:教育科学出版社,2001.
[5] 兰继军.心理学概论[M].徐州:中国矿业大学出版社,2010.

第三章 感知觉

 案例 3-1

令狐冲陷入地牢，感觉被剥夺

金庸所著的武侠小说《笑傲江湖》中讲到，令狐冲被师傅逐出华山派，在路上结交了魔教人物向问天。在向问天的精心设计下，令狐冲被任我行的吼声震昏。令狐冲清醒后，发现自己被囚禁在地牢中，四周一片黑暗，一片沉寂。开始他以为自己受了江南四友的暗算，原本潇洒不羁、充满豪气的青年英雄，一时间变得六神无主。①

在这种状态下，任何细微的信息输入都会给他带来极度的兴奋。当送饭的老者进来时，其手中的灯火成为一线希望。然而令狐冲的努力最终却没有得到回报，眼前重新变得一片漆黑，只能听到"木门和铁门依次关上，地道中便又黑沉沉的，既无一丝光亮，亦无半分声息"。在这种情况下，令狐冲也想到了用手去触摸，他"将三面墙壁都敲遍了，除了装有铁门的那面墙壁之外，似乎这间黑牢竟是孤零零地深埋地底"。令狐冲被囚禁在与世隔绝的地牢中，他的视觉、听觉、触觉受到了限制，无法发挥作用。这正是人的感觉被剥夺后最主要的表现。

感觉剥夺不仅会使人无法获取信息，随着时间的推移，还会诱发个体的各种消极情绪反应。如令狐冲先是对四个庄主产生憎恨，心想如果能出去势必要报仇；一会又为生死之交的向问天而担忧；随后又自我安慰，向问天定会设法救自己出去。接着他又想到了自己的亲友。"如此胡思乱想，不觉昏昏睡去，一觉醒来时，睁眼漆黑，也不知已是何时。"令狐冲在地牢中经历了大喜大悲，这些都是在感觉被剥夺的情况下引起的。唯一定期来给他送饭的老者也被人为地损伤了听力和说话能力，这就更使得令狐冲的感觉被彻底隔绝。

---

① 金庸.笑傲江湖[M].广州：广州出版社，花城出版社，2001：731-737.

第一节　感觉与知觉

一、感知觉的概念

(一) 感觉

感觉是人脑对当前直接作用于感觉器官的客观事物个别属性的反映。

感觉是人们一切认识活动的开始，通过感觉，不仅可以了解客观事物的各种属性，如物体的颜色、气味、软硬、光滑或粗糙等，而且也能知道身体内部的状况和变化，如饥饿、疼痛等。感觉是一切心理活动的基础，是人脑与外部世界的直接联系。

感觉作为最简单的心理现象，在动物心理进化过程中和在儿童心理发展的初期，都曾经独立地存在过，如有的低等动物只能对某种特定的刺激产生感觉。但是，在正常的成年人的心理活动中，感觉却很少独立存在，只有以下情况才会有单纯的感觉：(1)婴儿刚出生时，只能感受到光线的存在，但不能分辨眼前的物体是什么；(2)清醒、健康的成年人，来不及看清物体；(3)在实验条件下只要求反映某一属性时。感觉是认识的入口和开端，没有感觉便不会有更高级和更复杂的知觉、表象和思维，而且在其他心理活动中仍然需要感觉提供信息。

(二) 知觉

知觉是人脑对当前直接作用于感觉器官的客观事物整体属性的反映。

知觉是在感觉的基础上产生的，是对感觉信息整合后的反映。在实际生活中，人们对事物的反映并不是脱离具体事物而独立存在的，而是作为对事物整体的同时反映。例如，面对着一个橘子，人们凭不同的感觉器官分别感受到其颜色（橙色）、形状（圆形）、气味（香）、味道（酸甜）等个别属性之后，大脑会综合这些单个的属性信息，再加上经验的参与，就形成了橘子的整体映像，这种信息整合的过程就是知觉。

(三) 感知觉的联系与区别

感觉和知觉是紧密联系的心理活动过程。两者的共同点在于客观事物必须现场直接作用于感觉器官，一旦客观事物从时间、空间上离开了感觉器官可感受的范围，对这个客观事物的感觉和知觉也就停止了。两者的不同之处在于，感觉反映的是客观事物的个别属性，而知觉反映的是客观事物的整体。知觉以感觉为基础，但不是感觉的简单相加，而是对大量感觉信息进行综合加工后形成的有机整体。

知觉之所以能对客观事物作整体反映,是因为一方面客观事物本身就是由许多个别属性组成的有机整体,如桌子有形状、材料质地、光滑度、颜色等不同的属性,单一的感觉器官只能感受其中的部分属性,而知觉可以将各个感觉器官感受的属性整合起来。另一方面,大脑皮层联合区具有对来自不同感觉通道的信息进行综合加工分析的机能。

二、感觉的类型

(一)视觉

视觉是人最重要的感觉。光作用于视觉器官,使其感受细胞兴奋,其信息经视觉神经系统加工后便产生视觉。视觉可使人感知外界物体的大小、明暗、颜色、动静,获得对机体生存具有重要意义的各种信息。

1. 视觉刺激

视觉的适宜刺激是光线,人眼可感知的光线范围在380毫微米(紫色)到780毫微米(红色)之间,称为可见光(表3-1)。

表3-1　可见光谱

颜色	紫	蓝	青	绿	黄	橙	红
波长区域/nm	380-420	420-450	450-490	490-560	560-590	590-620	620-780

2. 视觉器官

眼睛是人类的视觉器官(图3-1)。眼睛是一个高度精密复杂的器官,呈球形,在其最外部是角膜,角膜被巩膜所包围。角膜是透明的,可以通过光线,而巩膜则是不透明的。角膜覆盖在环形的虹膜上,虹膜中间有一个缺口,称为瞳孔,瞳孔可以调节大小,以控制通过的光线量。瞳孔之后有一个晶状体,晶状体在睫状体的收缩、舒张作用下可以改变曲率,从而调整视觉系统的焦距。在晶体和角膜间的前房和后房包含房水,在晶体后的整个眼球充满胶状的玻璃体,可向眼的各种组织提供营养,也有助于保持眼球的形状。在眼球的内面紧贴着一层厚度仅0.3毫米的视网膜。

视觉的感受器是视网膜上的感光细胞,感光细胞分为锥体细胞(视锥细胞)和杆体细胞(视杆细胞)两种。视锥细胞在中央凹分布密集,而在视网膜周边区相对较少。视锥细胞负责对亮光和颜色进行分辨,因而中央凹对光的感受分辨力高。视杆细胞主要分布在视网膜的周边部,对暗光敏感,但分辨能力差,在弱光下只能看到物体粗略的轮廓,并且视物无色觉。因此在夜晚黑暗的光线条件下,人们无法看清事物的颜色。

3. 屈光系统

角膜、瞳孔、晶状体、玻璃体组成眼的屈光系统,使外界物体在视网膜上形成倒像。光线必须经过上述屈光系统的各个组织,最后在视网膜上聚焦,形成视觉。

角膜的曲率是固定的,但晶体的曲率可经悬韧带由睫状肌加以调节。当观察距离变化时,通过晶体曲率的变化,整个屈光系统的焦距改变,从而保证外界物体在视网膜上成像清晰。这种功能叫做视觉调节。视觉调节失常时物体就不能在视网膜上清晰成像,导致近视或远视。瞳孔起着调节光线通过量的作用,在光强时缩小,在光弱时扩大,以调节进入眼的光量。瞳孔及视觉调节均受自主神经系统控制。眼球的运动由六块眼外肌来实现,这些肌肉的协调动作,保证了眼球在各个方向上随意运动,使视线按需要改变。两眼的眼外肌的活动必须协调,否则会造成视网膜双像(复视)或斜视。

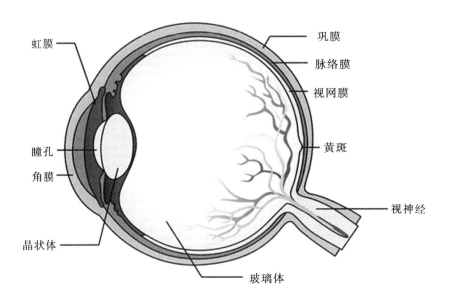

图 3-1 眼球结构示意图

4. 视觉的传导

视杆细胞和视锥细胞产生的电位变化经双极细胞传至神经节细胞,再经神经节细胞发出的神经纤维(视神经)以动作电位的形式传向视觉中枢而产生视觉。其传导途径是:视神经在视交叉处进行半交叉(来自视网膜鼻侧的纤维交叉到对侧,而颞侧的纤维不交叉仍在同侧前进),每侧眼球的交叉与不交叉的纤维组成一侧视束,视束到达丘脑后部的外侧膝状体,外侧膝状体的神经元接受视束的传入纤维,发出纤维上行经内囊后到达视觉中枢——位于大脑后侧的枕叶纹状体。

人的视觉信息在传导时会交叉到对侧大脑,由于视觉传导中存在视交叉,大部分左眼所看到的信息传递到右脑视觉中枢,大部分右眼所看到的信息传递到左脑视觉中枢,两只眼睛在鼻侧所看到的信息有一部分重叠。两眼存在一定的视差,所看到的图像不完全一样,在大脑的协调下,将两眼传来的视觉信息整合为一个完整的图像,从而完成视觉的传导。

从视觉刺激作用于视网膜到大脑产生视觉的过程中,任何一个环节出现问题,都将导致视觉的丧失。

(二)听觉

听觉是仅次于视觉的重要感觉,是声波作用于听觉器官,使其感受细胞兴奋、引起听神经的冲动并向大脑听觉中枢传入信息,经听觉中枢分析后引起的感觉(图3-2)。

听觉的传导过程是:首先外界声波通过介质传到外耳,耳郭起到收集、扩大声音的作用;声波通过外耳道传到鼓膜处,引起鼓膜振动,这种振动信号通过听小骨传到内耳,刺激耳蜗内的纤毛细胞而产生神经冲动;最后,神经冲动沿着听神经传到大脑皮层的听觉中枢,形成听觉。

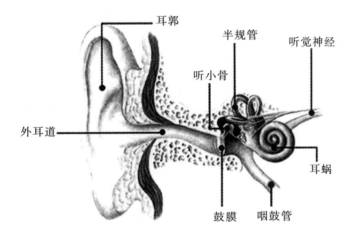

图3-2 人耳结构图

听觉的适宜刺激是声波,人的听力频率范围是20~20000赫兹。听力有着很大的年龄差异,小孩能听到的声音频率比老年人高得多,所以,在小孩听来非常热闹的世界,老年人觉得是沉寂的。

(三)皮肤觉、味觉和嗅觉

1.皮肤觉

刺激物作用于皮肤引起的各种感觉叫皮肤觉,包括触压觉、温度觉、痛觉等。

触压觉可分为触觉和压觉,是皮肤受到触或压等机械刺激时所引起的感觉。触点和压点在皮肤表面的分布密度以及大脑皮层对应的感受区域面积与该部位对触压觉的敏感程度呈正相关。人体触压觉感受器在鼻、口唇和指尖分布密度最高。

温度觉包括冷觉与热觉,分别由两种感受不同温度范围的感受器感受外界环境中的温度变化。人是恒温动物,温度觉对人调节体温十分重要。在炎热的夏季,人们会选择轻薄的衣服,会使用降温工具如水、空调等。在寒冷的冬季,人们会穿上厚重的羽绒服,并且使用暖气等取暖设备。

痛觉是有机体受到伤害性刺激所产生的感觉。痛觉是有机体内部的警戒系统,能引起防御性反应,具有保护作用。当人体发生病变或受伤后,人体相应部位会产生痛觉,由于痛觉的存在,个体可以及时察觉身体的病痛,得到及时的救治。痛觉达到一定程度,通常可伴有某种生理变化和不愉快的情绪反应。人的痛觉或痛反应有较大的个体差异,有人痛感受性低,有人则比较高。痛觉较大的个别差异与产生痛觉的心理因素有很大关系。比较罕见的是有些人先天性无痛觉,表现为受伤后毫不在乎,似乎是很勇敢,实际上身体伤害已经造成。

心理暗示对痛觉有着相当大的作用。有人设计了专门的实验,使被试受到电击,并且记录下疼痛的指标。之后被试被分成两组,都给予小药片,其中一组被告知药片是麻药,可以消除痛感,另一组则被告知是一种维生素。服药后对两组再使用相同的电击,发现被告知是麻药的那一组被试痛感明显降低,而被告知是维生素的那组痛感没有变化,甚至在之前电击疼痛的心理暗示下,痛感有所上升。

2. 味觉

味觉是味觉感受器受到化学物质刺激后在味觉中枢引起的感觉。人的基本味觉仅有咸、甜、苦、酸等,分布在舌头上的味蕾能够区分不同的味道,其中舌尖对甜味敏感,舌头两侧前半部对咸味敏感,舌头两侧后半部对酸味敏感,靠近舌根部分对苦味敏感。而人们常说的辣其实不属于味觉,而是一种痛觉。

3. 嗅觉

嗅觉是辨别物体气味的感觉。嗅觉感受器即嗅黏膜位于鼻腔顶部,当嗅黏膜受到某些挥发性物质的刺激就会产生神经冲动,神经冲动沿嗅神经传入嗅觉中枢嗅球而引起嗅觉。引起嗅觉的适宜刺激是有气味的物质。

嗅觉与味觉关系密切。嗅觉是一种远感,它是通过长距离感受化学刺激的感觉,而味觉则是一种近感。在实际感觉活动中,嗅觉和味觉会整合和互相作用。

(四)机体觉、运动觉和平衡觉

机体觉是机体内部器官受到刺激而产生的感觉,又称内脏感觉。在机体的消化、呼吸、循环、泌尿及生殖器官中都有内感受器,如痛、压力、化学、容量、渗透压等感受器。大脑第二感觉区及边缘系统对内脏感觉起重要的调节作用。当各种内脏器官工作正常时,各种感觉融合为一种感觉,称自我感觉。在工作异常或发生病变时,个别的内部器官就能产生痛觉或其他感觉。内感受器的神经末梢比较稀疏,一般强度的刺激信号,在从内感受器到达大脑时常被外感受器的信号所掩盖,因而引不起机体觉。只有在强烈的或经常不断的刺激作用下,机体觉才比较鲜明。可单独划分出来的机体觉有饥、渴、气闷、恶心、窒息、牵拉、便意、胀和痛等。机体觉在调节内脏器官的活动中起重要作用。它能及时报告体内环境的变化和内部器官的工作状态,使有机体能更好地适应环境,维护生命。

运动觉是反映身体各部分的运动和位置状态的感觉。这种感觉是肌肉伸缩产生的刺激作用于肌肉、肌腱和关节中的感受器而引起的。人在与外界事物相互作用的过程中,几乎都有运动觉的反馈信息参与,它在人的感知、言语、思维过程中,在各种动作技能(包括生产操作、体操、舞蹈等)的形成和运用中,都起着极其重要的作用。

平衡觉是反映头部运动的速率和方向的感觉。这种感觉是头部运动产生的刺激作用于内耳的前庭感受器(由三个半规管、椭圆囊和球囊组成)而引起的。在调节平衡的过程中,有很多器官协调配合,如肌肉、关节、韧带、眼睛等,但是最重要的是位于内耳的前庭器官。当机体进行旋转、直线变速运动时,或头的位置与重力方向关系发生变化时,前庭器官的感觉细胞受到刺激,引起相应的神经冲动。大脑再根据传来的信息,做出适宜的反应,来保持身体的平衡。当前庭器官的功能遭到破坏或者过于敏感时,人们常常会出现眩晕、恶心、呕吐、皮肤苍白等症状。平衡觉在从事航空、航海事业中具有特殊的重要作用。

 案例3-2

感觉剥夺实验

在一项感觉剥夺实验中,心理学家将被试关在一个设有隔音装置的小房间内,给他们戴上半透明的保护镜,以尽可能减少他们的视觉刺激;然后,又给他们戴上手套,并在他们的袖口外套了一个长长的圆筒,让受试者不能通过手的触摸感知四周的事物;还在他们的耳朵内塞上耳塞,让他们听不到一点声音;为进一步限制各种触觉刺激,还在他们的头部垫上一个气泡胶枕,同时还用空气调节器发出的单调的"嗡嗡"声音来限制其听觉;除进餐与排泄时间外,被试24小时都躺在床上。这样就营造了一个全部感觉都被剥夺的状态。

在进行实验以前,大部分被试都认为能够利用这个机会好好地睡上一觉或静下来思考。可他们发现,在这样的状态下根本无法集中注意力,也不能清晰地思考什么事,哪怕是在非常短的时间里。基本没有人能在感觉剥夺实验中忍耐3天以上,虽然坚持下来就能够得到非常高的报酬。在刚开始的8小时内,他们状态还算良好。后来被试就吹起了口哨或自言自语,以此来缓解逐渐出现的烦躁不安心态。

实验持续几天以后,被试产生了一些幻觉。如视幻觉有看到闪烁的光或大队老鼠行进的情景等;听幻觉有警钟声、滴水声、警笛声、狗的狂吠声或打字声等;触幻觉包括感到有冰冷的钢块压在前额与面颊,觉得有人从身体下抽走床垫等。到了第四天,被试就出现了双手发抖、无法笔直走路、应答速度迟缓和对疼痛敏感等症状。

在感觉剥夺状态下,人的各种感觉器官接收到的外界刺激信号大大减弱了,持续一段时间以后,便会产生各种病理心理现象。可见,人的身心如果要保持正常的状态,就需要不停地得到外界刺激,丰富而多变的环境刺激是人生存和发展的必要条件。

三、知觉的类型

在基本的感觉基础上,就形成了各种知觉,如视知觉、听知觉、触知觉等,还有综合多种感官的视—听—触知觉等。比较特殊的知觉是时间知觉、空间知觉和运动知觉。

(一)时间知觉

时间知觉是对客观现象延续性和顺序性的感知。人总是通过某种量度时间的媒介来感知客观现象的延续性和顺序性。量度时间的媒介有外在标尺和内在标尺。外在标尺包括计时工具,如时钟、日历等,也包括宇宙环境的周期性变化,如太阳的升落、月亮的盈亏、昼夜的交替、季节的重复等。内部标尺是机体内部的一些有节奏的生理过程和心理活动,如心跳、呼吸、消化及记忆表象的衰退等,神经细胞的某种状态也可成为时间信号。人的节律性活动和生理过程基本上以24小时为一个周期,因此,可以把人的身体看成一个生活节律钟。

心理学家发现,用计时器测量出的时间与估计的时间不完全一致。时间知觉与活动内容、情绪、动机、态度有关。内容丰富而有趣的情境,使人觉得时间过得很快,而内容贫乏枯燥的事物,使人觉得时间过得很慢。例如,听一个很乏味的演讲,会觉得时间过得很慢,而参加晚会时,会觉得时间一闪而过;在坐火车的时候,总觉得时间过得很慢,因为火车空间狭小,无法转移开注意力,容易产生枯燥乏味感,觉得时间过得慢;积极的情绪使人觉得时间短,消极的情绪使人觉得时间长;期待的态度会使人觉得时间过得慢;对持续时间越注意,就越觉得时间长;对于预期性的估计要比追溯性的估计时间显得长些。一些实验还表明,时间知觉依赖于刺激的物理性质和情境。对较强的刺激觉得比不太强的刺激时间长,对分段的持续时间觉得比空白的持续时间长。对较长的时间间隔,往往估计不足;而对较短的时间间隔,则估计偏高。

时间知觉是在人类社会实践中逐步发展起来的。"时间感"是人的适应活动的非常重要的部分。由于年龄、生活经验和职业训练的不同,人与人之间在时间知觉方面存在着明显的差异。某些职业活动的训练会使人形成精确的"时间感"。例如,有经验的运动员能准确地掌握动作的时间节奏,有经验的教师能正确地估计一节课的时间。

(二) 空间知觉

空间知觉是人脑对客观事物空间属性的反映,包括形状知觉、大小知觉、深度知觉、方位知觉等。

人借助视觉、触摸觉和动觉的协同活动,可以形成形状知觉。当物体出现在面前时,该物体及其背景一起投射到我们的视网膜上,眼睛的视轴沿着物体的边缘轮廓扫描时,视网膜、眼肌及头部就会把信息传到大脑,产生形状知觉。

大小知觉也是靠视觉、触摸觉和动觉形成的,其中视网膜上成像的大小是大小知觉的重要线索。大小知觉还与知识经验有关,熟悉的环境或事物对大小知觉可以起参校作用。

深度知觉包括立体知觉和距离知觉,也是以视觉为主的多种分析器协同活动的结果。深度知觉依赖下述这些深度线索。

(1) 对象的重叠

如果一个物体部分地遮住了另一个物体,被遮掩的物体就被知觉得远些。

(2) 线条透视

同样大小的物体,在近处占的视角大,看起来较大,而在远处占的视角小,看起来较小。

(3) 空气透视

由于空气的影响,近处的物体看起来清楚、细节分明,远处的物体看起来比较模糊。

(4) 明暗和阴影

明亮的物体离得近些,灰暗或阴影下的物体离得远些。

(5) 运动视差

当人与环境发生相对运动时,近的物体看起来运动较快。

(6) 眼睛的调节

为了获得清晰的视觉,睫状肌会调节眼球水晶体的曲度,物体越近,水晶体越凸。

(7) 双眼视轴的辐合

在观察一个物体时,两只眼睛的视像都要落在中央窝上,这样就自然形成了一个视轴的辐合。如果物体较近,视轴的辐合角度就大;如果物体较远,视轴的辐合角度就小。

(8)双眼视差

深度知觉主要是靠双眼视差实现的。两眼之间有一定距离。在观察立体物时,在两眼视网膜上就会形成两个稍有差异的视像,即双眼视差。

方位知觉即方向定位,是对物体所处的方向的知觉,如对东西南北、前后左右上下等方向的知觉。方位知觉是相对的,必须依据参照系来确定方向。东西以太阳出没位置为参照系,南北以地磁为参照系,上下以天地为参照系,前后左右以观察者自身为参照系。人主要借助于视觉、听觉、触摸觉、运动觉、平衡觉等对物体进行方向定位,其中视觉和听觉是最主要的。

(三) 运动知觉

运动知觉是人对物体在空间位移和移动速度的知觉。运动知觉的参照系可以是某些相对静止的物体,也可以是观察者自身。没有参照系,人便不能产生运动知觉,或者会产生错误的运动知觉。例如,在暗室里注视一个光点,过了一段时间后,会把静止的光点看成是运动的,这是因为在视野中缺乏参照系的缘故。人的运动知觉有赖于物体运动的绝对速度及观察者与物体之间的距离——离得太远甚至觉察不出事物在运动。对物体运动的知觉是通过多种感官的协同活动实现的。当人观察运动物体的时候,如果眼睛和头部不动,物体在视网膜上映像的连续移动,就可以产生运动知觉。如果用眼睛和头部追随运动的物体,这时视像虽然保持基本不动,眼睛和头部的动觉信息,也足以产生运动知觉。如果观察的是固定不动的物体,即使转动眼睛和头部,也不会产生运动知觉,因为眼睛和颈部的动觉抵消了视网膜上视像的位移。

第二节 感知觉规律及其应用

一、感觉的规律

1. 感觉的适应与相互影响

感觉的适应是由于刺激物对感受器的持续作用而使感受性发生变化的现象。适应可以引起感受性的提高,也可以引起感受性的降低。

触压觉的适应相当明显。安静坐着时,几乎觉察不到衣物的接触和压力。一些人手表戴久了连什么时候丢的都不知道。温度觉的适应也很明显,如果把手放入一盆温水中,从觉得水温暖到不觉得,只需要三四分钟。

视觉的适应可分为暗适应和光适应。从光亮处进入暗室,开始会什么也看不清,过一段时间以后,渐渐才能分辨出室内物体的轮廓,这就是暗适应。暗适应在最初的5—7分钟,感受性提高很慢,经过一个小时左右,相对感受性可提高20万倍。由暗处走到阳光下时，最初感到耀眼目眩，什么都看不清楚，经过几秒钟后才能恢复正常，这是光适应。由于视觉适应（特别是暗适应）需要较长的时间，在明暗交替的条件下工作的人员会感到困难，采用红光照明可以收到较好的效果。

听觉和痛觉的适应不很明显，但如果用较强的噪声持续作用于人，会引起听觉感受性降低的明显适应现象，甚至出现感受性的部分丧失。嗅觉的适应速度以刺激物的性质为转移。一般的气味只要经过一两分钟就可以适应，比较强烈的气味则需要十多分钟，而特别强烈的气味是很难适应的。"入芝兰之室，久而不闻其香；入鲍鱼之肆，久而不闻其臭。"当人们停留在具有特殊气味的地方一段时间之后，对此气味就会完全适应而无所感觉，这就是嗅觉的适应现象。

除了同一感觉的适应现象外，不同感觉之间还有相互影响作用，如咬紧嘴唇或握紧拳头，会感到身体某一部分的疼痛似乎减轻了些。有实验发现，在绿光照明下会提高人的听力，红光使人听力降低。在牙科手术中，音乐和噪声的适当结合可以镇痛。一些医院通过改善墙壁的颜色使患者减轻疼痛感。在产品设计中，颜色也会发挥重要的影响感觉的作用，如冰箱、空调使用冷色调使人产生凉爽、冰冷的感觉，而家具、灯光使用暖色调使人产生温暖的感觉。

2. 感受性的变化

反映人的感受性的指标是感觉阈限。刚刚能引起感觉的最小刺激量叫做绝对感觉阈限。刚刚能引起差别感觉的刺激的最小差异量，叫差别感觉阈限。绝对感觉阈限反映了个体对外界刺激本身强度的感受性，而差别感觉阈限反映了对外界刺激变化的最小幅度的感受程度。感觉阈限越低，感受性越高，相反，感觉阈限越高，则感受性越低，两者呈反比关系。

经过实践和训练，人的感受性也可以得到提高。特殊的职业要求特定感官的感受能力超出常人，如音乐家听觉尤为灵敏，对于节奏的把握和音色的处理都能细致入微，品酒师味觉必须非常灵敏，画家的视觉则非常敏锐，车床工人手眼协调能力高强等。这些感受性都是在长期的实践和训练下得到提高的。

3. 感觉的缺陷与补偿

色觉是重要的视觉功能，色盲和色弱都是色觉异常的表现。色盲是指不能分辨颜色，其中最常见的是红色盲和绿色盲。红绿色盲者不能正确分辨红色和绿色，他们所能看到的颜色，只有蓝色和黄色的区别。

全色盲比较少见。全色盲个体眼睛里的视网膜上缺少感色细胞，不能分辨任何色彩的颜色，他们所看到的世界，只有白色、灰色和黑色的区别。

感觉器官的损伤会导致感觉能力的丧失，如双目失明或双耳失聪，即盲或聋，是常见的感觉缺陷。经过训练，感官缺陷的个体可以用其他感觉器官的功能来补偿受损伤器官的功能，这就是感觉的补偿现象。如盲人失明后努力发展听觉和触觉能力，实现"以耳代目"、"以手代目"，许多盲人听觉的分辨能力、记忆能力和注意力得到提高,还能够用手触摸凸起的点字来读书;聋人失聪后努力发展视觉和动觉,实现"以目代耳"、"以手代口",可以通过看别人的口型来理解其表达的意思,或者用手语进行交流。

 知识卡片3-1

视觉障碍与听觉障碍

一、视觉障碍

视觉障碍指人由于各种原因导致个体视力障碍和视野缩小,难以完成一般人所能从事的工作、学习等活动。视觉障碍可分为盲与低视力两类。盲是指双眼中视力较好眼的最佳矫正视力低于0.05,或视野半径小于10度。低视力是指双眼中较好眼的最佳矫正视力优于0.05而低于0.3。根据2006年全国残疾人抽样调查数据推算,我国有视力残疾者1233万人。造成视觉障碍的主要病因有白内障、青光眼、角膜病、视神经萎缩、沙眼和视网膜色素变性等。

视觉障碍者由于视觉缺陷而导致其在生理和心理方面都有一些异于常人的特点。在生理上,视觉障碍者对精细动作的协调能力较差,在形状辨别、空间关系与知觉动作统合等方面的理解能力较弱。在心理上,由于视力的关系影响对环境的掌控,视觉障碍者对陌生环境或许会有不安定感,在人际关系上有时也有挫折及焦虑的感受。但是,这些都可以通过后天有计划地教育和训练而得到有效的改善。视觉障碍者有时还会出现经常按摩眼睛、挤眼、摆动身体、绕圈子转、注视灯光、玩弄手指等盲态,但是若对其进行早期干预和康复训练,不仅可以改善盲态,而且能够发挥残余视力及听觉、触觉、嗅觉等的作用,实现感觉补偿。

二、听觉障碍

听觉障碍是指人由于各种不同原因导致双耳不同程度的永久性听力障碍,听不到或听不清周围环境声及言语声,以致影响日常生活和社会参与。听觉障碍分为聋和重听。聋是指语言频率平均听力损失大于71分贝。重听是指语言频率平均听力损失大于41分贝,等于或小于70分贝。根据2006年全国残疾人抽样调查数据推算,我国有听力残疾者2004万人。

根据听觉障碍发生的部位,可以将听觉障碍分为三类:传导性听觉障碍,听力损失主要发生在外耳和中耳部分;感音性听觉障碍,由于耳蜗内以及耳蜗后听神经通路病变导致的听力损失;混合性听觉障碍,病变部位同时累及外耳、中耳、内耳或听神经及听觉中枢。

> 可导致听觉障碍的原因有以下几种。(1)感染致聋：某些致病微生物的感染所引起的听力障碍，常见的细菌及病毒感染致聋的疾病有脑膜炎、中耳炎、病毒性脑炎、麻疹、腮腺炎、风疹、流感、天花、水痘等。(2)药物中毒性耳聋：指使用某些药物不当导致的感音神经性耳聋。耳毒性抗生素主要有链霉素、双氢链霉素、新霉素、卡那霉素、庆大霉素等。(3)其他原因致聋，如 RH 血型不合、产程致聋、外伤致聋等。

二、知觉的基本特性

人对于客观事物能够迅速获得清晰的感知，这与知觉所具有的基本特性是分不开的。知觉具有选择性、理解性、整体性和恒常性等特性。

1. 知觉的选择性

在同一时间人作用于人体感官的刺激是非常多的，但人不可能对同时作用于自己的所有刺激全都清楚地感知到，而总是对少数刺激知觉得格外清楚，对其余的刺激知觉得比较模糊。这种特性被称为知觉的选择性。知觉的选择性可以将一些对象（或对象的一些特性、标志、性质）从背景中区分出来。知觉对象和背景的关系是相对而言的。在感知双关图形时，知觉对象与背景就不断发生转换（图3-3），把黑色作为背景时，可看到一个白色的花瓶，如果背景是白色，则看到两个黑色侧面人像。

图 3-3 双关图形

在知觉过程中，强度大的、对比明显的刺激容易成为知觉的对象。在空间上接近、连续，形状上相似的刺激也容易成为知觉的对象。在相对静止的背景上，运动的物体容易成为知觉的对象。刺激的多维变化比单维变化更容易成为知觉的对象。此外，凡是与人的需要、愿望、任务及以往经验联系密切的刺激，都容易成为知觉的对象。

知觉的选择性依赖于个人的兴趣、态度、需要以及个体的知识经验和当时的心理状态，还依赖于刺激物本身的特点（强度、活动性、对比）和被感知对象的外界环境条件的特点（照明度、距离）等。

2. 知觉的理解性

知觉的理解性表现为人在感知事物时,总是根据过去的知识经验加以理解,并用词把它们标志出来。影响知觉理解性的条件有以下几种。

(1) 知识经验

对同一个客观刺激物,不同的人会有不同的知觉,这就是其知识经验的差异造成的。电影《童梦奇缘》中有一个情节:一棵树一夜之间从排水沟冒了出来,迷信的人会将其理解为神树而加以崇拜,评论家则评价这一定是环境保护人士的行为艺术。

(2) 言语指导

语言的作用有助于对知觉对象的理解,使知觉更迅速、更完整。在知觉信息不足或复杂情况下,知觉的理解性需要语言的提示和思维的帮助。在许多风景名胜处有很多自然形成的石头或山峰,从一定角度看像某个动物或人像,但有时只凭借眼睛观察人会看不出来,在导游的讲解下,就会越看越像。

(3) 实践活动的任务

当有明确的活动任务时,知觉服从于当前的活动任务,所知觉的对象比较清晰、深刻,任务不同,对同一对象可以产生不同的知觉效果。比如,对天安门的素描和用文字的描写,任务不同,感知效果就不同。

(4) 对知觉对象的态度

如果对知觉对象抱着消极的态度,就不能深刻地感知客观事物。只有对知觉对象发生兴趣,抱着积极的态度才能加深对它的理解。总之,知觉的理解性使人的知觉更为深刻、精确和迅速。

图 3-4 知觉的理解性

图 3-4 初看是乱码,但如果将书与眼睛保持一定距离,仔细看,会发现其中的字母和符号组成了几个汉字。戴眼镜的读者,可以摘去眼镜,就更容易看出这几个字的轮廓:我好喜欢你。

3. 知觉的整体性

知觉对象是由许多部分组成的,人们并不会把对象感知为许多个别的、孤立的部分,而总是把它知觉为一个统一的整体,这就是知觉的整体性。当走进一座建筑物时,人们不是先感知砖块,再感知玻璃窗、大门等,而是完整地同时反映出这座建筑物的形状(方形还是尖塔形)、功能(教学楼还是商场)。知觉的整体性是多种感知器官相互作用的结果。知觉的整体性与感知的快慢,同过去经验和知识的参与有关。比如,在阅读时,阅读速度随着阅读经验的积累及把较小的单元(词)组成较大的单元(句子)而逐渐加快的。小学生开始总是逐字读,随着阅读能力提高,只要看到关键词就可以知道这一句话的意思。

主观轮廓的产生也是由于知觉的整体性作用的。如图3-5看上去好像是三个不完整的黑色正方形和三个黑边的三角形摆出的造型,但人们更倾向于将其知觉为一个白色的三角形图形压在一个黑色三角形和三个黑色正方形的局部而构成的图案。

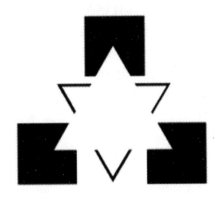

图3-5 主观轮廓形成知觉的整体性

4.知觉的恒常性

知觉的恒常性是指当知觉的条件在一定范围内发生改变时,知觉的映象仍然保持相对不变。对认识的人,我们绝不会因为他的发型、服装的改变而变得不认识;一个人站在离我们不同的距离上,他在我们视网膜上的空间大小是不同的,但是我们总是把他知觉为一个同样大小的人。一个圆盘,当倾斜旋转时,所看到的可能是椭圆甚至线段,但人们始终把它看做是圆盘。在强光下煤块反射的光量远远大于暗处粉笔所反射的光量,我们仍能感知到煤块的颜色比粉笔深。用中国的书法艺术所写的同一个字,字体不同、笔迹不同、笔的材质不同,但也不影响人们的理解。听觉的恒常性,比如一支乐曲,尽管演奏的人不同,使用的乐器也不一样,但人们总是把它知觉成同一支乐曲。

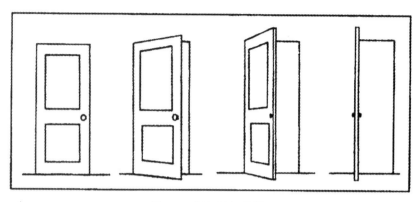

图3-6 视知觉恒常性

知觉的恒常性是因为客观事物具有相对稳定的结构和特征,无数次的经验校正了来自每个感受器的不完全的甚至歪曲的信息。知觉的恒常性对生活有很大的作用,正确地认识物体的性质比单纯地感知局部的物理刺激物有较大的实际意义,它可以使人们在不同情况下,按照事物的实际面貌反映事物,从而能够根据对象的实际意义去适应环境。如果知觉不具有恒常性,那么个体适应环境的活动就会更加复杂,在不同情况下,每一个认识活动、每一个反应动作,都要进行一番新的学习和适应过程,实际上使适应变为不可能的了。

三、错觉

错觉是对客观事物的一种不正确的、歪曲的知觉。即使个体感官良好,并且自己知道所感知到的对象是歪曲的,也仍然会发生错觉。当然错觉不包括我们偶尔因做梦、生病、疲劳、大脑损伤或滥用药物导致的错误知觉。

(一)几何图形错觉

在图3-7中,图a,垂直线段和水平线段是等长的,但在感知上似乎垂直线段更长一些。图b,两条线段是等长的,但是由于线段两端箭头开口方向不一致,就会认为右边线段比左边线段更长一些。图c中,两条等长的平行线放到透视图形中,远端的线段显得更长一些。图d中,本来是相互平行的几条线,由于被方向不同的小线段切割,产生不再平行的知觉。图e中,两组图中位于中心的圆是一样大的,但由于其外围圆形大小不同,会认为左边的比右边的小。图f中间是一个正圆,但是受到不同方向线条的影响,似乎不太圆了。

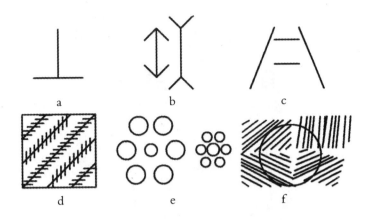

图3-7　几何错觉图形

(二) 图形—背景错觉

当看到图3-8时,人们有时会看到一个少妇的头像,有时看到的是一个老态龙钟的老妇人。这取决于人们把哪部分作为图形、哪部分作为背景来处理。

图3-8　图形—背景错觉(少妇与老妇人)

(三) 深度错觉

在图3-9中,如果按平面的方式去看,只能发现几个残缺的图形,而如果从立体的角度来看,实际上中间是一个透明的立方体,各个顶点则是黑色圆形图案。

(四) 火花错觉

当人们观察图3-10时,会发现有些小黑点在交叉点上跳动,当仔细看某一个

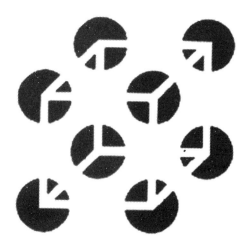

图3-9 深度错觉

图3-10 火花错觉

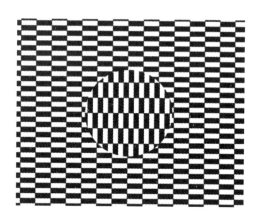

图3-11 似动错觉

交叉点时,这些黑色点就又不见了。

(五)似动错觉

当人们专注地观察图3-11时,会发现中间的圆形部分看起来似乎与其他的图形分离开了,并且在不同的深度连贯地移动。

(六)月亮错觉

当背景环境不一样的时候,人们往往会产生一些错觉。如图3-12中,月亮还是同一个月亮,大小是不会改变的,但是由于背景不同造成了视觉上的差异。古书《列子》中有"两小儿辩日"的故事,实际上也是一种空间错觉。

图 3-12　月亮错觉

(七) 错觉的应用

错觉可以被人们有效利用。比如在军事上,经常利用错觉进行伪装。此外在房屋装修、产品设计、广告宣传中都用到了错觉的手段。

1. 错觉艺术

许多现代画家都在试图利用人类这种错觉的反应现象,在平面画创作上制造立体感、空间感、透明感与速度感。观赏者若了解视觉原理,有助于更好地理解画家的意图。如图 3-13 既可以看做是白天一群白鹅在天上飞,也可以认为是一群黑鹅在夜空中飞。图 3-14 则把西方传说中的天使和恶魔的形象巧妙地安排在一幅图里。

图 3-13　M.C.埃舍尔的作品——黑夜还是白天?

图 3-14　M.C.埃舍尔的作品——天使还是恶魔？

2. 建筑中的错觉

古希腊人在建造房屋时,为了使建筑物看起来高大,将房梁弯曲,使中间高于四周,并使柱子向内倾斜。而人们从神庙前看时仍感觉是直的。图 3-15 使人容易把墙角看成大于九十度或者看成平面。

3. 装修中的错觉应用

室内设计与装修经常用到的错觉技巧包括以下几种。

（1）矮中见高：这是在室内设计中最为常用的一种视错觉处理办法。如对居室局部吊顶。

（2）虚中见实：通过整幅的镜面玻璃,可以在一个实的空间里面制造出一个虚的空间,而在视觉上却是实的空间。

（3）冷调降温：在厨房大面积使用一些天蓝色时,人们就会觉得温度下降了。

（4）粗中见细：在实木地板或者玻化砖等光洁度比较高的材质边上,放置一些粗糙的材质,光洁的材质会越显得光洁无比。

（5）曲中见直：在一些建筑的天花板处理上,往往并不是平的,可以通过处理四条边附近的平直角,造成视觉上的整体平整度。

4. 公路交通中的错觉

驾驶员在驾驶汽车时经常会遇到各种

图 3-15　建筑物上的错觉

错觉现象,有的错觉会导致驾驶员错误判断而发生车祸。公路交通的主要错觉有以下几种。

（1）颜色错觉：在复杂路段,周围晾晒物、广告牌五颜六色,容易分散注意力,夜间容易将红灯当成霓虹灯。

（2）光线错觉：太阳光、物体反射光、车头迎光、夜间远光灯等强光会使驾驶员一时难以适应,形成光线错觉。

（3）速度错觉：驾驶员以观察到的景物移动来估计车速,景物移动的多少和丰富程度导致对车速的不同判断。

（4）弯度错觉：在弯道上,即使同一曲率半径,也会感到山区比平地容易转弯,所以高速急转弯是很危险的。

（5）坡度错觉：下既长又陡的坡道,当坡度越来越小时,有变成上坡之感,驾驶员会误以为是上坡而加大油门。

（6）距离错觉：路上奔驰着各种类型的车辆,驾驶员有时会对来车的车长、车距及跟车距离产生错觉。

（7）时间错觉：驾驶员心情愉快时,感觉时间过得很快；心情烦躁时,感觉时间过得很慢。急于赶路时,也会产生抢时间的念头,以至于盲目开快车。

5. 服装与美容中的错觉

错觉美容其实就是应用美学上的对比、影射、延伸藏拙、透视转移等不同技巧来掩饰人体不完美之处,是一种假中有真、真中有假的模糊美容法。

（1）头部错觉美容：头大脸宽者戴沿大帽、长发披肩,头小脸窄者烫发；脸短者需亮出额头,脸长者则刘海轻梳；颧骨高凸者留个耳旁云脚发；下颌尖者不妨戴长耳环；面颊苍白可脂粉薄施。颈脖细长者,秋冬需着有领上衣或以围巾修饰,夏装的领口不宜开得过大过低,同时在胸前配以细短闪光的黄金或珍珠项链,可转移他人视线；颈脖粗短者,冬天切忌穿高领上装或围围巾,夏天宜着低领服装,以扩展与粉颈一色的皮肤面积,显得颈脖并不短粗,项链的选择也以细长最好,不妨在颈项处围上长短两圈。五官有缺陷,也能加以掩饰。比如对耳朵的形状不满意,可以垂发掩耳；鼻塌眼凹者,可在鼻翼处抹以粉色；眼袋和黑眼圈,可用肉色胭脂遮盖；嘴小者用唇膏稍向两旁延伸；唇薄者可用口红向上下微微扩展；唇厚者,可用口红向内紧缩。这些都是美容师利用错觉原理实现美容的目的。

（2）体态错觉美容：时装设计师设计各种款式和色彩的服装,利用了错觉理论中直线拉长、横线加宽、浅色放大、深色缩小的原理。如果身材矮胖,可以选择剪裁合体带纵向条纹的衣服,并尽量使鞋袜的颜色与裤装一致,以给人两腿"延长"的错觉；身材细长,可选松衣宽裙或百褶裙；体形娇小,可选以轻巧布料制作的衣物；若是腰短体长,应选择高腰的上装；腿部粗壮,可穿黑色半透明长筒丝袜、高跟鞋；秋冬可着暗色带纵向条纹的牛仔裤,以延伸腿长。

著名电影表演艺术家、幽默大师卓别林本来是个身材魁梧、相貌堂堂的美男子。化妆师加大了他的眉眼和胡须等处的黑色图形,服装师给他穿上了长长的黑色礼服和裤裆肥大的裤子,头戴黑色的礼帽,胸前系上一条黑领带,脚蹬一双长又大、鞋尖高高翘起的大皮鞋。肥大的裤裆代替了衣襟这个人体的中心线;鞋尖代替了膝盖这个腿部的中心线,不仅走起路来引人发笑,腿也显得短了很多;再把礼帽放低,用帽檐代替眉眼这个头部中心线;再加上卓别林出色的表演,就使他愈发显得瘦小了。

图3-16 卓别林的生活照与艺术照

6. 法国国旗中的错觉

法国的国旗是由蓝、白、红三条色带组成的,看上去显得自然、匀称。一般人以为这三条色带是宽窄一致的,其实,它们的宽度并不相等。蓝、白、红的比例是30∶33∶37。据说,最初的法国国旗是按三色同样宽窄的尺寸做成的。可是看上去总觉得红色带没有蓝色带宽,这完全是一种错觉,因为白色给人以扩张的感觉,而蓝色则有收缩的感觉。为了克服这种错觉,设计者才把蓝色条带缩窄,把红色条带加宽。

7. 航空中的错觉

在飞行中,当飞机穿行在满天繁星的夜空下或飞翔在水天一色的海面上,机舱里的人往往会把地面的灯火当星光、把蔚蓝的大海当天空,这就是飞行错觉。随着未来飞行高度和速度的提高,飞行错觉对飞行员和飞行安全的威胁也越来越大。对飞行员的错觉特点加以研究,增强训练,可以使因飞行错觉造成的事故发生率大大降低。

四、感知觉规律的应用

(一) 感知风格影响学习

调查发现:30%的学生通过听觉进行学习效果好,40%的学生通过读或看进行学习效果好,15%的学生通过触觉学习效果好,15%的学生通过动觉学习效果好。可见,不同个体的感知风格不同。根据学生在学习时所擅长的优势感觉能力的不同,可以把学生分为听觉学习者、视觉学习者、触觉学习者和动觉学习者。听觉学习者适合于通过听讲来学习,视觉学习者通过语词或图表、图片的形式进行学习效果好,触觉学习者需要借助触摸物体来提升学习效果,动觉学习者通过身体活动进行学习效果好。我国传统的课堂教学是以教师讲、学生听为主来实施的,学生处于被动接受信息的地位,这导致相当多的学生在感知信息方面出现困难,影响学习。因此,在课堂教学中应考虑学生的优势感知通道差异,通过多种途径进行信息传递。了解了学生所偏向的感知类型,就可以更有针对性地指导他们,如对于视觉学习者,可以用图画帮助理解,而对听觉学习者可以多用交谈的信息,对动觉、触觉的学习者则要给他们机会活动。

(二) 感觉统合失调

感觉统合是指大脑将身体各部分感觉器官(眼、耳、鼻、皮肤等)输入的各种感觉刺激信息(视觉、听觉、嗅觉、触觉等)组织加工、综合处理的过程。只有经过感觉的统合,人类才能完成高级而复杂的认识活动(包括注意力、记忆力、语言能力、组织能力、自我控制、概括和推理能力等)。感觉统合失调则是指外部的感觉刺激信号无法在儿童的大脑神经系统进行有效的组合,使机体不能和谐地运作,久而久之形成各种障碍。学习是感官、神经组织及大脑间的互动结果。身体的视、听、嗅、味、触及平衡感官,通过中枢神经分支及末端神经组织,将信息传入大脑各功能区,称为感觉学习。大脑将这些信息整合,作出反应,再通过神经组织指挥身体感官的动作,称为运动学习。感觉学习和运动学习的不断互动便形成了感觉统合。感觉统合失调意味着儿童的大脑对身体各器官失去了控制和组合的能力,导致平衡能力差、手眼动作不能很好地协调、精细动作差、注意力分散、分辨不出近似的图形或文字,经常把数字或拼音写反,如把9写成6,把79写成97,把b写成p等。现代化都市家庭中,感觉统合失调发生率很高,这与现代家庭生活方式、育儿方式等有一定关系。感觉统合是儿童在发展中必然会经历的过程,对于出现感觉统合失调的儿童应进行感觉统合训练,包括触觉训练、前庭平衡觉训练、弹跳训练、本体感训练、精细动作训练、手眼协调能力训练等。但应当注意的是一些商业机构夸大了感觉统合训练的作用,实际上对于统合能力获得自然发展的儿童无须进行此种训练。

(三)面孔识别

面孔是一种意义非常丰富的非语言性刺激,可以提供性别、年龄、表情和个体识别等信息。人类对面孔的细微识别能力是很强的,婴儿在出生30分钟后就表现出对人面孔的关注超过对其他复杂物体的关注。人们对面孔和物体的识别有所不同。面孔失认症病人对面孔识别产生障碍,他们在识别熟悉的面孔时主要依靠非面孔线索,如嗓音、衣服或发型等。但面孔失认症病人却可以很好地识别物体。相反,物体失认症患者可以识别出面孔,但却不能识别出熟悉的物体。有人设计了由各种植物组成的面孔,用来测试两类患者(图3-17)。面孔失认症病人可以逐个识别出图中的水果蔬菜,但不知道它们构成的图形含义,而物体失认症病人只能识别出所构成的面孔,但无法识别面孔各个部分是由什么组成的。

图3-17 植物构成的面孔

面孔识别中还存在着倒立效应,即在面孔正立时,人们可以毫不费力地认出照片上的人来,而当照片被颠倒时,则尽管是很熟悉的面孔,也很难认出来(见图3-18)。

图3-18 颠倒的面孔难以被识别

当中国人见到欧美人（或照片时）往往会感到困惑，很难分清谁是 Tom 谁是 John，而西方人见到中国人（或照片时）也会产生类似的困惑，很难分清谁是张三谁是李四。对异族人面孔的记忆与识别比对本族人面孔的记忆与识别的困难程度要大得多。研究发现对异族面孔的识别和记忆比较困难，这种现象称为"异族效应"。一种观点认为异族面孔与本种族相比，有着更显著的分类标志，如西方人的鼻子高而突出，使人们倾向将其归于一组。更重要的是异族面孔属于一个不同于本种族面孔的组别，因此相对于本种族组这个"组内"来说形成了"组外"。而组外的成员比组内的成员更加具有相似性，所以容易混淆。另一种观点认为人们在对异族面孔进行编码时，在种族特征上消耗了太多的资源，导致了对个性化信息接受的减少。因为很多面孔认知任务都依靠个性化信息，所以异族面孔记忆起来很困难。这正如小孩识别面孔时对帽子、眼镜等非面孔成分关注更多一样。

（四）阅读中的眼动

眼球运动是视觉过程的直接反应，可反映出人类多种的认知活动。随着技术手段的改进，借助眼动仪，可以开展关于阅读、图形识别、广告、体育运动、驾驶操作等活动中眼动特点的研究。其中关于阅读中的眼动特点研究是最为重要的领域。

人们在阅读时，眼球表现出多种运动方式，如眼跳、回扫和注视等。这些不同形式的眼动代表了被试在阅读过程中大脑内部的加工机制上的差异。

1. 注视

在阅读中，眼球对特定词的注视表明大脑正在对其进行加工。眼睛注视时间一般在 200~400 毫秒，当眼球的注视离开一个词时，表明对该词的加工已完成，因而注视时间就成了即时的词加工指标。

2. 眼跳

在阅读中，眼睛通常先在某个地方注视一段时间，然后做一个很快的眼跳，这样眼睛便移到了下一个注视位置。每当读完一行，眼睛便进行一次大的眼跳。眼跳时间一般很短，只有 10~40 毫秒。眼跳的目的是将新的阅读内容调整到中央窝视觉区内，以清楚地获得对单词的知觉。眼跳的时间约占阅读时间的 10%，眼跳的平均距离为八九个字符的空间。眼跳距离越大，眼跳的时间就越长。眼跳中几乎不能获取信息，即使在眼跳过程中有视觉信息的输入，对于阅读而言却没有意义，因而主要的认知加工是在注视时进行的。

3. 回视

在阅读中，有时眼睛还会重新回到原来读过的地方，重新注视已经读过的内容，这就是回视。回视可分为三种情况：前进式的回视，回到句子开头重新阅读刚才读过的内容；后退式的回视，对已经阅读过的内容进行反向的阅读；选择式回视,通过眼睛跳动将眼球的注视点转移回认为理解有错误的句子成分上。当需要读者查找一个特定的目标词时,后退式回视往往是很有效的。选择式回视可以根据需要有针对性地回到理解有误的句子成分上去,有助于提高阅读理解。回视现象的发生既与文章内容的特点及阅读方式有关,也与阅读水平有关。如在理解课文中出现了困难或错误,有时遗漏了重要的内容,或者在句子中发现有前后照应的内容,或者遇到一些有歧义的句子时,都会增加回视的几率。而儿童和不熟练的阅读者,在阅读中也会发生更多的回视现象。对于熟练的阅读者来说,回视只占阅读时间的10%~20%。

4. 回扫

回扫是阅读者按照阅读的进程,自然地把注视点由已经读完的一行文字的末端移到下一行文字的开头的眼运动过程。回扫与回视的不同之处在于,回扫总是在向前进,是将眼球的注视点移动到尚未阅读的内容那里。阅读水平低的儿童或初学者,在阅读中需要换行时容易发生错误,而且反复换行次数也较多。

 推荐故事

《我生活的故事——享受生活》(节选)
[美] 海伦·凯勒

我非常喜爱田野漫步和户外运动。……的确,我并不能平稳地驾驭船只,我通过辨别水草和睡莲以及岸上的灌木的气味来掌握方向,桨用皮带固定在桨环上,我从水的阻力来知道双桨用力是否平衡,同样,我可以知道什么时候是逆水而上。

……我也喜欢划独木舟。我说我喜欢在月夜泛舟时,你们也许会哑然失笑。的确,我不可能看见月亮从松树后面爬上天空,悄悄地越过中天,为大地铺上一条闪光的道路,但我好像知道月光就在那里。当我累了,躺到垫子上,把手放进水中时,我仿佛看见了这照耀如同白昼的月光正在经过,我触摸到了她的衣裳。偶尔,一条大胆的小鱼从我手指间滑过,一棵睡莲含羞地亲吻我的手指。

船从小港湾的荫蔽处驶出时,会骤然感到豁然开朗,一股暖气把我包围住。我无法知道这热气究竟是从树林中还是从水汽里蒸发出来的。在内心深处,我也常常有这种奇异的感觉。在风雨交加的日子里,在漫漫暗夜中,这种感觉不经意中袭来,仿佛如温暖的嘴唇在我脸上亲吻。

……在我看来,每个人都有一种潜能,都可以理解开天辟地以来人类所经历的印象和情感。每个人潜意识里还残留着对绿色大地、淙淙流水的记忆。即使是盲聋人,也无法剥夺他们这种从先代遗传下来的天赋。这种遗传智能是一种第六感——融合视觉、听觉、触觉于一体的灵性。

……另外一个树友，比大橡树要温和可亲，是一棵长在红庄庭院里的菩提树。一天下午，电闪雷鸣，风雨交加，后墙传来巨大的碰撞声，不用别人告诉我，我就知道是菩提树倒了。

……人们都认为，人类的知觉都是由眼睛和耳朵传达的，因而，他们觉得很奇怪，我能分辨出城市街道和乡间小道外，还能分辨别的。乡间小道除了没有砌造的路面以外，同城市街道是没有什么两样的，但是，城市的喧闹刺激着我的面部神经，也能感觉到路上我所看不见的行人急促的步履。各种各样的不和谐的吵嚷，扰乱我的精神。载重车轧过坚硬的路面发出的隆隆声，还有机器单调的轰鸣，对于一个需要集中注意力辨别事物的盲人来说，常常无法忍受。

……除了从容散步，我还喜欢骑双人自行车四处兜风。凉风迎面吹拂，铁马在胯下跳跃，十分惬意。迎风快骑使人感到轻快又有力量，飘飘然而心旷神怡。

……每当下雨足不出户时，我会和其他女孩子一样，待在屋里用各种办法消遣。我喜欢编织，或者东一行西一句随手翻翻书，或者同朋友们下一两盘棋。我有一个特制棋盘，格子都凹陷下去的，棋子可以稳稳当当地插在里面。黑棋子是平的，白棋子顶上是弯曲的，棋子大小不一，白棋比黑棋大，这样我可以用手抚摸棋盘来了解对方的棋势。棋子从一个格移到另一个格会产生震动，我就可以知道什么时候该轮到我走棋了。

在独自一人百无聊赖时，我便玩单人纸牌游戏。我玩的纸牌，在右上角有一个盲文符号，可以轻易分辨出是张什么牌。

……博物馆和艺术馆也是乐趣和灵感的来源。许多人满怀疑惑，我不用眼睛，仅用手，能感觉出一块冰凉的大理石所表现的动作、感情和美？的确！我的确能从抚摸这些典雅的艺术品中获得真正的乐趣。当我的指尖触摸到这些艺术品的线条时，就能感受到艺术家们所要表达的思想。我从神话英雄雕像的脸上，感觉他的爱和恨、勇敢和爱情，正如我能从活人的脸上摸出人的情感和品格一样。从狄安娜雕像的神态上，我体会到森林中的秀美和自由，足以驯服猛狮、克服最强烈的感情的精神；维纳斯雕像的安详和优雅的曲线，使我的灵魂充满了喜悦，而巴雷的铜像则把丛林的秘密显示出来。

在我书房的墙上有一幅荷马的圆雕，挂得很低，顺手就能摸到。我常以崇敬的心情抚摸他英俊而忧伤的面庞。我对他庄严的额上每一道皱纹都了如指掌——如同他生命的年轮，刻着忧患的印迹。在冰冷的灰石中，他那一双盲眼仍然在为他自己心爱的希腊寻求光明与蓝天，然而结果总是归于失望。那美丽的嘴角，坚定、真实而且柔和。这是一张饱经忧患的诗人的脸庞。啊！我能充分了解他一生的遗憾，那个犹如漫漫长夜的时代：哦，黑暗，黑暗。

……有时候，我甚至怀疑，手对雕塑美的欣赏比眼睛更敏感。我以为触觉比视觉更能对曲线的节奏感体会入微。不管是否如此，我自认为自己可以从希腊的大理石神像上觉察出古希腊人情绪的起伏波动。

　　欣赏歌剧是比较少有的一种娱乐。我喜欢舞台上正在上演时,有人给我讲述剧情,这比读剧本要有趣得多,因为这样我常常会有身临其境的感觉。我曾有幸会见过几位著名的演员,他们演技高超,能使你忘却此时此境,被他们带到了罗曼蒂克的古代去。埃伦·特里小姐具有非凡的艺术才能,有一次,她正在扮演一名我们心目中理想的王后,我被允许抚摸她的脸和服饰。她身上散发出来的高贵神情足以消弭最大的悲哀。亨利·欧文勋爵穿着国王服饰站在她的身旁,他的行为举止无不显露出超群出众的才智。在他扮演的国王的脸上,有一种冷漠、无法捉摸的悲愤神情,令我永远不能忘怀。

　　我仍然清楚地记得第一次看戏的情景。……散场后,我被允许到后台去见这位穿着华丽戏装的演员。她站在那里向我微笑,一头金发披散在肩上。虽然刚刚结束演出,她一点儿也没有疲惫和不愿见人的样子。那时,我才会开始说话,之前我反复练习说出她的名字,直到我可以清楚地说出来。当她听懂了我说出的几个字时,高兴地伸出手来欢迎我,表示很高兴能与我相识,我也高兴得几乎要跳起来!

　　虽然生命中有很多缺陷,但我可以有如此多的方式触摸到这个多姿多彩的世界。世界是美好的,甚至黑暗和沉寂也是如此。无论处于什么样的环境,都要不断努力,都要学会满足。

 实践与实验指导

　　1. 体验盲人生活:准备眼罩(或不透明的围巾等)若干,分成两人一组,一人用眼罩将双眼蒙住,扮演盲人(应确保不漏光),另一人负责保护和发出指令。分别体验在空旷的操场、上下楼梯、摆放有桌椅的房间等处行走;将不同形状、质地的物品放在一个袋子或盒子里,只用手触摸来辨认。

　　活动结束后交流或记录下自己的感受,注意体会当视觉被阻隔后,听觉、触觉感受是否有所增强,讨论其原因是什么;反思假如自己是盲人,将如何面对现实生活;讨论明眼人应当如何正确地向盲人提供帮助。

　　2. 尝试关闭手机、断绝网络一天,并通过丰富多彩的活动转移对网络信息搜寻的依赖,记录自己的感受。

　　反思在信息化时代人们对信息的依赖,并结合感觉剥夺实验的结论分析导致人们即使没有特定目标,也要在网络上不停搜寻信息的心理机制。

复习思考题

一、名词解释

感觉　知觉　错觉　时间知觉　空间知觉　运动知觉

二、简答题

1. 分析感觉与知觉的区别与联系。
2. 知觉的基本特性有哪些？

三、论述题

1. 用感觉剥夺原理说明网络信息成瘾的机制。
2. 结合中小学生学习特点分析如何利用感知觉特点进行教学。

四、案例分析

1. 请以海伦·凯勒的成长经历说明感觉缺陷的补偿规律。

 主要参考文献

[1] 彭聃龄.普通心理学[M].北京:北京师范大学出版社,2001.
[2] 叶奕乾,何存道,梁宁建.普通心理学[M].上海:华东师范大学出版社,2004.
[3] 魏景汉,罗跃嘉.认知事件相关脑电位教程[M].北京:经济日报出版社,2002.

第四章 注 意

案例 4-1

韦小宝使障眼法转移注意

金庸所著的武侠小说《鹿鼎记》中讲到,韦小宝为了让抚台、藩台两位官员治知府吴之荣的罪,使用障眼法将两封信分别给双方看,将其注意力转移开。韦小宝先从右手袖筒里取出吴六奇那封信来,拿到吴之荣面前,身子一侧,遮住了那信,说道:"就是这封信,是不是?"吴之荣道:"是,正是这封。"韦小宝接着将那信收入右手袖筒,回坐椅上。待吴之荣退下后,他又从左手袖筒中取出查伊璜所写的那封假信,说道:"两位请看看这信。吴之荣这厮说得这信好不厉害,兄弟没读过书,也不知他说的是真是假。"抚台、藩台两位官员越看越怒,果然相信吴之荣有反叛之心。①

人在同一时间不可能注意到眼前所有的事物,如果受到干扰,就会忽视一些很明显的信息或线索。故事中的韦小宝故意将两位官员的视线遮挡,趁机用不同的信来迷惑对方,很巧妙地利用了注意的规律。

第一节 注意概述

一、注意的概念

注意是心理活动对一定对象的指向和集中。

注意有两个基本特征。一是指向性,是指心理活动有选择地反映一些现象而离开其余对象。它是由脑对信息的选择或过滤功能实现的,是一种有意识地只对某种信息进行加工而阻止其他无用信息进入意识加工的功能。二是集中性,是指活动停留在被选择对象上的强度或紧张性,是注意的保持力,是保证意识加工不

---

① 金庸.鹿鼎记[M].广州:广州出版社,花城出版社,2001:1435.

被中断的功能,在意识加工中阻止无用信息进入意识的功能。

客观世界是丰富多彩的,人在同一时间不能感知一切对象,而只能感知其中的少数对象。当人们去商场购物,在琳琅满目的商品中,人们只能同时看清楚几件更有吸引力的商品,而不是所有的商品。但当人们将注意力集中在某件或几件商品上时,就会保持对这些商品的高度紧张和持续的注意,而会暂时抑制对其他商品的关注。这体现出指向性和集中性是密切相关的。

但是注意与其他心理活动又有所不同,注意是一种伴随状态,只要在清醒状态下,人们的注意时刻都在发生着,只不过注意的对象不同而已。各种心理活动都离不开注意提供的平台,如感知觉、记忆、思维和情绪等,都需要注意伴随而出现。在一般心理活动任务下,很难单独将注意分离出来,因此通过创设多个刺激(目标刺激和非目标刺激)、多个通道(视觉或听觉)来引起个体的选择性注意是非常重要的措施。选择性注意可以维持当前的心理状态,将注意集中于当前任务有关的信息上,对目标保持高度的觉醒或警觉状态(见图4-1)。

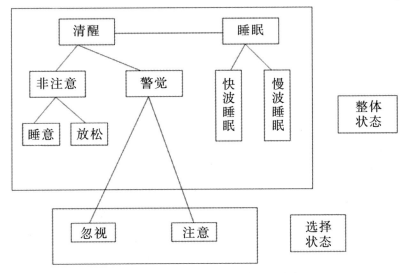

图4-1 觉醒、注意、选择性注意之间的关系

二、注意的功能

(一) 选择功能

注意的基本功能是对信息进行选择,使心理活动选择有意义的、符合需要的以及与当前活动任务相一致的各种刺激,避开或抑制其他无意义的、附加的、干扰当前活动的各种刺激。如学生在课堂上选择注意听老师讲课而不是教室外的噪音;股民能够从不断滚动的股市信息牌上选择自己所感兴趣的股票信息;运动赛场上运动员选择听发令枪而不是其他声音。

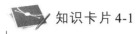
知识卡片4-1

心理学家难住心算家

阿伯特·卡米洛先生是一位著名的心算家,不管你给他出多么复杂的难题,他都能立即得出正确的答案。在他的心算历史上,还从来没有被人难倒过。

一位年轻的心理学家从远方慕名而来,他要考一考这位著名的心算家。心理学家微笑着和心算家打过招呼后,心算家很客气地请他随便出题。

"一辆载着285名旅客的火车驶进车站,这时车上下去35人,又上来85人。"心理学家不紧不慢地开始出题了。心算家听后微微一笑。"在下一站上来101人,下去69人;再下一站下去17人,上来15人;再下一站下去40人,只上来8人;再下一站又下去99人,上来54人。"这时心理学家已说得喘不过气来。"还有吗?"心算家非常同情地问心理学家。"还有,"心理学家透了口气说,"请您接着算。"他又加快速度说:"火车继续往前开,到了下一站……再下一站……再下一站。"这时他突然叫道:"完了,卡米洛先生!"

心算家轻蔑地笑着说:"您马上要知道结果吗?"

"那当然,"心理学家微笑着说,"不过,我现在并不想知道车上还有多少乘客,我想知道的是这趟车究竟停靠了多少站?"

著名的心算家一下子呆住了。

心理学家是怎样把心算家难住的呢?原来心理学家巧妙地利用了注意的规律和特点,钻了心算家的空子。注意是有指向性和集中性的。人们注意某项活动时,心理活动就指向、集中于这一活动,并抑制与这一活动无关的事物。心理学家早已料到,心算家根据已形成的心算动力定型,通常只会去注意计算车厢内的乘客数的多少,也就是说他只会对车厢乘客人数的增减感兴趣,产生有意注意(有预期目的、需要作一定的意志努力的注意),而对列车所停靠的车站数却忽视了。于是,他故意以越来越快的速度出题,以更好地引起心算家对车厢乘客数的注意(有意注意),使他无暇注意到还会有另外一个答案。心算家果然上当,被心理学家难住了。

(二)保持功能

外界信息输入后,每种信息单元必须通过注意才能得以保持,如果不加以注意,就会很快消失。因此,需要将注意对象的一项或几项内容保持在意识中,一直到完成任务,达到目的为止。比如在课堂上,学生要在几十分钟内保持注意去听课。考试的时候,要集中注意力两个小时甚至更多来答卷。外科医生在做手术的时候,需要长时间地集中注意力去为病人解除病患。

(三) 调节和监督功能

有意注意可以控制活动向着一定的目标和方向进行,使注意适当分配。有些学生作业中的错误,不是由于不懂规则而产生的,而是与心理监督机能形成得不完善有关。这种心理监督动作形成后,可以迅速地加以综合、概括、迁移。

知识卡片4-2

什么造成了"马路杀手"

2009年2月10日早晨6点,陕西省西安市长安区某中学的四名初中生在上学路上被撞身亡,另有一名学生重伤。肇事司机驾驶大卡车逃离现场,在警方追捕一周后投案。据司机交代,他当时瞌睡了。这件事件说明汽车驾驶员在长时间连续工作、疲劳驾驶、酒后驾车等状态下,注意会处于较低水平,容易导致事故发生。

少量酒精能使人自觉振奋、机警、注意力集中,但是摄入较多酒精对记忆力、注意力、判断力、情绪反应都有严重伤害。科学研究发现,驾驶员在没有饮酒的情况下行车,发现前方有危险情况,从视觉感知到踩制动器的动作,其间的反应时间为0.75秒,饮酒后尚能驾车的情况下,反应时间要增加2~3倍,同速行驶下的制动距离也要相应延长,这大大增加了出事的可能性。人在微醉状态下开车,其发生事故的可能性为没有饮酒情况下开车时的16倍。所以饮酒驾车,特别是醉酒后驾车,对道路交通安全的危害是十分严重的,具体反映在以下几个方面。

(1) 触觉能力降低。饮酒后驾车,由于酒精的麻醉作用,人的手、脚的触觉较平时降低,往往无法正常控制油门、刹车及方向盘。

(2) 判断能力和操作能力降低。饮酒后,对光、声刺激反应时间延长,本能反射动作的时间也相应延长,感觉器官和运动器官如眼、手、脚之间的配合功能发生障碍,因此无法正确判断距离、速度。

(3) 视觉障碍。饮酒后可使视力暂时受损、视像不稳、辨色能力下降,因此不能正确领会交通信号、标志和标线。同时饮酒后视野大大减小、视像模糊,眼睛只盯着前方目标,对处于视野边缘的危险隐患难以发现,易发生事故。

(4) 心态失衡。在酒精的刺激下,人有时会过高地估计自己,对周围人的劝告常不予理睬,往往干出一些力不从心的事。

(5) 疲劳。酒后易困倦,表现为行驶不规律、空间视觉差等疲劳驾驶的行为。

三、注意的脑机制及障碍

（一）注意的脑机制

注意与大脑的功能有很大的关系。六岁以前的儿童大脑的抑制功能很薄弱，因此在幼儿园里只能以各种游戏及活动为主，每个片段只能安排20分钟左右的活动，而当儿童能够较好地抑制自己的冲动时，也就意味着其注意力维持时间逐渐延长。这样进入小学后，学习任务发生了变化，对小学生的要求也不一样了。如一节课安排40分钟的内容，教师也只将游戏作为辅助手段。但小学生的注意还处于发展阶段，一般的规律是在刚上课时注意水平还很低，经过一段时间的预热，注意力逐渐提高，15~20分钟左右时达到注意集中的顶峰，然后注意力开始逐渐下降。此时教师宜穿插安排一些游戏、讨论、手工、唱歌、听音乐等活动，使学生的大脑得到休息，减轻疲劳。因此将六七岁作为儿童入学的年龄是有一定道理的。

有多个脑组织与注意的功能有关。脑干网状结构在注意中起着重要作用，它使大脑皮层和整个机体保持觉醒状态，使注意成为可能。丘脑等部位的活动控制着注意的转移以及注意对象的选择，如果脑干和丘脑等部位受损，则造成注意的破坏，严重时，对周围的一切完全丧失注意。边缘系统中存在着大量的注意神经元，仅对新异刺激或刺激的变化作反应，是对信息进行选择的重要器官。大脑皮层的前额叶调节、控制皮层下组织，并主动地调节行动，对信息进行选择。当注意集中在某一认知活动时，其相应的神经功能单元的活动水平增加，一方面通过提高目标认知活动对应的神经功能单元的激活水平来维持注意，另一方面则抑制目标周围起干扰作用的神经功能单元的活动，这样才能使注意得以指向目标认知活动并集中起来，排除干扰，实现相应的认知功能。

（二）注意障碍

注意缺陷及多动障碍（ADHD），常被人们称为多动症，其核心症状主要是注意缺陷、活动过多和行为冲动。

1. 注意缺陷

注意缺陷是指主动注意保持时间达不到同等年龄和智商的普通儿童的注意水平。注意缺陷的儿童注意力不集中，上课时不能专心听讲，易受环境的干扰而分心，注意对象频繁地从一种对象转移到另一种对象。他们做功课时也不能全神贯注，边做边玩，不断改变作业内容，不断以喝水、吃东西等理由中断作业，因动作拖拉使作业时间明显延长。

2. 活动过多

在需要相对安静的环境中，这些儿童活动量和活动内容比预期的明显增多，在需要自我约束或秩序井然的场合显得尤为突出。其表现为过分不安宁，小动作多,跑来跑去;在教室内不能静坐,在座位上扭来扭去,左顾右盼,东张西望,摇桌转椅,招惹别人,离开座位走动;话多、喧闹,故意闹出声音以引起别人注意。喜欢危险的游戏,爬高下低,喜欢恶作剧。

3. 冲动行为

冲动行为是在信息不充分的情况下引发的快速、不精确的行为反应,其表现为:幼稚、任性、克制力差、容易激惹冲动;易受外界刺激而兴奋,挫折感强;行为唐突、冒失,事前缺乏缜密考虑,行为不顾后果,出现危险举动或破坏行为,事后不会吸取教训。

注意缺陷及多动障碍儿童往往伴有学习困难,其表现是在课堂上因注意力不集中、对老师讲授的知识一知半解,理解力和领悟力下降,言语或文字表达能力差。特别是有部分患儿存在认知功能缺陷,如表现出视觉—空间位置障碍,不能分辨左右,写字时往往把偏旁部首弄反,如把"部"写成"陪",或者把"b"写成"d"。

教育者要正确掌握注意缺陷及多动障碍儿童的特点,认识到其活动多是源自注意力不集中的问题,家长或教师不要责怪孩子或将精力放在限制其过多的活动上,而应从调节儿童的注意力入手,从环境上减少分散注意的无关刺激。在教室内的座位安排上,为了防止注意力分散,可以调整注意缺陷儿童的座位,或者安排学生坐在三面都有隔板的课桌边学习。教师在课间要提供内容丰富的活动让他们参与,以消耗其部分多余的精力。在教学中,教师多用鼓励、奖励等正面强化的方法来促进其行为改善。在课堂上,当学生发生故意捣乱的行为时,教师应予以忽视,不给予其关注,使他们得不到额外强化物。这些都是调节控制注意力的有效方法。只要这些孩子的注意力水平提高了,他们的活动自然就会减少。

除注意缺陷及多动障碍的儿童,一些学习障碍儿童也存在注意障碍,这成为影响他们学习的重要因素。因此,加强对其注意的训练十分必要。

第二节 注意的类型与品质

案例4-2

鸡尾酒会效应

鸡尾酒会效应因常见于酒会上而得名。在各种声音嘈杂的鸡尾酒会上,有音乐声、谈话声、脚步声、酒杯餐具的碰撞声等。当某人的注意集中于欣赏音乐或别人的谈话,对周围的嘈杂声音充耳不闻时,若在另一处有人提到他的名字,他会立即有所反应,或者朝说话人望去,或者注

> 意说话人下面说的话。这是因为当听觉注意集中于某一事物时,意识将一些无关声音刺激排除在外,而无意识却监察外界的刺激,一旦一些特殊的刺激与己有关,就能立即引起注意的现象。又如,在周围交谈的语言都不是自己的母语时,会注意到较远处以母语说出的话语。

一、注意的类型

根据产生和保持注意时有无目的性和意志努力程度的不同,可以把注意分为无意注意、有意注意和有意后注意三种。

(一) 无意注意

无意注意也称为不随意注意,是事先没有预定的目的,也不需要作意志努力的注意。例如,在教室里学生们正在听讲,突然门被推开了,大家会立即转头去看;在安静的阅览室内,突然传来一声巨响,大家都不由自主地转过头去注意那个声音。这些都属于无意注意。引起无意注意的原因,既取决于刺激物的强度、新颖性以及事物之间的对比等特点,同时也取决于主体的需要、兴趣、情绪等内部状态。所谓"万绿丛中一点红"、"鹤立鸡群"等场景都容易引起人们的注意;报纸上关于球赛的信息会很容易引起球迷的无意注意;商场内在商品陈列时也应该考虑消费者的特点,以期引起无意注意。许多广告设计也是根据无意注意原理,通过变换的图像、动听的音乐、有节奏的广告词来引起人们的注意。

(二) 有意注意

有意注意也称为随意注意,是服从于预定目的、需要作意志努力的注意。这种注意是人向自己提出一定的任务,且自觉地把某些刺激物区分出来作为注意的对象。当人们决定要做某件事之后,在做这件事的过程中有意地把注意集中在当前的任务上。这时无论所注意的那个刺激物是否强烈、新异、有趣,个体都必须集中注意,同时排除各种无关刺激的干扰。因此,有意注意必须付出意志努力。有意注意是人类独具的高级的注意形式,是在人的实践活动中发展起来的,其中言语(外部言语和内部言语)调控起着重要作用。

无意注意和有意注意在人的活动中往往不是截然分开的,因为任何一件工作都需要有这两种注意的参加。倘若单凭无意注意去从事某种工作,那么,不仅工作会显得杂乱无章,缺乏计划性和目的性,而且也难以持久。同时,任何工作总会有困难或干扰,总会有单调乏味的过程,因此有有意注意的参加,工作才能完成。然而单凭有意注意从事工作,就要进行紧张的努力,付出巨大的能量,时间久了,会使人感到疲劳,所以必须有无意注意参加,工作才能持久。此外,一些刺激引起人们的无意注意后,人们对其产生了兴趣,就会持续注意,转化为有意注意。在活动中,人们往往既需要用到无意注意,也需要有意注意参与。

(三) 有意后注意

有意后注意,也称随意后注意,即事先有预定的目的但不需要意志努力的注意。通常做一些复杂工作,如骑自行车、驾驶汽车、操作新仪器,都需要很多动作的协调。刚开始做的时候,人们会觉得手忙脚乱,不能将注意平均分配到每一个动作上去。而当技能逐渐熟练了以后,有一些动作内化为自然的动作,就不需要再专门去注意这个动作,而是注意其他动作。这样就实现了在有目的的活动中不需要意志努力。因此有意后注意对于提高工作效率是非常必要的。

知识卡片 4-3

国际心理学会议上的枪声

在一次国际心理学会议正在举行的时候,突然从外面冲进一个村夫,后面追着一个黑人,手中挥舞着手枪。两人在会场中追逐着,突然"砰"的一声枪响,两人又一起冲出门去。事情发生的时间前后不过 20 秒钟。

在与会者的惊慌情绪尚未平息的时候,会议主席却笑嘻嘻地请所有与会者写下他们目击的经过。原来这是一位心理学教授请求做的关于"注意"的实验。结果,在上交的 40 篇报告中,没有一个人的记载是完全正确的。其中只有一篇错误率少于 20%,有 14 篇的错误率在 20%~40%,12 篇的错误率在 40%~50%,13 篇的错误率在 50% 以上。而且许多报告的细节是臆造出来的。虽然每个人都注意到两人之中有一人是黑人,然而 40 人中只有 4 人报告说黑人是光头,符合事实。其余有的人说他戴了一顶便帽,有些人甚至替他戴上了高帽子。关于他的衣服,虽然大多数人都说他穿一件短衣,但有的人说这件短衣是咖啡色的,有的人说是红色的,还有人说是条纹的。而事实上,他穿的是一条白裤,一件黑短衫,系一条大而红的领带。

一般而言,科学家的注意力、观察力都是比较敏锐的,但为什么这 40 位心理学家会出现这样的粗疏臆造呢?这与他们当时的注意状态有关。注意是一种心理状态,它是意识的警觉性和选择性的表现。一切心理活动都必须有注意的参加,否则就不能顺利有效地发生、发展。注意分指向、集中、转移三个阶段(指向,把意识活动朝向一定的客体;集中,意识活动深入到所了解的事物中去;转移,主动地把意识活动从这一客体转向另一客体)。由于国际心理学会议上的"枪声"发生前后不过 20 秒钟,心理学家很难在这么短的时间内,把对会议的注意转移到枪声事件上,并很快指向、集中于它。而且他们受当时情绪紧张恐惧的干扰,就更加难以准确地观察事件的一切细节。另外,心理学家的注意是无意注意。无意注意没有自觉目的也不需要任何努力的注意,它主要是由于客观刺激物本身的特点引起的。这些都是导致与会心理学家们报告错误信息的原因。

二、注意品质的培养

案例4-3

中国的"福尔摩斯"

中华人民共和国原公安部长赵苍璧堪称中国的福尔摩斯。1935年赵苍璧参加中共中央西北政治保卫局在瓦窑堡举办的保安人员培训班,即将毕业时,西北保卫局侦察部长兼培训班主任周兴,给全体学员出了一道题:"教室里有条反动标语,请大家去找,看谁能够先找到。"话音刚落,大家就一拥而上挤入教室,翻桌倒凳、扣缝挑板地紧张找开了,但都一无所获。赵苍璧此时显得非常冷静,他先向四周观察一下,然后从一张桌子上拿起一张纸说:"反动标语在这里。"在场的同学在那张纸上看来看去看不出什么名堂,上面只不过写着四个排列工整的成语:明日黄花、日理万机、暴风骤雨、动作敏捷。哪有什么标语?只见赵苍璧将四句成语的后三字遮去,于是就只剩下了"明日暴动"四个字。大家这才明白这是一个藏头标语。赵苍璧以冷静细致的观察、良好的注意品质被安排在安全保卫工作战线,做出了卓越的成绩。

(一)注意广度及其培养

注意的广度也叫注意的范围,是指一个人在同一时间里能清楚地把握对象的数量。在十分之一秒的时间内,成人一般能够注意到8~9个黑色圆点或4~6个彼此不相联系的外文字母。注意范围的大小随着被知觉对象的特点而改变。如对同样颜色的字母所能注意的范围,比对颜色不同的字母的注意范围要大一些;对排列成一行的字母,比对分散在各个角落上的字母的注意数目要多一些;对大小相同的字母所能感知的数量,要比对大小不同的字母感知的数量大得多。因此,被注意的对象越集中,排列得越有规律,越能成为相互联系的整体,注意的范围就越大。注意的广度还随着个体经验的积累而扩大。熟练的阅读者比初学者在阅读时的注意范围要大,对阅读领域非常熟悉的专家则比一般读者在捕捉专业信息时的注意范围也广。此外,个体的情绪对注意的广度也有影响,情绪越紧张,注意广度越小。平时阅读一些图书,很快就一目十行,而考试的时候,则只能逐字去看,这就是注意广度受影响的结果。有时人们能够注意到较广范围内的信息,但却会忽视其中的细节,如图 4-2 所示,从整体上看这个标语没有什么问题,但仔细地逐个单词查过去,就会发现其中有个错误。

(二)注意的稳定性及其培养

注意的稳定性是个体在较长时间内将注意集中在某一活动或对象上的特性。个体的需要和兴趣是注意稳定性的内部条件;活动内容的丰富性和形式的多样性,是注意稳定的外部条件。然而注意很难保持很长时间没有一点分散。注意的动摇称为注意的起伏。如果把一只表放在耳边,隐约听见滴答声,但有时会听到滴答声而有时听不到,这就是听觉的注意起伏。视觉的注意起伏也是很常见的。在图 4-3 中,有时人们会看到一个吓人的骷髅头,有时又会看到是两个少女坐在桌前的场景,此时,注意就发生了起伏。

图 4-2　出错的标牌

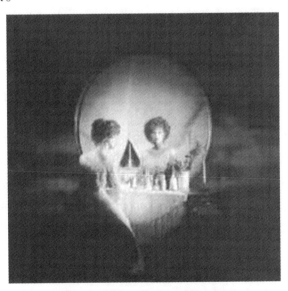

图 4-3　注意的起伏(骷髅头还是少女)

与稳定性相反的是注意的分散。注意的分散是由其他刺激物的干扰或由单调的刺激物引起的。干扰决定于附加刺激物的特点和附加刺激物与注意的对象的关系,例如身着迷彩服隐藏在草丛里,服装与环境相似,不容易被发现,而如果身着鲜红衣物,在草丛里就容易引起他人注意。使人感兴趣的或强烈地影响着情绪的其他对象,也会引起注意的分散。另一方面,在没有外界刺激物的时候,保持注意也是很困难的。因为如果缺乏外界刺激物,大脑的兴奋难以维持较高的水平,所以有时微弱的附加刺激物不但不会减弱注意,反而会加强注意。

要保持注意的稳定性,可以通过排除干扰物来训练。因此先要使大脑放松,然后将与当前学习工作无关的物品全部清走,在进入学习或工作状态时减少干扰。毛泽东在年轻的时候为了训练自己集中注意力,专门到城门洞里、车水马龙之处读书。这也是一种独特的抗干扰训练。

影响注意稳定的另一种常见原因是家长、教师不当的教育方法。如没有帮助儿童明确学习目标,而只是罗列很多任务要求完成,学生很容易因疲劳而注意分散。另外就是强迫学生做不感兴趣的事,如有的家长逼着孩子学钢琴,而孩子并不感兴趣,因此注意力就很难维持。还有的家长爱在孩子学习时唠叨,以至于给孩子很多消极的暗示,加剧了注意力的涣散。

(三) 注意的分配及其培养

注意的分配也就是通常所说的"一心二用",是指个体的心理活动同时指向不同的对象的特点。如一边看电视,一边打毛衣。在驾驶汽车时将注意力分配在操作方向盘、观察前方路面、通过后视镜观察后面的车辆、注意仪表盘等。注意分配的条件是,同时进行的活动只有一种是不熟悉的,其余活动都达到了自动化的程度。有很多工作如管理机床、课堂教学、音乐指挥、飞机驾驶等,都需要有良好的注意分配能力。注意的分配能力可以通过训练得到提高。

(四) 注意的转移及其培养

注意的转移是个体根据新的任务,主动地把注意由一个对象转移到另一个对象上。注意的转移要求新的活动符合引起注意的条件。同时,注意的转移与原先注意的强度有关。原先的注意越集中,转移就越困难。注意转移也与引起注意转移的新事物或新活动的性质有关,新的事物或新的活动越不符合引起注意的条件,转移注意也就越困难、越缓慢。注意的转移不同于注意的分散。前者是在实际需要的时候有目的地把注意转向新的对象,使一种活动合理地为另一种活动所代替;后者是在需要注意稳定的情况下,受到无关刺激物的干扰,而使注意离开需要注意的对象。

有些工作要求在短时间内对新的刺激物发生反应,注意的分配和转移就特别重要。如飞行员、汽车司机和火车司机等必须有较好的注意分配和转移的能力。这些工作要求注意转移迅速及时,要有计划地组织注意转移的顺序和掌握注意转移的时机。例如飞行员在驾驶飞机起飞时,注意要发生多次转移:在地面滑跑的过程中,注意应当集中在远方的目标,以保持飞机的正确滑跑方向;飞机离地的时候,注意就要转移到观看地面,以保持飞机的飞行高度;随后,注意又要转移到判断飞机的上升情况;飞机下降的时候,飞行员必须在一定的高度作仪表检查,然后迅速地将注意转向地面,准备降落。飞行员每次转移注意,还必须适当地分配注意,如在起飞时的地面滑跑过程中,除了主要注视远方目标外,还要倾听发动机的声音,估量加油门的情况,等等。飞行员的注意如果转移得不及时,掌握时机不准确,或注意分配不当,就难以使飞行操作符合要求。因为飞行员要有较高的注意转移与分配的能力,所以鉴定注意转移与分配的能力是选拔飞行员的测验项目之一。

注意的转移在学习中也非常重要,如有的学生为了应付考试,连续一整天都在复习某门功课,但却发现效率很低。实际上这类学生没有很好地将学习和休息、劳和逸的节奏分开。正确的方法应该是先集中注意力保持一小时做好一件事,然后通过休息和放松活动转移注意,等休息适当时间后再次进入学习状态,又能高度集中注意力。

推荐故事

获得奥运金牌最多的运动员——菲尔普斯

出生于1985年的美国游泳运动员迈克尔·菲尔普斯,在三届奥运会上累计获得18枚金牌、2枚银牌和2枚铜牌,被誉为游泳运动史上最伟大的全能运动员。

2004年雅典奥运会上,他获得了6枚金牌和2枚铜牌。

2008年北京奥运会上他一举夺得8枚金牌,成为在同一届奥运会中获得金牌最多的运动员。

2012年伦敦奥运会上他获得了4枚金牌和2枚银牌。

菲尔普斯取得如此辉煌成绩,首先要归功他的刻苦训练。菲尔普斯从高中毕业后,每天都是从早晨5点钟开始进行长达两个半小时的训练,午餐后稍微打个盹,然后接着游,一直从下午3点半游到6点。他每天游的距离长达12英里,他曾说:"我知道没有人比我训练更刻苦。"

不过,在小时候,菲尔普斯却是个令人头疼的注意缺陷及多动障碍(ADHD)患者。老师抱怨说他十分好动,片刻都停不下来,在教室里不能安静地坐着,根本无法集中注意力。他母亲试了很多方法,希望能治好儿子的"多动症"。直到11岁时,菲尔普斯在游泳池中展露了自己的才华,被游泳鲍勃·包曼所发现。教练注意到菲尔普斯有着长臂、宽掌、短腿的独特身体条件,能轻松学会别的少年不能掌握的技巧,而且他还具有比赛时越战越勇的良好心理素质。在教练的悉心指导下,菲尔普斯日益崭露头角,成为奥运赛场上的传奇人物。

点评与反思:菲尔普斯小时候不能集中注意力,也不能安静地坐着,有明显的注意缺陷及多动障碍特征。母亲最初希望培养菲尔普斯的阅读兴趣,但是以失败告终。最后菲尔普斯在泳池里获得了安静,能够在泳池里专心致志地游泳。这说明,如果对注意缺陷及多动障碍儿童进行有效的治疗与训练,他们也可以正常学习、生活,甚至在某些方面还能获得很高的成就。

实践与实验指导

1.请你用眼睛从左侧开始追踪一条曲线,并将该线起始时的序号,用笔写到右侧曲线结束的方格内。请注意:(1)必须用眼睛追踪,不用手指或笔尖辅助追踪,否则算错;(2)图中的曲线一般都比较圆滑;(3)每条曲线可能有上有下,但无中途停断的现象,都是起于左侧而结束于右侧。

请又快又准确地完成本测验。

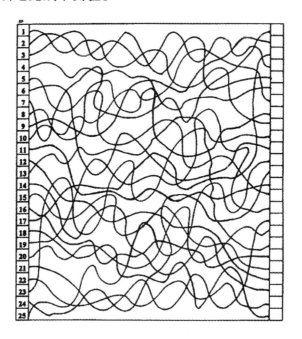

2.下面表格中所列的数字为10至59,请尽快找到3个连续的数字(如12、13、14或37、38、39等)。

34	19	42	54	45
26	16	39	28	57
40	35	14	56	30
12	29	44	51	23
50	43	36	24	11
37	20	55	32	47

25	41	17	53	38
52	18	21	31	46
13	22	48	10	58

完成时间：_____秒

复习思考题

一、名词解释

注意　注意缺陷及多动障碍　鸡尾酒会效应

二、简答题

1. 注意的类型有哪些？
2. 注意的品质有哪些？

三、论述题

1. 分析注意与其他心理活动的关系。
2. 结合中小学生的注意特点分析如何改进课堂教学。

四、案例分析

在法国，有许多化妆品广告都是由美女代言，做成巨型图片来吸引眼球。但高速公路管理部门发现，男司机在高速驾驶时，因广告上的美女图片而分散了注意力，开车不专心，容易导致各种车祸。于是管理部门规定在高速路两旁禁止竖立有美女图片的广告，以免分散司机的注意力，结果大大降低了车祸发生率。

但是在德国，有些高速公路的部分路段特意在巨大广告牌上印着美女的图片，吸引着司机和乘客的目光。这又是为什么呢？原来这些路段较为偏僻，车流也少，人们都喜欢开快车，因而频频出现交通事故。专家研究后建议在这些地方竖立些美女图片，来吸引司机们的注意力，放慢车速。结果发现这一措施效果颇佳，交通事故明显下降，车速也得到了控制。

根据以上两例，分析高速公路旁的广告效应与注意力变化的关系。

主要参考文献

[1] 彭聃龄. 普通心理学[M]. 北京：北京师范大学出版社，2001.

[2] 叶奕乾，何存道，梁宁建. 普通心理学[M]. 上海：华东师范大学出版社，2004.

[3] 游旭群. 普通心理学[M]. 北京：高等教育出版社，2011.

第五章　记　忆

案例 5-1

记忆力超群的黄夫人

金庸所著的武侠小说《射雕英雄传》中讲到，黄药师为了得到《九阴真经》，与其夫人当着周伯通的面演了一场戏。黄夫人假意借来《九阴真经》翻阅，实际在默默记诵，黄夫人对武学一窍不通，但是从头至尾慢读了一遍，又速读了一遍，就能背得滚瓜烂熟，更无半点室滞。黄夫人让周伯通随意从一页中间抽出几段经文考她，她都能背得出。周伯通上了当，以为自己的经书是本寻常的书，结果整本《九阴真经》都被黄夫人默写了出来，使黄药师得到了真经。与此相反，周伯通与郭靖谈及此事时，问道："你读书读几遍才背得出？"郭靖道："容易的，大概三四十遍；倘若是又难又长的，那么七八十遍、一百遍也说不定。就算一百多遍，也未必能背得出。"周伯通道："是啊，说到资质，你确是不算聪明的了。"郭靖道："兄弟天资鲁钝，不论读书习武，进境都慢得很。"周伯通道："那日黄夫人借了我经书去看，只看了两遍，可是她已一字不漏地记住啦。"①

天资聪明的黄夫人与天性迟钝的郭靖相比，记忆力水平有天壤之别。除了天分外，记忆的策略也很重要。人们对不理解的文字材料往往采用死记硬背的方法进行记忆，这样的记忆效率低、保持率不高、提取困难。掌握了记忆方法和策略后，可以提高记忆效率，并为回忆提供线索。

---

① 金庸.射雕英雄传[M].广州：广州出版社,花城出版社,2001:571.

第一节 记忆概述

一、记忆的概念

记忆是人脑对过去经验的反映,是在感知觉的基础上进一步对感知过的经验进行加工的过程。从信息加工角度看,记忆是人脑对外界输入的信息进行编码、存储和提取的过程。记忆与感知觉的关系是:感知觉相当于信息的输入,而记忆则是对信息的编码、存储和提取。记忆与感知觉之间有着密切的关系,如果没有感知觉,记忆就无从产生,而仅仅有感知觉,无法将信息长久保存。

二、表象和词在记忆中的作用

(一) 记忆表象

外界刺激对感觉器官的作用停止后,其影响并不立刻消失而形成后像。后像是最直接最原始的记忆,只能存在很短时间,如最鲜明的视觉后像也不过持续几十秒钟。但是有些客观事物的形象可以长期保留在记忆中。在记忆中所保持的客观事物的形象,称为记忆表象。如《列子》中记载韩娥歌唱之后,歌声"余音绕梁,三日不绝",表明其歌声成为强烈的听觉表象而保持在听众的记忆中。和知觉相比,表象不如知觉鲜明。表象不能表现所反映的客体的一切特征或属性,而且也不稳定,所反映的通常仅是事物的大体轮廓和一些主要的特征。

不同个体的表象鲜明性不同。音乐家有鲜明的听觉表象,对听过的乐曲有鲜明的形象;舞蹈演员能很好地模仿动作,具有鲜明的运动表象。学龄儿童还有一种独特的遗觉像,即在观察事物很短的时间之内,可以形成异常鲜明的表象,如小学生在背诵课文的时候,有鲜明的书本的表象,好像看着书本朗诵一样。

表象对于记忆起着重要作用,过去感知过的事物在回忆时多数都可以表象的形式出现,记忆的内容,大部分是过去感知过的事物的表象。有了表象,也就是有了记忆,复杂的心理活动才有可能。如果人只能反映当前的事物,也就是只有感知形式的反映,就不可能进行思维。儿童在进行珠算训练后,能够进行速算,高水平的速算者在进行运算时可以不用实际的算盘,而是在头脑中产生算盘的表象,就好像眼前有副真实的算盘一样,这样他们的口算或心算就十分迅速,甚至可以超过人们按计算器的运算速度。

(二) 词

词可以概括地标志事物,作为事物的信号。记住词也就容易记住它所代表的事物,所以词在人的记忆中有重大的作用。词具有概括作用,可以把复杂的事物概括起来,使记忆更加容易。借助词不仅可以概括客观事物,也可以概括记忆的规律和有效的记忆方法。掌握了记忆的规律和方法,就能使记忆成为有目的、有计划的活动。如回忆过去学的计算圆面积的方法:"半径平方乘圆周率。"其中借助词起到了加深记忆的作用。

词和表象都是记忆中重要的中介因素,以词保持的部分是纲目,以表象保持的部分是细节,过去的经验总是以表象和词的形式保持着,回忆也总是凭借表象和词二者进行的。

三、记忆的信息加工模型

根据信息加工模型理论,将记忆分为感觉记忆、短时记忆和长时记忆三个阶段。来自环境的信息首先到达感觉记忆,如果这些信息被注意,则进入短时记忆。在短时记忆中,个体把这些信息加以改组和利用并做出反应。为了分析存入短时记忆的信息,个体会调出储存在长时记忆中的知识,同时,短时记忆中的信息如果需要保存,也可以经过复述存入长时记忆。

(一) 瞬时记忆

瞬时记忆也叫感觉记忆,即当客观刺激停止作用后,感觉信息在一个极短时间内保存下来。这种记忆保持的信息量虽然较大,但存储时间很短,大约为0.25~2秒。例如,当人们在观看电影的时候,虽然呈现在屏幕上的是一幅幅静止的图像,但人们却可以将这些图像看成是在运动的,就是因为感觉记忆在发挥作用。进入瞬时记忆的信息未经过任何处理,以感觉痕迹的形式保存下来,具有鲜明的形象性。个体稍一分心,瞬时记忆便立即消失;若受到注意,它就可以转入短时记忆。

(二) 短时记忆

短时记忆,即对信息保持时间在一分钟左右的记忆。同声传译员在工作时运用的就是短时记忆。短时记忆包括两个成分。一个成分是直接记忆,即输入的信息没有经过进一步的加工。它的容量有限,大约为7±2个组块,这里的"单位"可以是"个",也可以是"组块",并且组块的信息容量不受限制。所以,要记住更多的东西,就尽可能把材料组成块。编码形式以言语听觉形式为主,也存在视觉和语义的编码。另一个成分是工作记忆,即输入信息经过再编码,与长时记忆中已经存储的信息发生意义上的联系,以达到理解当前信息意义的目的。短时记忆中的信息,如果经过复述和运用,可以发展成为长时记忆。

(三) 长时记忆

长时记忆,即对信息保持时间在一分钟以上乃至终生的记忆。长时记忆中的信息,一般是按照事物的意义进行编码,其容量没有限度。信息来源大部分是对短时记忆加工复述的结果,也有由于印象深刻而一次形成的。长时记忆是通过组织有意义的材料并且形成一个知识的框架来贮存信息的。

第二节 记忆的过程

一、识记

记忆过程开始于识记。识记是一个人获得知识和经验的过程。识记可以分为无意识记和有意识记两类。有意识记又可以分为机械识记和意义识记两种。

影响识记效果的因素主要有以下几方面。

1. 识记的目的性

根据目的性,识记可以分为无意识记和有意识记。无意识记是事先没有自觉的目的也不需要做出意志努力的识记。而有意识记则具有明确的识记目的、需借助一定的方法做出努力的识记。

无意识记具有很大的选择性。在生活上具有重要意义的,和人的兴趣、需要、活动目的、任务适合的,能激起情绪活动的事物,常常容易记住。这类事物常常只要经历一次就可牢牢记住。如学生参加高考,飞行员第一次单飞,科学工作者所做的重要的实验,因对自己的工作、生活具有重大意义,在当时激起了深刻的情绪体验、活跃的思考与积极的行动,常可经久不忘。但还有很多事物,虽经接触,甚至经常接触,如果没有记忆的意图,对它们就没有印象。对生活工作经常去的建筑物所经过的台阶数目,办公室内挂钟的数字形式等,多数人都回忆不起来。

在学习和工作中,有意识记比无意识记更重要。系统和科学知识的掌握,主要依赖有意识记。当有明确的识记任务时,记忆效果也会更好一些。如果对一篇材料只是要求熟练阅读,往往记忆效果很差,而如果要求能全部默写出来,记忆效果就很好。

2. 对识记材料的理解性

依识记的材料有无意义或学习者是否了解其意义,识记可分为意义识记和机械识记。在意义识记中,学习者根据对材料的理解,运用有关的经验进行识记;在机械识记中,学习者只能按照材料所表现的形式进行识记。

材料的意义就是指材料代表着一定的客观事物,不管是与客观现实还是与学习者的某些经验以及材料各部分间存在的联系,只要有一定联系,就可以赋予材料一定意义。学习者在识记的时候,先理解材料,也就是建立联系,巩固联系。识记时,应当尽量建立较多的联系。如果材料本身所指示的联系很少,可以找一些人为的联系。例如识记辛亥革命的年代(1911),可以想到它比中国共产党建立

（1921）恰好早10年,就会有助于记忆。在教学中,有时利用一些直观材料,如实物、模型、图片、图表等,可以建立较多的联系,因而有助于记忆。

在学习的材料中总有一些是无意义的或意义较少的,或暂时还不能理解其意义的,如有些地名、人名、年代、物体比重等。对这些材料,就需要运用机械识记进行记忆。有时对于极有意义的材料,限于学习者的理解水平,一时还不能理解或充分理解其意义,也需要先运用机械识记。在以后的复习过程中,随着经验的积累,认识水平的提高,再逐步理解或深入理解。所以机械识记也有一定的作用,但要防止不论对什么材料都采取"死记硬背"的机械识记。我国传统教育中过分重视对机械记忆能力的考察,在古代科举考试中有很多强调机械记忆的考试形式。如帖经,即出题者将经书上的字任取一行,用纸帖盖住三个字,令考生将被遮盖的字写出来。墨义则是主试者从经书中提出若干问题,令考生就书中原文笔答,不加解说。经义是以五经中的文句为题,应试者作文阐明其义理,但又特别规定经义考试须从四书中出题,答案须根据朱熹的《四书章句集注》,不得任意发挥。这种考试和学习方式至今仍有影响,一些中学为应付高考,在考试复习期间,片面使用题海战术,让学生大量做题和背诵范文,走上了应试教育的轨道,这极其不利于人才的培养。

3. 识记中材料性质和内容的影响

识记材料按性质不同可分为直观识记材料(实物、模型、图片)和描述事物及现象的文字识记材料。识记中的材料性质和内容不同,在头脑中的编码也有所不同,在一定程度上影响识记的效果。对语词逻辑材料、形象材料、情绪、动作等进行记忆时,个体往往对动作和情绪记忆很牢固,对形象记忆也较好,但对语词材料的记忆则不理想。

4. 识记策略

对识记材料采取不同的识记策略,识记效果不同。如果背诵同样字数的语文材料,一部分是一篇意义连贯的文章,一部分是些零散的句子,受试者阅读一遍之后,对于整体文章的内容比零散句子的内容记得较多,但对零散句子的原文词句比文章的词句记得较多。这是由于对意义连贯的文章,受试者更多地是从整体上记忆的,而对零散的句子,受试者则是从细节上入手记忆的。

同样性质的材料以不同的方式呈现,识记效果不同。在记忆同一材料时,自己阅读优于别人读给他听,阅读时进度是由自己控制的,对难点可以反复阅读,一时未加注意也可以反复阅读,听时就没有这些便利条件了。

根据材料的长短,在识记方法上有整体识记法、部分识记法和综合识记法。材料的数量对于识记效果有很大的影响。一般说来,要达到同样的识记水平,材料越多,平均用的时间或诵读次数越多。整体识记法是整篇一遍一遍地阅读材料,直到成诵为止;部分识记法是一段一段地背诵,到分段背诵完毕,再合成整篇背诵。综合识记法是将整体识记法和部分识记法相结合。如果材料的数量不太大，一般以整体识记法较好，也不致发生用部分识记法可能发生的各段次序颠倒的错误。材料过长时，整体识记就感到困难，只能运用部分识记法。实践中可采用综合识记法，先把材料整体读几遍，抓住全文的要旨，对特别困难的部分多诵读几遍，再全部诵读，如此反复，直至成诵为止。

识记中尝试背诵，由于学习者的积极活动，可以提供更多的建立联系的机会，有利于识记；尝试背诵也可清楚地了解材料的特点与难点，可以更好地分配复习，在难点上多进行诵读。

二、保持与遗忘

(一) 保持

记忆的保持是当感知、思维、情绪、动作等活动发生的时候，在大脑神经组织的有关部位建立起暂时联系，联系形成后在神经组织中留下一定的影响或"痕迹"。由于痕迹发生作用，联系得以恢复，就使旧经验以回忆、认知等形式表现出来。

保持并非是原封不动地保存头脑中识记过的材料，而是不断变化的。这种变化表现在质和量两个方面。

保持在数量上的变化，一方面表现为识记的内容随着时间的进程呈减少的趋势，甚至遗忘。如果用回忆、再认和重读时节省的学习时间三种记忆指标来测量识记过的材料在头脑中保持的情况，对识记过的材料能回忆，保持效果最好；不能回忆或回忆中有错误，但能再认，保持效果次之；如果材料既不能回忆，也不能再认，则看重新学习时节省的时间多少，重新学习时节省的时间越多，保持效果越好。

保持在数量上的变化另一方面也可能表现为记忆恢复。记忆恢复是指识记某种材料，经过一段时间后测得的保持量大于识记后立即测得的保持量。英国心理学家巴拉德(P. B. Ballard)通过实验发现，儿童在识记后2~3天的保持量比识记后立即测得的保持量要高6%~9%。这种现象在学习较困难的材料时（与学习容易材料相比）、学习程度较低时（与学习纯熟相比）要明显。

保持在质的方面也有可能发生变化，如人们对记忆的材料进行简化或概括，或者扩大了原材料的范围，或者颠倒了顺序，有时则曲解了原材料的意义，有时则将原材料变得更完整、详细具体、夸张突出等。某地曾经发生一个谣传，一件普通的吵架事件在被人们传来传去后，最后竟被传为杀人大案。这说明谣言在传播中每个传播者所保持的记忆内容都会发生变化。

巴特利特(F. C. Bartlett)设计了一个实验来检验记忆在质上的变化。他给第一个人看一张图(图5-1中的0)，半小时后要求他凭记忆将看到的图画出来，再把第一人所绘的画给第二个人看(图5-1中的1),半小时后让第二个人将看到的图画出来给第三个人看(图5-1中的2)……依次下去直至第18个人画出了第18幅图(图5-1中的18)为止。结果显示,人们回忆出的图形从一只枭鸟逐渐变成了一只猫。可见记忆图形在质的方面起了显著的变化。

图5-1 保持中信息的变化

知识卡片5-1

目击证人的记忆总是可靠吗?

美国华盛顿发生了公路连环狙击手枪杀10人的案件。有多名目击证人在几次报告中说,当时看到一辆白色卡车从犯罪现场逃跑。而最终将罪犯抓获时,却发现他驾驶的是一辆蓝色小汽车。事后分析,当时媒体报道枪杀案的录像中有一辆白色卡车,可能是这些录像的反复播放"污染"了目击者的记忆,使他们下意识地记住了白色卡车。

在一次法庭审理中,一位神职人员被7名宣誓的目击证人指认,他就是连续持械抢劫的歹徒,直到真凶不能再忍受道德的折磨而出面自首,被告人才得以洗脱冤情。在另外一起指控某黑人的案件中,5名目击证人信誓旦旦地说此人就是犯罪分子,结果被告人被判终身监禁并被投入监狱服刑,事后却证明罪犯另有其人。可见,法庭上证人的证词不一定能准确反映其记忆。

(二)遗忘

对于识记过的事物不能回忆,称为遗忘。遗忘并不意味着以前的信息彻底消失,以前学习过的事物的影响还可能表现在重学或其他方面。遗忘也并不总是坏事,适度的遗忘帮助人们整理大脑空间,避免多余信息的干扰,在克服消极情绪方面更是显得重要。德国心理学家艾宾浩斯(H. Ebbinghaus,1850—1909)对遗忘现象进行了系统的研究。为了使记忆尽量避免受旧经验的影响,他用无意义音节作为记忆的材料,把识记材料学到恰能背诵的程度,经过一定时间间隔再重新学习,以重学时节省的朗读时间或次数作为记忆的指标。从实验结果得知,记忆内容的保持将随时间的延长呈减少的趋势。

艾宾浩斯依据实验结果绘制了遗忘曲线(图5-2)并揭示了遗忘的规律:首先,记忆一结束,遗忘就开始发生;随着时间的推移,遗忘速度呈现为先快后慢,在识记后的短时间内遗忘特别迅速,然后遗忘速度逐渐缓慢;如果不加复习,所学的绝大部分内容将彻底被遗忘。

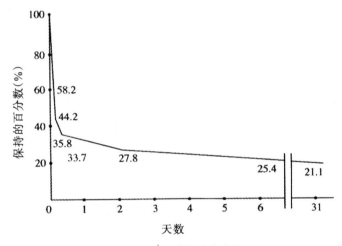

图5-2 艾宾浩斯遗忘曲线

当然,由于艾宾浩斯采用的是无意义材料,而人们生活中记忆的材料大多数是有意义的,因此人们的记忆力并不是这样差。对于有意义材料、诗歌等韵律感强的材料、形象性强的材料和个体动手操作过的活动而言,遗忘总的趋势也是先快后慢,但记忆所保持的量却远多于无意义材料。

3. 影响遗忘进程的因素

(1) 学习材料

学习材料指材料的种类、长度、难度及意义性。不同的记忆材料的遗忘速度是不一样的。从材料的种类看,无意义材料(包括通过死记硬背记住的有意义材料)忘得最快;而抽象材料(例如,一个术语的定义)尽管也是有意义材料,但也容易被遗忘;形象生动、意义明显的材料较不容易遗忘;最不容易遗忘的是熟练的动作,比如,一个退役游泳运动员即使很长时间没有游过泳,一到水里也能游,只不过其动作也许不会像先前那样熟练。从材料的难度、长度看,一般来说,比较长的、难度较大的材料的遗忘进程更符合艾宾浩斯遗忘曲线；长度、难度适中的材料保持效果最好。从材料的意义看，凡是能引起主体兴趣，符合主体需要、动机，激起主体强烈情绪，在主体的工作、学习、生活上具有重要意义的材料，一般不易被遗忘；反之，则遗忘得快。

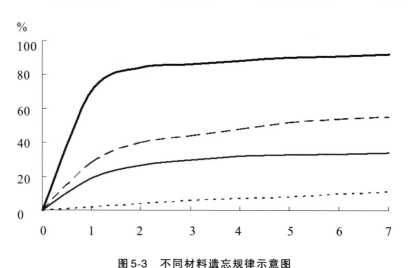

图5-3　不同材料遗忘规律示意图

注：横坐标为天数，纵坐标为遗忘量(%)。

（2）前摄抑制及倒摄抑制

从材料的系列位置看，由于前摄抑制及倒摄抑制的影响，材料的系列位置不同，保持效果也有差异。一般而言，位置处于开头或结尾的材料保持效果好，而处于中间位置的材料保持效果差。倒摄抑制是指后学习的材料对保持和回忆先学习的材料的干扰作用，即刚学完一种材料后，又去学习新的材料，就会忘记前面学习的材料。前摄抑制是指先学习的材料对识记和学习后学习的材料的干扰作用。倒摄抑制和前摄抑制一般在学习两种不同但又彼此相似的材料时产生较多。但即使是一种材料，如果篇幅较长，学习时也会产生上述现象。如记忆一篇课文，一般总是开头和结尾部分容易记住，而中间部分容易遗忘，其原因在于中间部分同时受前后学习材料的干扰。

（3）学习程度

过度学习的材料能避免遗忘。过度学习也叫超额学习，是指识记一种材料的学习次数超过那种刚好能回忆起来的程度的次数。研究表明，过度学习使保持的效果良好。假如把材料刚能背诵时所花的时间定为100%，一般过度学习花的时间以150%为宜。150%的过度学习是提高保持效果的最经济有效的选择。

（4）记忆任务的长久性

是否有长久的记忆任务，也是影响保持的因素之一。一般说，有长久的识记任务有利于材料在头脑中保持时间的延长。在一个实验中,教师要求学生识记两篇难易程度相似的语文材料,并告诉学生:第一篇在次日测验,第二篇在一周后检查,而实际上这两篇材料都是在两周后才测验。结果,学生对第一篇只记住40%,对第二篇却记住80%。可见,确立长久的识记任务对记忆的效果有显著的影响。许多学生在考前采取临时抱佛脚的方法突击记忆,其目的只是为一两天后的考试做准备,显然没有长远打算,这样的话就不可能保持很长久的记忆。

三、再认和回忆

(一) 再认

再认是指对曾经感知过的事物再度感知的时候,知道它是从前感知过的。

对于熟悉的事物,立刻就可以再认出来。对于不熟悉的事物,不能立刻认出它来,但可以通过一些线索回忆以前的有关事物和当时当地的情景,并且和目前的事物及情景对照,从而分析两者的异同,最终实现对该事物的再认。对事物再认的速度和确定的程度,取决于记忆巩固的程度和当前事物及其环境条件与以前感知过的有关事物及其环境条件相同的程度。对于再认的线索,有时个体能明确地意识到,有时却意识不到。例如遇到熟识的人,立刻认得出,至于如何再认的,往往是没有想到的。

再认时也会发生错误,一种情况是联系的消失或受抑制而不能再认。如许多曾经认识的人再见面时不认识了,许多学习过的字再看到时不认识了,这是由于当时的联系不够巩固又缺乏复习所致。另一种情况是由于联系的泛化而认错对象,如认错字、认错人等。有时对明确知道以前没有经验过的事物,也有一种"熟悉之感",好像从前经验过似的。

 知识卡片 5-2

"似曾相识"感

每人都有过似曾相识的体验:当人们身处一个全新场景时,会有几秒钟的时间,觉得完全了解或确切经历过这些场景。一个声音、一种味道或一瞬间的场景,都可能激起一个人这种再次回忆的感觉。研究表明,这是大脑中海马回在起作用。

麻省理工学院的生物学教授利根川进在实验中切除了小鼠大脑海马回上一些特定的神经末梢。当这些实验鼠被放到一间从未到过的房间时,其反应与置身于一间与平常常见的房间略微不同的房间的反应是一样的,即

> 这些实验鼠无法区分类似场景。
> 　　海马回是位于边缘系统、负责形成和储存长时记忆的脑细胞群。唤起某种记忆相当于找到特定脑细胞群并激活它。海马回可帮我们根据现在的经历,在记忆中寻找相同或相似的回忆。找到后,就将现在的印象认为是发生过的或认成典型的、似曾相识的感觉。
> 　　有时海马回也会因疏忽出现错误:它们将现在的观感归入曾经发生的感觉中,即使这种记忆是从未发生过的,于是就产生了前世记忆般的似曾相识感。

(二) 回忆

回忆就是把以前识记过的材料重现出来。

回忆可分为有意回忆和无意回忆。无意回忆是没有预定的回忆意图或目的,而想起某些旧经验,如触景生情回忆起过去的经验。有意回忆是有回忆的任务,自觉进行追忆以往的某些经验。无意回忆虽然没有预定的目的,但也不是无故发生的,总是由当前的事物或当前事物唤起的表象、思想等引起的。回忆起的经验和当前的事物总有一定的关系,并受人的情绪状态、兴趣和正在进行的活动等条件所制约。正如一个人在情绪高涨时无意中哼起的曲调和在抑郁时哼起的曲调往往是不同的。

回忆中的干扰,是指一种内容阻碍了新内容的回忆。识记是形成联系,回忆是联系的恢复。一种占优势的联系或情绪状态,由于负诱导引起抑制而妨碍回忆。如有的学生在考试时非常希望考好或唯恐考不好,引起情绪紧张,抑制了需要回忆的答案。有人遇到一个熟识的人,忽然叫不出他的名字来,或在写作时要用一个常用的字,忽然忘记了它的写法,这是由于朋友的意外的会见或写作的构思抑制了应当回忆起的姓名或字的写法。如果回忆时产生干扰,一时不能回忆起需要的事物,最简单的办法是转移注意,暂时停止回忆。过了一定时间,抑制解除,需要的经验往往会自然在回忆中出现。

四、记忆方法

通过科学的训练,每个人的记忆力都能得到一定程度的提高。正确掌握记忆法的同时,还要清楚地意识到自己记忆的过程,才能更有效地调整自己的记忆活动。人的遗忘规律、记忆的编码、主观的组织活动、有规律的休息和复习等因素在记忆过程中起着非常重要的作用。科学的记忆方法的掌握和培养也可以提高记忆的效果。

(一) 挂词法

挂词法是选取一组标准物体,每个物体又是与某一特定的数字相联系的。如找出与数字形状相似的物体,然后把两者关联起来。例如:1—蜡烛,2—天鹅,3—飞鸟,4—帆船,5—苹果,6—大象(鼻子弯曲),7—旗子,8—沙漏,9—放大镜,0—跳火圈。在记忆时可以将数字与要记忆的事物联系起来,在回忆时就很容易回想起来。

(二) 联想记忆法

联想记忆法就是利用联想来增强记忆效果的方法。联想就是当人脑接受一种新信息时,找到与该信息有关的事物形象的心理过程。如意大利国土形状有点像靴子,在记忆的同时想到"意大利盛产靴子",这样就容易建立关于意大利地图形状的联想。

学习所处的环境可成为重要的联想线索。一项记忆实验中,实验者将被试分为两组,一组躺着背单词,一组站着背,然后在回忆的时候将躺着背的人再分为两组,其一是继续躺着回忆,其二则是站着回忆,而对站着背的被试则要求他们也分为两组,即分别躺着或仍旧站着回忆。结果发现,凡是回忆时与识记时保持同样姿势的被试记忆效果都较好,而改变姿势的人则在回忆中出现很多问题。这说明记忆时周围的环境被作为线索,类似的情境有助于提高回忆的效率。

(三) 谐音记忆法

利用谐音来简化记忆过程称为谐音记忆法。如要想记住战国末年秦国灭六国的顺序,可以记住这样一句话:"喊赵薇去演戏",利用谐音对应的就是"韩、赵、魏、楚、燕、齐"。此外,学习历史要记很多事件发生的年代,为了防止记混淆,也可以用谐音法辅助记忆。当然谐音记忆法只能帮助记忆一些抽象、难记而且比较特殊的材料,并不能推而广之用于记忆所有的材料。

(四) 口诀记忆法

把记忆材料编成口诀或合成押韵的句子来提高记忆效果的方法,叫做口诀记忆法。这种方法可以缩小记忆材料的绝对数量,把记忆材料分成组块来记忆,加大信息浓度,记忆牢固。

《二十四节气歌》,非常押韵,朗朗上口,容易记忆:"春雨惊春清谷天,夏满芒夏暑相连;秋处露秋寒霜降,冬雪雪冬大小寒。上半年来六、二一,下半年是八、廿三;每月两节日期定,最多相差一两天。"此外,乘法口诀、珠算口诀、《百家姓》等都是运用口诀记忆法的实例。

(五) 复习策略

根据遗忘规律,在教学过程中,教师要帮助学生理解学习材料,尽量赋予材料一定的意义;采取多种直观化、形象的教学手段;鼓励学生动手操作;及时总结学习的内容等以便减少遗忘的发生。但遗忘是不可避免的,因此复习策略就很重要。适当的复习策略应当包括:(1)及时复习,以便最大限度减少遗忘的影响;(2)多次复习。复习之后,过了一段时间记忆效果仍然会减弱,因此多次复习是很必要的;(3)分散复习。为了达到多次复习的目的,有的学生采取集中突击的方法,这是不可取的,正确的方式应该是分散开来,不要集中在短时间内进行复习。一般而言,在学习当天进行复习是十分必要的,然后在一星期以后再次复习,下一次复习安排在学习完成的一个月后,在学习之后的六个月进行最后的复习。在最后复习后,大部分内容将长久地保持在记忆中。

(六)适度休息

在学习期间有规律地休息,可以改善记忆。因为休息可以充分地利用记忆恢复效应和首因、近因效应的优点。当休息后再学习时,对以前学习内容的记忆力比不休息而连续学习要好得多,并对下一部分学习内容的记忆也得到改善。在休息期间应该完全休息,要彻底脱离所从事的工作,如果仅仅是换一个类似的工作,不仅大脑没有得到真正的休息,而且产生了许多联想,这些联想妨碍了后来的回忆。最好的方法是身体和大脑都得到放松,并呼吸一些新鲜空气。休息也有助于头脑巩固和组织已获得的信息,这对大脑充分发挥其能力是很重要的。

(七)组块化

受短时记忆的限制,人在一瞬间不可能记住大量信息,人的记忆广度为 7 ± 2 个组块,即 5 至 9 个组块。组块是指将若干单位联合成有意义的、较大单位的信息加工的记忆单元,是信息材料的意义单元。比如对于一个长单词"antidisestablishmentarianism",共有 28 个字母,在记忆时变成 anti(反)—dis(不)—establish(建立)—ment(名词后缀)—arian(宗派)—ism(主义),这个字的每一个部分都是熟知的单词或字母组合,把它们看做若干的组块,就很容易记忆。

(八)表象训练

表象对记忆有着重要的作用,表象是当事物不在眼前时,人们在头脑中出现的关于事物的形象。表象越鲜明,记忆越牢固。当表象模糊不清时,有规律的表象训练能恢复一些已丧失的信息。

可以按如下的方法对表象进行训练。舒适地坐着并闭上眼睛,安逸地放松。然后想象自己在一所漂亮房子的外面,注意从记忆中提取各种表象,如房子是用什么材料建造的?有多少窗户?窗户的形状像什么?再想象门,门是什么颜色?地板上有什么?摸地板有什么感觉?屋里有什么家具?然后再想象自己拿起房间里的一些东西,摸摸它是硬的还是软的?是热的还是凉的?闻闻它有什么气味?它是什么颜色?就像你身临其境那样了解这个东西,从不同侧面尽可能用你的感觉去想象这个东西。这样表象就可以从记忆中涌现出来。有规律地进行这种表象训练，可以加强表象能力，进而改善整个记忆。

（九）记笔记

记笔记能有效地帮助记忆。研究发现学生对记在笔记上的内容的记忆比没记笔记的记忆强6倍。因为记笔记除了是存储信息的方法，还可以对信息进行编码，对材料进行组织，匆匆记下联想、推理和解释等。这些对以后的回忆都是很重要的。

 推荐歌曲

歌曲一：《味道》
演唱：辛晓琪

今天晚上的星星很少，不知道它们跑哪去了，赤裸裸的天空，星星多寂寥。

我以为伤心可以很少，我以为我能过得很好，谁知道一想你，思念苦无药，无处可逃，想念你的笑，想念你的外套，想念你白色袜子，和你身上的味道，我想念你的吻，和手指淡淡烟草味道，记忆中曾被爱的味道。

今天晚上的心事很少，不知道这样算好不好，赤裸裸的寂寞，朝着心头绕。

我以为伤心可以很少，我以为我能过得很好，谁知道一想你，思念苦无药，无处可逃，想念你的笑，想念你的外套，想念你白色袜子，和你身上的味道，我想念你的吻，和手指淡淡烟草味道，记忆中曾被爱的味道。

想念你的笑，想念你的外套，想念你白色袜子，和你身上的味道，我想念你的吻，和手指淡淡烟草味道，记忆中曾被爱的味道……

歌曲二：《被遗忘的时光》
演唱：蔡琴

是谁在敲打我窗，是谁在撩动琴弦
那一段被遗忘的时光，渐渐地回升出我心坎
是谁在敲打我窗，是谁在撩动琴弦
记忆中那欢乐的情景，慢慢地浮现在我的脑海
那缓缓飘落的小雨，不停地打在我窗
只有那沉默无语的我，不时地回想过去
是谁在敲打我窗，是谁在撩动琴弦
记忆中那欢乐的情景，慢慢地浮现在我的脑海

歌曲三:《忘情水》
演唱:刘德华

曾经年少爱追梦,一心只想往前飞,行遍千山和万水,一路走来不能回,蓦然回首情已远,身不由己在天边,才明白爱恨情仇,最伤最痛是后悔。

如果你不曾心碎,你不会懂得我伤悲,当我眼中有泪,别问我是为谁,就让我忘了这一切。

啊,给我一杯忘情水,换我一夜不流泪,所有真心真意,任它雨打风吹,付出的爱收不回。

给我一杯忘情水,换我一生不伤悲,就算我会喝醉,就算我会心碎,不会看见我流泪。

曾经年少爱追梦,一心只想往前飞,行遍千山和万水,一路走来不能回,蓦然回首情已远,身不由己在天边,才明白爱恨情仇,最伤最痛是后悔。

如果你不曾心碎,你不会懂得我伤悲,当我眼中有泪,别问我是为谁,就让我忘了这一切。

啊,给我一杯忘情水,换我一夜不流泪,所有真心真意,任它雨打风吹,付出的爱收不回。

给我一杯忘情水,换我一生不伤悲,就算我会喝醉,就算我会心碎,不会看见我流泪。

……

就算我会喝醉,就算我会心碎,不会看见我流泪。

点评与反思:歌曲《味道》的内容实际上是对过去美好经历的回忆,在歌词中可以品出这样的信息——对愉快的情绪,记忆可以极大地增强,就如"手指淡淡烟草味道",并没有随着刺激信息的消失而消失,仍然保持在记忆中。歌曲《被遗忘的时光》突出了记忆的深刻与难忘,事实上过去的美好时光并不是被遗忘了,而是时不时被回忆起来,正如歌中唱到的"记忆中那欢乐的情景,慢慢地浮现在我的脑海"。歌曲《忘情水》体现了遗忘的另一面,尽管人们都不希望自己的记忆被遗忘掉,但是也有人希望"就让我忘了这一切",所以遗忘并不总是坏事情。

实践与实验指导

1. 挑战自己,背诵圆周率小数点后100位。

π=3.1415926535　8979323846　2643383279　5028841971　6939937510　5820974944　5923078164　0628620899　8628034825　3421170679

谐音记忆法:把这100个数字分成10组,每组10个数字,按谐音配上汉字,并争取使每行汉字具有一定的意义,同时使10行汉字构成一个有趣的故事。

π=3.
14159　26535 要死要活舅,二瘤我尚活。89793　23846 把酒吃酒伤,二三不是六。
26433　83279 二六是二三,不孝儿吃酒。50288　41971 五零二啪啪,死要就吃药。
69399　37510 溜走上舅舅,三七我要了。58209　74944 捂拌儿灵酒,气死就气死。
59230　78164 我酒儿尚灵,妻把药料撕。06286　20899 领六儿爬柳,儿灵扒舅舅。
86280　34825 爬柳儿不灵,摔死不儿活。34211　70679 摔死儿要药,妻领六吃酒。

这些文字构成一个有趣的故事——"老子、儿子、妻子和舅子的故事"。

有一天,老人请舅子到家做客,一起喝酒。喝酒的时候老子就对舅子说:"要死要活的舅舅,别想不开,看我,长了两个瘤我尚活着呢。"儿子听着大人们说这些觉得没意思,就只管喝酒。所以,把着酒吃酒,结果就吃伤了。问他:"二三得多少?"他说:"二三不是六。""那二六得多少?""二六是二三。"老子一看儿子成了这样,气坏了。一边骂着"不孝儿吃酒",一边抡起巴掌就打。一打就是五百零二巴掌。"啪啪"声响个不停。打着还要骂着"想死要么就吃药"。儿子见势不妙,溜走上舅舅家了。临走时还说:"三七我要了。捂一捂,拌一拌(儿),就可以做成灵酒。"老子一下子气得不行。可儿子却还在说:"气死就是死。我的酒儿尚(还挺)灵。"妻子也生气了,把药料(六)一撕,领着六儿去爬柳树。儿子还挺灵,一听要去爬树,觉得不对劲,趴在舅舅身上说:"爬柳儿不灵,摔死不儿活。"因为害怕,话也说不利落了。把"摔死了儿子活不了"说成"摔死不儿活"了。老子还在生气呢,气哼哼地说:"怕什么的,摔死了(儿)要点药酒行了。"妻子一想,算了,还是领着六儿去吃酒吧。

复习思考题

一、名词解释
记忆 瞬时记忆 短时记忆 长时记忆 有意识记 无意识记 识记 遗忘 保持 回忆

二、简答题
1.影响识记效果的因素有哪些?
2.简要分析记忆的信息加工模型。

三、论述题
1.根据遗忘曲线分析如何进行有效的复习来克服遗忘。
2.结合中小学生的特点分析如何加强记忆训练。

四、案例分析

心理学家伊丽莎白·洛夫特斯给学生们放映一部交通事故的短片,然后要求一组被试估计两辆汽车"猛撞"时的速度,对另一组被试则改用"碰撞"一词来提问。第一组被试不仅估计的速度较高,而且在之后被问到是否看到碎玻璃时,该组有32%的被试说看到了碎玻璃。而被以"碰撞"一词提问的组只有14%的被试说看到碎玻璃。实际上,影片里根本没有玻璃破碎的情节。

请根据本案例分析人们的记忆是否总是很可靠。

 主要参考文献

[1] 彼德·罗赛尔.大脑的功能与潜力[M].付庆功,腾秋立,译.北京:中国人民大学出版社,1988.
[2] 兰继军.心理学概论[M].徐州:中国矿业大学出版社,2010.

第六章 思 维

 案例6-1

黄蓉与神算子瑛姑斗智

金庸所著的武侠小说《射雕英雄传》中讲到,黄蓉被裘千仞铁掌所伤,与郭靖躲避到黑沼中,遇到神算子瑛姑刁难,黄蓉凭借聪明才智,智斗瑛姑。瑛姑见黄蓉的算法精妙,很不甘心,于是问道:"你的算法自然精我百倍,可是我问你,将一至九这九个数字排成三列,不论纵横斜角,每三字相加都是十五,如何排法?"黄蓉诵道:"九宫之义,法以灵龟,二四为肩,六八为足,左三右七,戴九履一,五居中央。"边说边画,在沙上画了一个九宫之图。那女子面如死灰,叹道:"只道这是我独创的秘法,原来早有歌诀传世。"瑛姑恶言相对,黄蓉十分气愤,于是想为难一下瑛姑,就用竹杖在地下细沙上写了三道算题:第一道是包括日、月、水、火、木、金、土、罗睺、计都的"七曜九执天竺笔算";第二道是"立方招兵支银给米题";第三道是"鬼谷算题"——"今有物不知其数,三三数之剩二,五五数之剩三,七七数之剩二,问物几何?"[①]

黄蓉与瑛姑斗智过程中,通过既快又准的计算能力终于难倒了对方。高水平的计算能力不能单纯靠记忆,更重要的是借助抽象思维进行。思维是人认识活动的最高阶段,抽象思维是最重要的思维类型之一。

第一节 思维概述

一、思维的概念

思维是人脑对客观现实的间接的、概括的反映。

要认识事物的内在联系和规律,必须借助思维过程来实现。思维是认知的高

---

① 金庸.射雕英雄传[M].广州:广州出版社,花城出版社,2001:966.

级形式,它反映的是客观事物的本质属性和规律性的联系。思维不同于感觉、知觉和记忆,不是对信息的初级加工或编码、存储、提取的过程,而是对信息进行更深层次的加工。

思维具有概括性和间接性两个基本特征。思维的概括性是建立在事物之间的联系上的,把有相同性质的事物抽取出来,对其加以概括,并得出认识。概括性包括两层含义:第一,把同一类事物的共同特征和本质特征抽取出来加以概括;第二,将多次感知到的事物之间的联系加以概括,得出有关事物之间的内在联系的结论。思维的概括性,使人们可以认识到事物内外部的必然的相互联系和一般规律。例如人们在头脑中形成的关于各种事物的概念,就是概括的结果。如果没有概括性,人们就无法形成对一类事物的共同认识。

间接性是人们凭借已有的知识经验或其他事物的媒介,理解和把握那些没有直接感知过的或不可能感知的事物,以推测事物过去的进程,认识事物的本质,推知事物未来发展,也即通过其他表征来推断事物的能力。思维活动是探索创新的心理过程。例如科学家所提出的黑洞理论,认为在宇宙中存在着一些密度极高的物质,形成了巨大的引力,周围所有的物质都会被吸入,连光线都无法逃脱,因此形成了黑洞。事实上,没有人能够亲自体验黑洞,但是通过思维的活动,人们还是可以认识这一现象的。因此,思维的间接性,就是人们通过思维过程,可以根据已知的信息,推断出没有直接观察到的事物。

二、思维的过程

思维是通过一系列比较复杂的操作来实现的。一般来说,思维活动要经历分析、综合、比较、抽象、概括、系统化和具体化等过程。

(一) 分析和综合

分析和综合是思维的基本过程。分析是指在头脑中把事物的整体分解为各个部分或各个属性。如把一篇文章分解为段落、句子和词;把一棵树分解为根、茎、叶、花等。综合是指在人脑中把事物的各个部分或各个特征、属性联系起来。如把文章的各个段落综合起来,就能把握全文的中心思想。

分析与综合是彼此相反而又紧密联系的过程,是同一思维过程的两个方面。只有分析,没有综合,认识就会杂乱无章;只有综合而没有分析,认识就笼统模糊,无法深入。

(二) 比较和分类

比较,是把事物的各个组成部分、个别属性进行对比,确定出它们之间的共同点和不同点的过程。分类,是在人脑中按某标准把事物归到一定类别中的过程。如通过对猫和虎的各种属性进行分析,从而找出其共同点和不同点,再进一步根据对物种的区分标准,将两者都归类为猫科动物。

(三)抽象和概括

抽象是在人脑中抽出事物的本质属性而舍弃非本质属性的思维过程。例如,石英钟、闹钟、座钟、挂钟都能计时,因此,"能计时"就是它们的共同属性,而舍弃它们的外观、颜色、重量等非本质属性。概括是在头脑中把抽象出来的事物的本质属性结合起来并推广到同类的其他事物上去的过程。概括是在抽象的基础上进行的,抽象的结果是概括的前提。例如在对猫、兔、牛、虎、猴这些动物进行比较,抽象出它们的共同特征是"有毛、胎生、哺乳"后,在思想上联合起来形成"哺乳动物"的概念。一切定理、定义、概念等都是概括的产物。

(四)系统化和具体化

系统化就是在概括的基础上,把整体的各个部分归入某种顺序,在这个顺序中,各个组成部分彼此发生一定联系和关系,构成一个统一的整体的思维方法。例如,在教学过程中,对学习材料进行分类、编写提纲、列图表等都是系统化的工作。具体化是把概括的知识用于具体事物中去的思维过程。也就是实现了思维活动中的第二次飞跃,即由理性认识回到实践中去。例如,在教学和实际工作中,应用一般原理来解决具体问题,就是具体化的表现。比如,学了一元二次不等式的解法,就按此方法、步骤去解所有的一元二次不等式。

以上各种思维过程是相互联系的。经过这些过程,人们对事物的认识才会由浅入深、由表及里,从而完成去粗取精、去伪存真的任务。

三、思维的形式

思维形式即思维借以实现的形式。语言是思维的物质外壳,在语言的基础上逐渐形成一套概念、判断和推理系统,以此来实现对事物本身的运动变化与事物之间相互联系的概括和间接的反映。

(一)概念

概念是人脑反映客观事物共同的本质特性的思维形式。

概念是用词来表达、巩固和记载的,概念的形成也是借助词和句子来实现的。例如,"人"的概念可以表述为:"能制造工具并使用工具进行劳动的高等动物。"这是科学的概念,准确地提取出了人这一特殊的生命体所具有的本质特征。而古希腊一位思想家在辩论中则下定义说"人就是无毛的两足动物",结果遭到对手的讥讽。因此形成概念时必须找出其本质特征。

要形成科学的概念需要抛弃事物中非本质的特征。当家长们看到一个儿童能够从1数到100时,往往沾沾自喜,却不知究竟孩子是否真正形成了数的概念。

如在孩子面前摆20个珠子让孩子数,有的孩子数到了20、21、22……这样一直数下去;而有的孩子一直用手点着前四五个珠子,口中却在报数直到20。这说明他们还没有真正形成这一概念。

(二) 判断

判断是人脑反映事物之间联系和关系的思维形式。判断是由若干个概念组成的,一般对思维对象进行肯定或否定。判断不仅可以对某个(或某类)事物是否具有某种属性作出判断,更重要的是可以对事物之间是否存在某种内在联系作出决断。

(三) 推理

推理是从已知的判断推出新的判断的思维形式。从具体事物归纳出一般规律的思维活动叫归纳推理,而根据一般原理推出新结论的思维活动叫演绎推理。例如,人们根据"一切金属受热会膨胀"的原理,推导出"铁是金属,铁受热会膨胀"的结论,这一过程就是推理。

概念、判断和推理是互相联系的:概念的形成往往要通过判断和推理过程,判断是肯定或否定概念之间的联系关系,而判断的获得通常需要通过推理。

 知识卡片 6-1

儿童推理能力实验

一、关于儿童因果关系判断发展的实验研究

为了了解儿童因果关系判断能力的发展情况,研究者设计了下面的实验:让儿童对物体在水中浮沉的原因进行判断。给儿童一个木线轴、一个回形针、一根缝衣针。把每样东西都放到水里,看它们是浮还是沉,然后问儿童浮或沉的原因。年幼的儿童(5~6岁)是从外因判断的,线轴比较大,因此他们认为较大的容易浮。年纪较大的儿童(6~8岁)才能判断轻的能浮,但他们仍不了解同体积的水比同体积能浮的东西重,因此,他们还不能回答出为什么当针孔未沾水时针能浮起来的问题。到最后,儿童才能从本质上作出物体浮沉的因果判断。

二、儿童演绎推理能力发展阶段

儿童演绎推理能力发展阶段要经历联想型、重复前提型、实际理由型等几个阶段。学前儿童的演绎推理能力是联想型,如:"一切果实里都有种子,萝卜里没有,那萝卜是什么呀?""萝卜是根。""你怎么知道的呢?""老师说的。"

小学低年级儿童属于重复前提型,如:"鲸鱼不是鱼,鲸鱼是在水中游的,所以……""所以有些在水中游的是鲸鱼。"

小学中年级则是实际理由型,如:"家养的鸭子不会飞,家养的鸭子也是鸟,所以有些鸟是不会飞的。"

小学高年级才能达到命题演绎型,即按前提之间的逻辑关系推导正式结论。

四、思维的类型

思维可以从不同的角度进行分类。如常规思维与创造思维、正向思维与逆向思维、集中思维与发散思维等分类。其中最主要的是根据思维过程中凭借物的不同和解决问题的方式不同,把思维分成直观动作思维、形象思维和逻辑思维三种类型。

（一）直观动作思维

直观动作思维是指以实际动作来解决具体问题的思维。两岁前婴儿尚未掌握语言,他们通过把弄物体,在实际操作中认识物体属性。动作停止,思维也就停止,这被称为动作思维或手的思维。幼儿在进行思维时不是想好了再行动,而是边做边想。例如幼儿在玩积木时,一边在摆弄手中的积木,一边想接下去怎样摆。成人有时也出现动作思维。司机、运动员、模特、演员、美容师等也需要动作思维,他们经常在实施某种动作和操作的同时,启动和进行自己的思维活动,以求问题得到解决。

（二）形象思维

形象思维是指根据事物的具体形象和表象来解决问题的思维。形象思维主要表现在学龄前儿童中,儿童模仿成人的活动,组织角色游戏,是由于他们的头脑中所储存和加工的材料多系感性情景。他们所掌握的概念也处于感性水平。艺术家的思维也属于形象思维,他们在创作和构思过程中,很大程度上是以形象材料进行的。例如,画家运用线条、阴影、空间、色彩等构造画面,音乐家以乐音的旋律、节奏、速度、力度等表达辉煌、幽静或庄严。

（三）逻辑思维

逻辑思维是运用抽象概念进行判断、推理,得出命题和规律。例如,学生学习各种科学知识,科学工作者从事科学研究,都要运用这种思维。它是人类思维的典型形式。

第二节 问题解决

案例6-2

曹冲称象

有人向曹操敬献一头大象,曹操想称一下这个庞然大物到底有多重。一位大臣说,可以砍倒一棵大树来制作一杆大秤。曹操摇摇头——即使能造出可以承受大象重量的大秤,谁能把它提起来呢？另一位大臣说,把大象宰了,切成块,就很容易称出来了。曹操更不同意了——他希望看到的是活着的大象。这时候年仅七岁的小曹冲出了个好主意：把大象牵到船上,记下船边的吃水线,再把象牵下船,换成石块装上去,等石块装船达到同一吃水线时再把石块卸下来,分别称出石块的重量再加起来,就得到了大象的重量。曹冲吸纳了两位大臣错误意见中的合理因素——设法找一个能承受大象重量又不用人手去提的"大秤"。根据日常生活经验,船正好能满足这种要求,然后他又想到利用石块代替大象可以实现"化整为零"。曹冲创造性地解决了一般人所不能解决的难题。

一、问题解决的概念

问题解决就是由一定情景引起的,按照一定的目标,应用各种认知活动、技能等,经过一系列的思维操作,使问题得以解决的过程。例如,证明几何题就是一个典型的问题解决的过程。几何题中的已知条件和求证结果构成了问题解决的情景,而要证明结果,必须运用已知条件进行一系列的认知操作,操作成功,问题得以解决。

大脑皮层额叶对问题解决具有重要的作用,一个额叶损伤的病人,解决问题的能力明显缺损,不能透过表面现象认识事物的本质联系。大脑左侧颞叶和顶—枕叶与问题解决也有密切关系。这两个脑区受损的人语言听觉记忆和空间综合能力都会受到破坏。

关于问题解决的心理机制,有以下几种不同观点。

(1)试误说。该理论认为,问题解决过程首先要通过一系列的盲目的操作,不断地尝试错误,发现一种问题解决的方法,即形成刺激情景与反应的联络,然后再不断重复巩固这种联结,直到能立即解决问题。

(2)顿悟说。该理论认为,人遇到问题时,会重组问题情景的当前结构,以弥补问题的缺口,达到新的完形,从而联想起一种可行的解决方案。这一过程的突出特点是顿悟,即对问题情景的突然领悟。

(3)信息加工模式理论。信息加工论者把问题解决看做是信息加工系统(即大脑或计算机)对信息的加工,把最初的信息转换成最终状态的信息。

二、问题解决的策略

在问题解决中,每个人运用的策略是不一样的。通用的解决问题的策略有算法、启发法等。

(一)算法

一个算法就是为达到某一个目标或解决某个问题而采取的一步一步的程序。它常与某一个特定的课题领域相联系。在解决某一个问题时,如果选择的算法合适,并且又能正确地完成这种算法,那么保证能获得一个正确的答案。这种问题解决的策略优点就是肯定可以找出解决的办法,缺点则是费时费力。如果是24位的密码,即使是世界上最先进的电脑也需要尝试两天两夜的时间。而且,有些问题没有一定的解决办法,只有最优方案时,算法也不能解决。

(二)启发法

启发式就是使用一般的策略试图去解决问题。这种一般的策略可能会导致一个正确的答案。例如,在解连加题"1+2+3+4+5+……+10000=?"时,就可以根据其特点,转换成加乘除法(1+10000)×(10000/2)进行简便计算。启发性策略有时不能保证问题解决的成功,但省时省力。

常用的启发性策略包括下述几种。

1. 手段—目的分析

手段—目的分析是将一个总目标分成若干小目标,逐个击破,最终完成总目标。

河内塔是一个经典的问题解决难题。假设有3根柱子,在柱1上有自上而下大小渐增的3个圆盘A、B、C。要求将圆盘移到柱3上,且保持原来放置的大小顺序。移动条件是每次只能移动1个圆盘,大盘不能放在小盘上,在移动时可利用柱2(图6-1)。

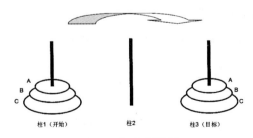

图6-1 河内塔问题

解决这一问题的关键是将C盘移到目标盘上,但只有当C盘上没有其他圆盘时才能移动。现在C盘上有B和A。因此需要建立子目标。目前移动A条件成熟,因此第一个子目标是移动A,把A移动到柱3。第二个子目标是移动B,将B移到柱2,再将A移到柱2上,此时可将C移到柱3上。当前状态和目标状态差别是B不在柱3上,另一个子目标就是消除这一差别,先将A移到柱1,再将B移到柱3上,最后将A移到柱3上就达到了目标状态。

2. 逆向搜索

逆向搜索就是从问题的目标状态开始搜索直至找到通往初始状态的方法。比如,一些几何问题的反证法就是采用这一策略。例如,已知图6-2中的ABCD是一个长方形,证明AD=BC。

从目标出发,进行反推时,学生会问:"如何才能证明AD与BC相等?如果我能证明三角形ACD与BDC全等,那么就能证明AD等于BC。"下一步的推理就是:"如果我能证明两条边和一个夹角相等,那么就能证明三角形ACD和三角形BDC全等。"这样,学生从一个子目标出发反推到另一个子目标。

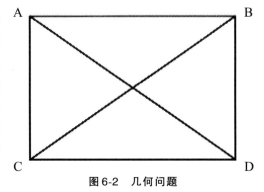

图6-2　几何问题

（三）爬山法

爬山法的基本思想是设立一个目标,然后选取与起始点邻近的未被访问的任一节点,向目标方向运动,逐步逼近目标。这就像爬山一样,如果在山脚下,要想爬到山顶,就得一点一点地往上走,一直走到最高点。有时先得爬上矮山顶,然后再下来,重新爬上最高的山顶。因此,爬山法只能保证爬到眼前山的最高点,而不一定是真正的最高点。爬山法在我们日常生活中是有用的方法,不少实际的问题就是靠这种方法解决的。

爬山法和手段—目的分析法的不同点在于,手段—目的分析法有时候为了达到目的,不得不暂时加大目标与初始状态的差异,以便达到最终目的。

三、影响问题解决的心理因素

问题解决是复杂的心理过程,受多种心理因素的影响。

（一）已有的知识经验

个体已有经验的质与量都影响着问题解决。经验的质主要是指已有知识经验在组织上的特征,表现为已有知识的可利用性、可辨别性以及清晰稳定性。经验的量就是已有经验的数量。在通常情况下,一个人与问题解决有关的经验越多,解决该问题的可能性也就越大。如思考下面四个问题(图6-3),解每个问题都只许移动一根火柴,以使等式两端相等。

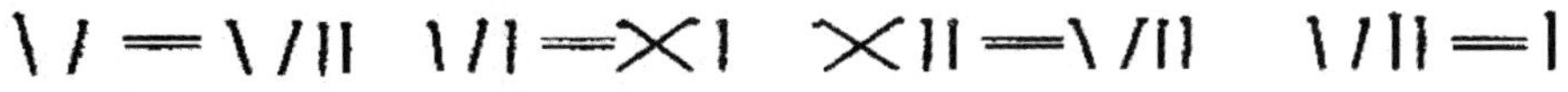

\/ = \/|| \/|| = ×| ×|| = \/|| \/|| = |

图6-3 火柴问题

解决前三个问题,不必有更多的知识。而第四个问题则涉及阿拉伯数字和平方根的知识。需要将 \/||=| 这个等式中,等号左边的一根火柴横着放到头顶,即看上去像是这个等式:$\sqrt{1}=1$,表示1的平方根等于1,这个问题才能解决。解决类似问题就涉及知识的储备。但在应试倾向下,一些考题超越了学习者的认知水平,一味追求偏、难、怪。例如一道题目问:"4个数字1能组成的最大数字是多少?"用一般经验回答,许多人的答案也许是1111,而标准答案却是"11^{11}",这个结果对于初中以上的知识水平的人来说,可能也不算是意外,但是这个考题却被用来考准备升小学的幼儿,就大大超越了一般幼儿的已有知识经验范畴了。

(二) 知识表征的方式

有一道智力题,要求笔尖不离开纸张,用四条线将九个点连起来,并且不得走重复路线(图6-4)。

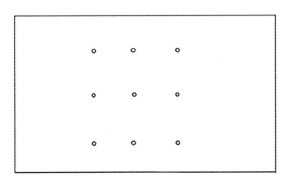

图6-4 四条线连九点题图

在解决这一问题时,如果仅仅从九个点构成的正方形进行观察,表明个体受到知识表征的影响。这样的话,该问题是无法解决的。而要想解决这一难题,就必须将视野超越九点构成的正方形区域(图6-5)。

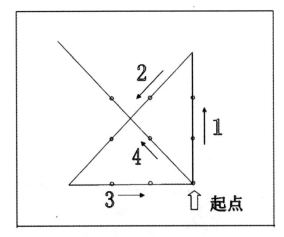

图6-5 四条线连九点答案

另外一个有关知识表征的问题解决难题是:已知一个圆的半径是2cm,问圆的外切正方形的面积有多大?如图6-6所示,a、b两图用不同的方式画出了圆的半径。

a图与b图比较,由于a图较难看出圆的半径是正方形的一部分,因此解决a图表征方式下的问题难于b图。

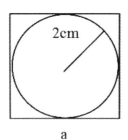 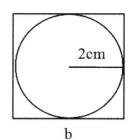

图 6-6　不同表征方式,产生不同的问题解决结果

（三）定势

定势是指先前的心理操作引起的对后面活动的准备状态。在图 6-7 中,一系列逐渐变化的图形构成一个系列。如果给被试先看图 a,然后看图 d,他通常会把图 d 理解为人脸,而如果给被试先看图 e,再让他看图 h,则他会认为这幅图是坐着的女人。事实上,图 d 和图 h 是一样的。这说明思维会受到定势的影响。

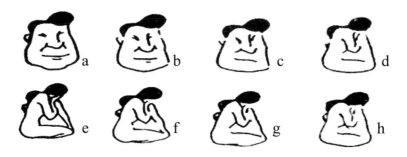

图 6-7　定势对知觉的影响

（四）功能固着

功能固着是指个体在解决问题时只看到某种事物的通常功能,看不到其他方面的功能。例如,铁锤是用来打钉子的,但必要的时候也可用作抵御的武器;刀子是切割用的,但必要的时候也可用来打开罐头等。在解决问题的时候,能否改变事物固有的功能以适应新的需要,是解决问题的关键。在图 6-8 中,提供了图钉、线绳、火柴盒及火柴、蜡烛等物,要求被试将蜡烛点燃并粘在墙壁上。如何完成这一任务,就需要打破功能固着。被试反复试验,

图 6-8　打破功能固着才能完成的任务

图6-9 问题答案

发现用常规的方法不能实现这一任务,这时他将火柴倒空,发现盛火柴的盒子可以被图钉钉在墙上,于是改变了火柴盒的功能,为蜡烛搭建一个平台,使蜡烛借助火柴盒粘贴到墙上并能点亮照明(图6-9)。

(五)动机

动机是影响问题解决的重要因素,动机的性质和强度影响着整个问题解决的过程。动机强,调动知识经验的效率会提高,但超过一定的限度,效率反而会降低,正所谓"欲速则不达"。动机太弱,注意力受干扰,解决问题的效率也很低。

(六)情绪

情绪因素对问题解决也有明显的影响,良好的情绪可提高思维活动的积极性,推动问题的解决,不良的情绪会干扰问题解决的进程。例如,学生考试时,情绪过分紧张,使其思路堵塞,甚至面对容易的问题也束手无策。如果能以积极的情绪面对考试,思路容易打开,问题容易解决。

除此之外,在一个复杂的社会中,问题的解决不仅仅受到个人心理因素的影响,还会受到人际关系的影响。例如,团体协作融洽会促进问题的解决,相反,人际关系紧张会妨碍问题的解决。

第三节 想象与创造性思维

 案例6-3

凯库勒梦中的苯分子结构

苯在1825年就被发现了,此后几十年间,人们一直不知道它的结构。德国化学家凯库勒(F. Kekule,1828—1896)也对此百思不得其解。所有的证据都表明苯分子非常对称,科学家们实在难以想象6个碳原子和6个氢原子怎么能够完全对称地排列、形成稳定的分子。1864年冬的某一天,凯库勒坐在壁炉前打瞌睡,在半梦半醒之间,他看到碳链似乎活了起来,变成了一

> 条蛇,在他眼前不断翻腾,突然咬住了自己的尾巴,形成了一个环……凯库勒猛然惊醒,受到梦的启发,明白了苯分子的结构是环状的,形状如同六角形一样。

一、想象

(一) 想象的概念

想象是对头脑中已有的表象进行加工改造而形成新形象的过程。想象是特殊的思维活动。

表象是事物形象在头脑中的反映。表象具有直观性、概括性和可操作性,是想象产生的基础。

许多科学家和发明家都十分强调想象力的重要性。华裔物理学家杨振宁认为,从事文艺创作需要丰富的想象力,从事科技工作同样需要丰富的想象力。美国物理学家泰勒每天都会产生很多古怪的念头,无论碰到什么人,他都要去交谈和讨论。正是这种"胡思乱想",使他对20世纪的物理学做出不可磨灭的贡献。一项对两院院士的调查发现,在有关创造力的9项因素中,院士们将想象力排在了诸要素之首。

(二) 想象的类型

1. 无意想象

无意想象是没有预定目的、不自觉地产生的想象。例如,人们看见天上的浮云,想象出各种动物的形象;梦是睡眠状态下产生的一种正常的心理现象,是无意想象的极端形式。

2. 有意想象

有意想象是按一定目的、自觉进行的想象。根据创造程度不同,有意想象分为再造想象和创造想象。幻想是有意想象的一种特殊形式。

(1) 再造想象

再造想象是根据言语的描述或图样的示意,在人脑中形成相应的新形象的过程。如根据建筑蓝图想象出建筑物的形象;诵读"北国风光,千里冰封,万里雪飘",可以在头脑中形成大雪纷飞的情景。再造想象是依据别人的描述进行的,其创造性程度不同,好的再造想象具有很强的创造性。现代化影视艺术将古典名著搬上了银幕、屏幕,观众欣赏影视时会发现有的人物形象、造型、表演甚至其性格,都与原著很吻合并有所创新,但有的影片只是机械模仿和照搬,令观众观看时索然无味。

（2）创造想象

创造想象是在创造活动中，根据一定的目的、任务，在人脑中独立地创造出新形象的过程，如画家画画，作家创造小说，建筑师设计楼房。阿Q的形象体现了中国近代乡村底层老百姓的显著特点，孙悟空集猴、人、神仙的特点于一身，都是创造想象的产物。创造想象具有首创性、独立性和新颖性等特点。创造想象的产物来自于现实，但又高于现实。创造想象比再造想象更复杂、更困难，它是人类创造活动必不可少的因素，人类的一切创造性活动都离不开创造想象。

（3）幻想

幻想是与个人生活愿望相联系并指向未来的想象，它所创造的是人所期望的未来的事物形象，是创造想象的特殊形式。神话故事、童话中的形象都属于幻想。科学幻想尤其应当引起人们的关注，许多发明创造都是在科学幻想中最早出现的。对儿童出现的各种奇思妙想不应简单地限制，而应鼓励其大胆想象，需要纠正的是不切合实际的空想。科学幻想具有重要的潜在价值，美国反恐部门曾被批评"思想陈旧，缺乏想象力"，美国国土安全部于是求助于科幻小说作家，希望从他们的作品中发现既富有创意又切实可行的方法，从而可以在反恐战争中技胜一筹。

（三）想象的特点

1. 形象性

想象具有形象性，如读到古诗词"天苍苍，野茫茫，风吹草低见牛羊"或者"小桥流水人家"时，读者头脑中就会浮现出这些美丽的场景。春秋时期有一个很高明的画家，有一天被请来为齐王画像。画像过程中，齐王问画家："什么东西最难画？"画家回答说："马与狗都是最难画的。"齐王又问道："什么东西最容易画？"画家说："鬼最容易画。"画家的解释是，马和狗之所以难画，是因为其形象人们司空见惯，只要画错一点点，都会被人发现而指出毛病，要想使画传神很难。而鬼没有确定的形体，没有明确的相貌，可以随意想象，因此画鬼就容易多了。可见，想象具有形象性，优质的想象更具有鲜明的形象性。

2. 创造性

想象过程中人们需要对已有表象进行加工改造而创造新形象。优质的想象具有创造性的良好特征。如人们可以想象出从来没有感知过的事物，也可以想象出世界上还不存在或根本不可能存在的事物的形象。优秀的科幻作家拥有丰富的想象力，儒勒·凡尔纳在19世纪就想象出人们可以通过潜水艇在海底旅行，甚至还设想人们可以登月旅行；根据科幻小说家阿瑟·克拉克的小说改编的电影《2001：太空漫游》于1968年问世，影片中出现了空间站、卡式电话、超级电脑等各种实用的高科技产品。现在这些非凡的想象力成果逐一变成了现实。

3.现实性

任何想象都不是无中生有凭空产生的。构造新形象的一切材料都来自生活,取自过去的经验。不管想象创造的新形象是多么新颖,甚至离奇,构成新形象的材料则来自对客观现实的感知。如中国传统的图腾——龙,虽然是虚构的生物,但其身体各部位来自现实生活中的动物。《尔雅翼·释龙》有云:"龙,角似鹿,头似驼,眼似龟,项似蛇,腹似蜃,鳞似鱼,爪似鹰,掌似虎,耳似牛。"梦的形象有时可能是十分离奇甚至荒唐的,但组成梦境的"素材"仍然是感知过的事物的形象。有人调查发现盲人也有做梦现象,他们的梦也来自生活实践,先天致盲和后天致盲者在视觉经验方面有所不同,后天致盲者还会梦到一些事物的大概轮廓和模糊的颜色,而先天致盲者则由于视觉缺陷无法产生鲜明视觉形象的梦,他们梦到的更多的是听觉、触觉的形象。

二、创造性思维

 案例6-4

火箭中的方向舵

通常,在火箭箭体的下面都安装有方向舵,以稳定火箭在大气飞行中的姿态。然而,在火箭起飞时,初速度等于零,没有气流吹在方向舵上,因而它不能起控制作用。怎么解决这个问题?科学家们想到要控制火箭喷射出燃气流的方向,以保证火箭在起飞时不会倾翻。解决的方法是:在高温高压的燃气流中安装一个控制舵,常规的思维方法是需要采用能耐高温高压的材料来制成这种舵。但问题又出来了,火箭起飞后,有了速度,空气舵能够起作用了,如何除掉燃气舵,防止它添乱,又使科学家们大伤脑筋,最后只好请教发明家了。发明家提出了一个出乎大家意料的方案:采用易燃烧的木舵,来代替耐高温高压的燃气舵。在火箭起飞的瞬间,木舵还没有燃烧或者还没被燃烧完时,它可以起着控制作用,当火箭有了速度,不需要木舵时,它也燃烧完了。

(一)创造性思维的概念

创造性思维是指人们运用新颖的方式解决问题,并能产生新的、有社会价值的产品的心理过程。如作家创作一部新的作品,工程师设计一台新的机器,科学家发明一项新技术,都属于创造性思维的成果。创造性思维的特征是运用独特的方式方法,积极主动去解决问题的思维活动。

创造力和智商之间有一定的关系,但并不是正比例关系。经过对大量的人群进行调查发现,创造力需要有一定的智力基础:高创造力的人要有一般水平以上的智商,智商过低的人无法表现出高的创造力。但高智商的人未必就一定有高的创造力,反过来创造力低的人智商水平有高有低(图6-10)。可见,智商不是一个人是否有创造力的决定因素,后天的环境因素和科学的训练可以改善一个人的创造力水平。

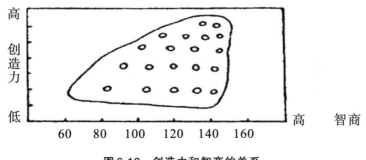

图6-10 创造力和智商的关系

创造性思维是发散思维和集中思维的统一,发散思维相对而言更为重要,发散思维可以突破思维定势和功能固着的局限,重新组合已有的知识经验,找出许多新的可能的解决问题方案。创造性思维也离不开想象的参与。有了创造想象的参与,思维活动才能从最高水平上对现有知识经验进行改造、组合,构筑出最完整、最理想的新形象。例如,牛顿从苹果落地的现象出发,在头脑中进行创造想象,然后进行推理而提出了万有引力定律。在创造性思维中,解决问题的思路、方案的产生往往带有突发性,这种突发性是建立在思考者长期积累知识经验、勤于思考的基础上的。许多重大发现往往都是科学家经过长时间的思考,再在短暂松弛状态下出现的。这些放松活动如散步、洗澡、钓鱼、交谈、舒适地躺着休息等。这充分说明大脑的活动特点并不是持续越久、越紧张越好,而是在高度紧张之后有一定轻松之时,大脑才能更灵活,有最强的感受力,最易产生联想、触发新意。

(二)影响创造性的思维定势

在现实生活中,之所以人们不能发挥创造潜能,在很大程度上受各种思维定势的影响。

1. 权威定势

权威定势是指人们在思考问题时习惯于引证权威的观点,将权威的话作为不可更改的经典,一旦发现与权威相违背的观点或理论,便想当然地认为其必错无疑。在中世纪的西方,《圣经》的权威是至高无上的。有一次,一个教士借助望远镜看到了太阳上的"黑子",那位教士自言自语地说:"幸好《圣经》上说太阳是圣洁无瑕的,不然的话,我几乎要相信自己眼睛看见的东西了。"权威定势意味着人们无法推陈出新,难以突破旧权威的束缚。

2. 从众定势

从众定势是指在思维活动中服从大众。社会心理学家的实验表明了从众心理的影响。在某个办公大楼的电梯门口,有位职员站着等电梯。一会儿,电梯来了,门一打开,只见电梯内的每个人都脸朝内、背朝外站着。那位职员起初感到奇怪,想不出大家都这样做的理由,但是,他自己走进电梯之后,同样也是脸朝内、背朝外站着。这一实验证明了从众效应的作用。

3. 经验定势

经验是相对稳定的,导致人们对经验过分依赖,从而形成固定思维模式,结果就会削弱想象力,造成创造性思维能力的下降。

经验定势会限制创造性的发挥。首先经验是在一定的时空范围内产生的,如"橘生淮南则为橘,生于淮北则为枳"。其次个体的经验总是有限的,当他遇到没有经历过的事情时就会手足无措。如假设给被试一张纸(假如它足够大),当把纸从正中折叠一次,面积减小一半,厚度增加一倍;然后再从正中折叠第二次,如此连续不断折下去,一直折叠50次。请问,这张纸的厚度将达到多少?这种问题在我们的生活经验中不可能遇到,如果仅凭经验,人们可能会猜测这张纸很厚,但如果按照数学原理计算就可以知道,其最终厚度将达到原来厚度的2^{50}倍,相当于5000万公里左右,这是普通人无法想象的遥远距离,而在现实中没人能做到真的把一张纸折50次。社会经验也会制约人们的创造性。如对于下面这个智力测试题,许多高中生的思考时间和错误率远远超过幼儿:"某位举重运动员有个弟弟,但这位弟弟却根本没有哥哥。请问是怎么回事?"答案是该举重运动员是女的,但由于过去只有男子举重比赛,有社会经验的高中生反而受经验的束缚回答错误或需要思考很长时间,幼儿则不受此经验的束缚。图6-11中的漫画也告诉人们根据经验贸然行动往往是错的。

图6-11 经验定势下的鲁莽行为

4. 书本定势

书本定势会严重束缚创造性思维的发展。纸上谈兵、马谡失街亭等古代战例都是书本定势的典型事例。

5. 非理性定势

非理性因素主要包括感情、欲望、情绪、一时的冲动、潜意识等。人们在日常生活中,时刻受到非理性因素的影响,在这些因素的支配下,个体往往不讲求逻辑,不考虑后果。近年来层出不穷的网络诈骗、电话、手机和短信诈骗,都是被骗者心存侥幸或暴富心理,在非理性思维支配下做出的给从未谋面的陌生人汇款或告知个人基本信息的行为。

三、想象与创造性思维的培养

想象力是创造性思维的基础,有了大胆的想象,科学才能不断发展,时代才能不断前进。

(一)培养想象力,为创造性思维打好基础

想象力的培养应从婴幼儿开始。首先要扩大幼儿视野,丰富幼儿生活经验。引导孩子去听、模仿、观察,增加表象的内容和想象素材。有一次一个老师问:"花儿为什么开了?"在座的幼儿说出了各种各样的答案,如有的说这是因为花骨朵伸了个懒腰就张开了;有的说太阳公公照在身上暖暖的,小花就开了;有的说小花也想比比谁更漂亮;还有的则说小花偷偷张开眼睛,看有没有人偷摘花朵……听了这些丰富多样的回答,老师就收起了自己预先准备的教案,上面的答案是:"春天来了,天气暖和了,所以花开了。"可见,幼儿的想象力极其丰富。

激发学生丰富的想象力是创新型人才培养的重要途径。在教学中教师应重视对学生想象力的培养。教师与学生的视角不同,所以对待想象成果会有不同的态度,这就需要教师保持一颗童心,多了解随着时代发展出现的儿童读物、科幻片、动画片等,多与学生轻松地玩,互相交流,激发想象力。各科教学中都有着丰富的想象力训练材料,如语文教学中可以培养学生的语言想象力,即根据别人的语言描述,对材料中的文字说明或图进行想象,将表象进行适度的构思、加工,从而创造出新形象。在物理教学中,可以通过演示力、热、光、电的实验激发学生的好奇心和想象力。教学中还可以把小品、相声、戏剧、课本剧等形式引入课堂,让学生扮演不同的角色进行表演,从而激发学生的想象力。

(二)积累丰富的知识经验

丰富的知识经验是想象力的基础。经验越丰富、知识越渊博,想象力就越广阔,才能产生创造力。多接触、观察、体验生活,并有意地在生活中捕捉形象,积累表象,才能为想象力的激发提供条件。在一幅漫画里,一个父亲用苹果敲儿子的头,希望他也能像牛顿那样有所发现。事实上,牛顿发现万有引力并不只是因为偶然地看到苹果落地,而是因为平时他已经在思考:"是什么力量驱使着月球围绕地球转？为什么月球不会掉落在地球上？"当发现熟透的苹果会落地时，激发了他的想象，从而发现了苹果落地、雨滴降落和行星沿着轨道围绕太阳运行都是重力作用的结果。事实上，牛顿万有引力定律是建立在数学知识基础上的。因此丰富的知识经验是想象力发展所必需的。

（三）创造有利于想象的环境

传统教育模式下，个体随着年龄增长，想象力水平却有所下降，成年人的想象力反而不如儿童。我国传统教育忽视想象力培养的问题，想象力匮乏直接影响创造力的发挥。

为提升儿童想象力水平，应该创造有利于想象的环境。首先，保护好奇心。儿童会问一些成人看起来"很奇怪"的问题，成人感到荒诞不经，会倾向于嘲笑、蔑视儿童。儿童早年的想象力未得到保护就会衰退。其次，要对错误适度宽容，使人们敢于抛弃固有的套路和方法，以不同的方式理解事物，以多样的手法表现同一主题，发挥独特的想象力。再次，还要鼓励幻想。幻想是创造活动的前奏。儿童强烈的好奇心、求知欲都应该得到鼓励和肯定。最后，提供丰富的学习环境。除了教室外，美术馆、动物园、图书馆、操场、陶吧、花圃等都是很好的学习环境，只有在浓厚的文化氛围中，想象力和灵感才会被激发出来。生活、学习中接触的事物越多，材料越丰富，活动的空间越广，就意味着创造性思维对象在数量上的增多，思维的广度得到拓展。

（四）培养发散思维能力

发散思维是指倘若一个问题可能有多种答案，那就以这个问题为中心，思考的方向往外散发，找出适当的答案越多越好，而不是只找一个正确的答案。如问"砖头有多少种用途"，答案可以是五花八门的：造房子、砌院墙、铺路、刹住停在斜坡的车辆、用做锤子、压纸头、代尺画线、垫东西、搏斗的武器等。数学教学中的"一题多解"、作文教学中的"一事多写"，都是培养发散思维能力的方式。

培养学生的发散思维，在引导学生吃透问题、把握问题实质的前提下，关键是使学生能够打破思维的定势，改变单一的思维方式，运用联想、想象、猜想、推想等尽量地拓展思路，从问题的各个角度、各个方面、各个层次进行顺向或逆向、纵向或横向的灵活而敏捷的思考，从而获得众多的方案或假设。

（五）善用头脑风暴法

头脑风暴法是一种激发创造性思维的方法。头脑风暴通过小型会议的组织形式，让所有参加者在自由愉快、畅所欲言的气氛中，自由交换想法或点子，并以此激发与会者的创意及灵感，使各种设想在相互碰撞中激起脑海的创造性"风暴"。

群体决策中，由于群体成员心理相互作用的影响，易屈服权威和大众意见，削弱群体的创造力，不利于决策质量。头脑风暴法是改善这种状况的典型方法。头脑风暴法可分为直接头脑风暴法和质疑头脑风暴法。前者是在专家群体决策尽可能激发创造性,产生尽可能多的设想的方法;后者则是对前者提出的设想、方案逐一质疑,分析其现实可行性的方法。

头脑风暴法的操作程序如下。

1. 准备阶段

负责人应事先对议题进行研究,弄清问题的实质,设定解决问题所要达到的目标。选定参会人员 5~10 人,然后将会议的时间、地点、所要解决的问题、可供参考的资料和设想、需要达到的目标等事宜提前通知与会人员,让大家做好准备。

2. 热身阶段

此阶段的目的是创造一种自由、宽松的氛围,进入一种无拘无束的状态。主持人宣布开会后,先说明会议的规则,然后随便谈点有趣的话题或问题,让大家的思维处于轻松和活跃的境界。如果所提问题与会议主题有着某种联系,人们便会轻松自如地进入会议议题,效果自然更好。

3. 明确问题

主持人扼要介绍有待解决的问题,力求简洁、明确。

4. 重新表述问题

经过一段讨论后,大家对问题已经有了较深程度的理解。这时,为了使大家对问题的表述能够具有新角度、新思维,主持人或书记员要记录大家的发言,并对发言记录进行整理、归纳,找出富有创意的见解,以及具有启发性的表述,供下一步畅谈时参考。

5. 畅谈阶段

畅谈是头脑风暴法的创意阶段。为了使大家能够畅所欲言,需要制订的规则是:第一,不要私下交谈,以免分散注意力;第二,不妨碍他人发言,不去评论他人发言,每人只谈自己的想法;第三,发表见解时要简单明了,一次发言只谈一种见解。主持人首先要向大家宣布这些规则,随后引导大家自由发言、自由想象、自由发挥,使彼此相互启发,相互补充,畅所欲言。最后,主持人安排将会议发言记录进行整理。

6. 筛选阶段

会议结束后的一二天内,主持人应向与会者了解大家会后的新想法和新思路,以此补充会议记录;然后将大家的想法整理成若干方案,再根据设计的一般标准如可识别性、创新性、可实施性等进行筛选;经过多次反复比较和优中择优,最后确定 1~3 个最佳方案。这些最佳方案往往是多种创意的优势组合,是大家的集体智慧综合作用的结果。

头脑风暴法的正确运用,可以有效地发挥集体的智慧。

 推荐电影

《美丽心灵》

《美丽心灵》是一部关于一个真实天才的故事,其原型是数学家小约翰·福布斯·纳什。纳什有很高的数学天分,但却不合群、不善社交,他不能容忍自己哪怕是微不足道的失败,连和同学下棋失败都会行为失控。看着周围的同学相继发表了多篇论文,而自己却没有找到博士论文的主题,他更加焦虑、行为古怪。在大学里他已经产生了幻觉——想象出一个根本不存在的、和自己性格完全不同的大学室友。在酒吧里,他从众多男生对美女的反应上引发了灵感,在把四个同学想象成竞争对手,共同追求这个美女或她的同伴时,脑海里酝酿的想法突然变得清晰起来。最终他撰写出了博弈论论文"竞争中的数学",这一创新成果实现了他进入麻省理工学院惠勒研究室的梦想。

作为科学家的纳什一心想发挥自己的数学才能,为冷战时期的国家安全做出贡献,这导致他产生了新的幻觉——为他安排破解密码任务的特工。在科学研究与幻想的双重压力下,纳什患上了妄想症。这期间,妻子艾利西娅的爱情和精心维护家庭给了他很大的支持,使他直面疾病。依靠强大的意志力量,他能够忽略幻觉的存在,并继续投身数学研究。随着身体逐渐康复,他也迎来了事业上的辉煌时刻,由于在博弈论领域的奠基性工作,1994年他获得了诺贝尔经济学奖。

点评与反思:创造性思维的特征是运用独特的方式方法,积极主动去解决问题。这就是创造性思维的非常规性,也就是不合逻辑的思维方式和违反常规解决问题的方法,是一种更多地依靠非逻辑思维、打破常规、另辟蹊径的思维活动。纳什的学术巅峰正是他一生中最轻狂的时候——使他拿到诺贝尔奖的不是其后来踏踏实实的工作,而是他20岁左右处于极端自负的时候在博弈论上的成果。纳什能够打破常规,运用独特的方式方法提出问题和解决问题,最后获得了学术界的认可。

 实践与实验指导

1. 打破功能固着问题

(1)有两条绳子,吊在一间空屋的天花板上。这两条绳子离得很远,如果你抓住一条绳子的一端,你就抓不到另一条绳子。问题是,如何只用一把剪刀就把两条绳子的两端绑在一起。

(2)把一瓶开了盖的啤酒放在地毯的中间。你需要把啤酒从地毯上拿开。不

过你身体的任何部位都不能碰到啤酒瓶,并且一滴酒都不能洒出来。

(3)有一张报纸,要你和一个朋友站在上面,但是二人都不能碰到对方,当然你们不能站在报纸外。

(4)试着把一个篮球丢出去,让它在一段短距离之后停下来,然后沿着相反的方向回来。不能弹球,也不能用东西击球,或把别的东西绑在球上。看看能否想出两种方法解决这个问题。

2. 顿悟问题

有个小马戏团,有一些马和骑士,他们一共有18个头和50只脚;除此之外马戏团还有森林动物,一共有11个头和20只脚。森林动物中,四脚动物是二脚动物的两倍。马戏团中一共有多少马、骑士和森林动物?

3. "八张牌"问题

这八张牌的初始状态和和目标状态如图所示。在9个格子组成的正方形盘格(a)里有8个数字和一个空格,每次只能用一个数字格里的数字与空格交换位置来移动数字。要达到目标状态(b)该如何操作?

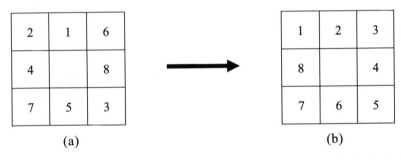

解决这个问题最佳操作要经过26步,人们很难预想确定,但若分成几个小目标,即经过几个中间状态来达到目标,就容易得多了。尝试操作一下。

4. 两人一起玩取棋子游戏。游戏规则:有10枚棋子,双方轮流取,每次最多可以取走3个,每次抓取不能为空,即每次可以选择取1或2或3个棋子,谁抓到最后一枚就算输。

请用逆向搜索的问题解决策略,思考如何进行游戏,确保不论是先手还是后手,自己每次都能赢。

 复习思考题

一、名词解释

思维　问题解决　功能固着　创造性思维　头脑风暴法

二、简答题

1. 简述思维的概念及特征。

2.简述思维的形式。

3.影响问题解决的心理因素有哪些？

三、论述题

1.什么是头脑风暴法？论述头脑风暴法的操作程序。

2.爱因斯坦说："想象比知识更重要，因为知识是有限的，而想象力概括着世界上的一切，推动着进步，并且是知识进化的源泉，严格地说想象力是科学研究中的实在因素。"试根据这句话分析想象和创造性思维的关系，并分析如何培养学生的想象和创造性思维能力。

四、案例分析

1968年，美国内华达州一位叫伊迪丝的3岁小女孩告诉妈妈，她认识礼品盒上"OPEN"的第一个字母"O"。妈妈非常吃惊，问她怎么认识的。伊迪丝说："是薇拉小姐教的。"母亲表扬了女儿之后，一纸诉状把薇拉小姐所在的劳拉三世幼儿园告上了法庭。因为她认为女儿在认识"O"之前，能把"O"说成苹果、太阳、足球、鸟蛋之类的圆形东西，然而自从劳拉三世幼儿园教她识读了26个字母，伊迪丝便失去了这种能力。她要求该幼儿园对这种后果负责，赔偿伊迪丝精神伤残费1000万美元。诉状递上之后，在内华达州立刻掀起轩然大波。幼儿园、一些家长、她的律师等都认为她小题大做，打官司纯属浪费精力。然而，这位母亲坚持要把这场官司打下去，哪怕倾家荡产。三个月后，此案在内华达州立法院开庭。最后的结果出人意料：劳拉三世幼儿园败诉。

请结合有关想象力和创造性培养的有关理论，谈谈你对伊迪丝母亲观点及其做法的看法。

主要参考文献

[1] 刘爱伦,水仁德.思维心理学[M].上海:上海教育出版社,2002.

[2] 邵志芳.思维心理学[M].上海:华东师范大学出版社,2001.

[3] 王雁.普通心理学[M].北京:人民教育出版社,2002.

[4] 彼德·罗赛尔.大脑的功能与潜力.付庆功,腾秋立,译.北京:中国人民大学出版社,1988.

[5] 梁良良,黄牧怡.走进思维的新区:当代创意思维训练指南[M].北京:中央编译出版社,1996.

[6] 施建农,徐凡.发现天才儿童[M].北京:中国世界语出版社,1999.

[7] 陈俊,刘勇.教与学心理案例[M].广州:广东高等教育出版社,2002.

[8] 戈登·德莱顿,珍妮特·沃斯.思维的革命——通向21世纪的护身符[M].刘晓旭,译.贵阳:贵州人民出版社,1999.

第七章 情 绪

案例 7-1

老英雄周铁胆误杀爱子

金庸所著的武侠小说《书剑恩仇录》中讲到,铁胆庄庄主周仲英因为官差将躲藏在自家地窖里的红花会英雄抓走而发怒。他得知是小儿子被言语相激,不愿意被说是小狗熊而逞英雄好汉,暴露了地道口,怒气不可抑制,喝道:"英雄好汉是这样做的么?"右手一挥,两枚铁胆向对面墙上掷去。岂知周英杰便在这时冲将上来,要扑在父亲的怀里求饶,脑袋正好撞在一枚铁胆之上。周仲英大惊,忙抢上抱住儿子,此时为时已晚,无法抢救。①

老英雄周铁胆在盛怒之下,因情绪失控误杀了爱子,追悔莫及。这个事例说明强烈的情绪波动会使人失去理智,往往做出意想不到或令人追悔莫及的事情来。而长期处于某种过于强烈的情绪或消极情绪之下,会严重影响身心健康。

第一节 情绪、情感概述

一、情绪

(一) 情绪的概念

情绪是人对客观事物是否符合自己需要的态度体验,包括内心感受及相应的行为反应,体现着客观事物与人的主观需要之间的关系。

情绪的构成包括三个层面:(1)认知层面,情绪是一种主观体验,是人的一种自我觉察,如一个人感到"高兴"或"痛苦"等;(2)生理层面,情绪有生理唤醒的机

---

① 金庸.书剑恩仇录[M].广州:广州出版社,花城出版社,2001:83.

制,如激动时血压升高、愤怒时浑身发抖、紧张时心跳加快等;(3)外部行为表现,通过言语表情、面部、体态、身段表情等表达情绪。这三个层面的共同活动构成完整的情绪体验过程。

 知识卡片7-1

认知决定情绪

1962年,沙赫特(S. Schachter)和辛格(J. E. Singer)开展了一项情绪实验。他们给被试注射肾上腺素,这种药物能使人出现心悸、脸红、呼吸加快、血压升高等生理变化。他们把被试分成三组:对第一组(知情组),主试如实地告知注射药物后可能引起的反应;对第二组(假知情组),主试谎说药物会使他们感到双脚发麻、头痛等,此乃虚假信息;对第三组(不知情组)则什么也不说。

药物注射后,各组被试被随机分为两组,分别被带入两个休息室中等候。一个休息室里是令人愉快的场景,实验者事先安排的助手唱歌、跳舞,制造出令人愉快的情景;而在另一个休息室里,则充满了令人生气的气氛,实验者安排的助手在那里跺脚、怒骂,强迫被试填写繁琐的问卷,并对其他被试横加指责,制造出不愉快的场景。

实验的假设是:如果生理因素单独决定情绪,那么三个实验组的被试应产生同样的情绪;如果环境因素单独决定情绪,那么,所有进入"愉快情境"中的被试都应该显得愉快,而所有进入"愤怒情境"中的被试都应该显得气愤。实验结果是:第一组(知情组)被试在房间里表现得相对平静,不大理会实验助手的行为;而第二组(假知情组)和第三组(不知情组)被试则倾向于追随实验者助手的行为,表现出愉快或气愤。这表明生理因素和环境因素都不能单独地解释情绪产生的机制。

根据这一实验的结果,沙赫特与辛格提出了情绪的激活—归因理论,即认为环境刺激激起了生理反应,而个体对这种生理反应的归因决定了情绪的性质。知情组的被试对自己的生理反应已有正确的了解,从而不再从环境中去寻找解释,因此在各种情境下都比较平静;而假知情组和不知情组的被试,由于对自身的生理反应不能做出恰当的说明,就将其归因于外部情境,并产生了与情境一致的情绪。

沙赫特和辛格认为,情绪的产生是环境刺激、生理变化、认知过程这三种因素整合作用的结果,其中认知过程起着最为关键的作用。

需要是情绪产生的重要基础,根据需要是否获得满足,情绪具有肯定或否定的性质。凡是能够满足已激起的需要或能促进这种需要满足的事物,便能引起肯定的情绪,如喜爱、愉快等;相反,凡是不能满足这种需要或可能妨碍这种需要得到满足的事物,便引起否定的情绪,如憎恨、苦闷等。

情绪有两极性,如积极与消极、激动与平静、强与弱、紧张与松弛、增力与减力等两两相对的极端表现。一般而言,个体的需要得到满足时,产生的肯定情绪是积极的、增力的,能提高人的活动能力;相反,个体的需要得不到满足时,产生的否定情绪则是消极的、减力的,降低人的活动能力。但否定情绪有时也可以产生增力,这取决于个体,比如同样是否定的情绪下,有人就会"化悲痛为力量"、"变压力为动力"、"知耻而后勇",等等。

(二)情绪的种类

1. 基本情绪

基本情绪又称原始情绪,在情绪的发生历史上最早出现,主要有快乐、愤怒、悲哀、恐惧四种形式。[①]

(1)快乐

快乐是一种追求并达到目的时所产生的满足体验。它具有正向性色调,使人产生超越感、自由感和接纳感。快乐的程度可以是满意、愉快、异常欢喜、狂喜等,其强度取决于愿望满足的程度。

(2)愤怒

愤怒是人由于受到干扰而不能达到目标时所产生的体验,尤其是意识到某些不合理的或充满恶意的因素存在时。愤怒的程度可以是轻微不满、生气、愠怒、大怒、暴怒等。

(3)悲哀

悲哀是在失去心爱的对象或者愿望破灭、理想不能实现时所产生的体验。悲哀的程度取决于对象、愿望、理想的重要性与价值,有遗憾、失望、难过、悲伤、哀痛等。哭泣就是由悲哀引起的紧张的释放。

(4)恐惧

恐惧是企图摆脱、逃避某种危险情景时所产生的体验。引起恐惧的重要原因是缺乏处理可怕情景的能力与手段。恐惧的程度可分为陌生、不安、担心、惊恐、惧怕、恐惧等。

2. 复合情绪

复合情绪是由几种基本情绪复合形成的,是由外界或体内刺激所引起的、伴随着知觉而产生的情绪体验。刺激性质可以是温和的,也可以是强烈的,如疼痛

---

① 李新旺.心理学[M].北京:科学出版社,2003:139.

引起的烦恼与急躁情绪。

（1）与自我评价有关的情绪

与自我评价有关的情绪是由对自己言行的评价而引起的体验,与自己所掌握的行为准则及做事的成败有关,如羞耻、内疚、悔恨、自满、失望、沮丧等。

（2）与人际关系有关的情绪

与人际关系有关的情绪是由自己与他人的关系所引起的、总是指向他人的体验,如同情、慈爱、依恋、爱情、嫌弃、憎恨、仇恨等。

（3）与欣赏有关的情绪

与欣赏有关的情绪是由于对艺术的欣赏而引起的体验,如惊奇、敬畏、滑稽、美感等。

（三）情绪状态

依据情绪发生的强度、速度、紧张度、持续性等指标,可以将情绪分为心境、激情和应激等几种情绪状态。[①]

1. 心境

心境是一种具有感染性的、比较平稳而持久的情绪状态。当人处于某种心境时,会以同样的情绪体验看待周围事物。平稳的心境可持续几小时、几周或几个月,甚至一年以上。心境的主要特点是具有渲染性和弥散性。当一个人处于某种心境时,他的言行、举止和心理活动都蒙上了相应的情绪色彩,这就是情绪的渲染性。心境不具有特定的对象,而是作为情绪的总背景起作用。

心境有积极和消极之分,积极的心境使人振奋乐观,有利于身心健康;消极的心境使人颓废悲伤。如《红楼梦》中的林黛玉就总是处于一种低沉的心境状态,很容易伤感,见花落泪、对月伤怀。

2. 激情

激情是一种爆发快、强烈而短暂的情绪体验。如在突如其来的外在刺激作用下,人会产生勃然大怒、暴跳如雷、欣喜若狂等情绪反应。在这样的激情状态下,人的外部行为表现比较明显,生理的唤醒程度也较高,因而很容易失去理智,甚至做出不顾一切的鲁莽行为。激情具有爆发性和冲动性的特点。整个激情发生过程十分迅猛,大量的心理能量和身体能量在短时间内喷出,在激情状态下意志往往失去对行为的控制力,如"身不由己"、"情不自禁"的感觉。

激情也有积极和消极之分,积极的激情表现可以使人的情感完全投入当前的活动中,产生相应的激情效应。如在见义勇为的特定环境中,积极的激情尤为突出;同时,由于消极的激情的作用造成"一失足成千古恨"的例子也很多。

---

① 黄希庭.心理学与人生[M].广州:暨南大学出版社,2005:197.

3. 应激

应激是指在意外的紧急情况下所产生的适应性反应。当人面临危险或突发事件时,身心会处于高度紧张状态,引发一系列生理反应,如肌肉紧张、心率加快、呼吸变快、血压升高、血糖增高等。例如,当遭遇歹徒抢劫时,人就会产生上述生理反应,从而积聚力量进行反抗。但应激的状态不能持续过久,因为这样很消耗人的体力和心理能量,若长时间处于应激状态,可能导致适应性疾病的发生。

应激具有超压性和超负荷性。所谓超压性,是指在应激状态下,个体往往会在心理上感觉到超乎寻常的压力,无论是处于危险情境的应激状态还是处于紧要关头的应激状态,都会由于客观事物的强烈刺激而导致个体承受巨大的心理压力,并集中反映在情绪的高度紧张中,这就是情绪的超压性。应激状态下,个体必然会在生理上承受超乎平常的负荷,以充分调动体内的各种机能去应急。

(四)情绪的生理机制

案例 7-2

盖奇的故事[①]

大脑额叶损伤能够改变一个人的人格,解除个人对自己的各种抑制。1848年一个下午,25岁的铁路工人菲尼亚斯·盖奇在用一个烙铁的填塞物把火枪塞入岩石中时,一个火花点燃了火枪,一根铁棍从他的左脸颊射入,并从头骨顶部穿出,从而使他的大脑额叶大面积损伤。令所有人感到惊奇的是,盖奇马上坐了起来并能够说话,痊愈后他就回单位上班了。可是情况发生了改变,尽管他的智力和记忆力仍然完整,但由于额叶的损伤,他的人格随之缺失了,以前那个和蔼可亲、说话温柔的盖奇变得易怒、粗俗、不诚实。他最终失去了工作,后来只能靠展览自己来维持生计,他的朋友们都说这个人"不再是盖奇了"。同样,在另外两个额叶受损的年轻人身上也出现了类似的道德丧失的现象。他们身体虽然都康复了,但均表现出了偷盗、撒谎、辱骂、忽略自己未成年的孩子而不内疚、本人家庭背景良好却似乎缺乏是非感等行为特征。

现代神经科学研究发现,情绪加工的特点和性质与大脑的结构和功能密不可分。情绪中枢的主要结构涉及杏仁核和以杏仁核为核心的广泛联结的神经环路,包括:前额叶皮层,眶额回皮层;扣带回皮层,特别是前扣带回皮层;下丘脑、杏仁

[①] 戴维·迈尔斯.心理学[M].黄希庭,等译.人民邮电出版社,2006:69.

核、海马;腹侧黑质、隔区和中脑边缘核团等。它们可能构成了情绪的觉察、评价和调控系统。并且左脑半球更多地与积极情绪相关,右脑半球更多地与消极情绪相关。

美国心理学家奥尔兹(J. Olds)用埋藏电极法进行了"自我刺激"的实验,发现下丘脑和边缘系统等部位存在着"快乐中枢"和"痛苦中枢"。实验者在白鼠下丘脑的相应部位埋上电极,电极通过电线与一个起开关作用的杠杆和电源相连。将白鼠放入一个可以按压杠杆的箱子里,当白鼠按压杠杆时,电源就会接通,埋藏的电极就会向白鼠脑部发出一个微弱的电刺激,使其产生快乐的体验。这样,白鼠就不断地按压杠杆,以获得电刺激产生快乐感。有的白鼠竟以每小时5000次的频率去按压杠杆,并能连续按压15~20小时,直到筋疲力尽为止。如果在下丘脑以外的脑部埋电极,则没有出现上述情形,或者快乐效果不明显。由此推断,白鼠的下丘脑存在一个"快乐中枢"。此外,在下丘脑的其他部位还有"痛苦中枢",当这一区域受到电刺激后,白鼠就会产生痛苦的情绪,以至于白鼠宁愿挨饿也不敢去碰与电极相连的食物,进而促使它们学习按压另一杠杆,以截断对其脑部的电刺激。

有人把"自我刺激"的实验方法运用于病人身上。当用电脉冲刺激病人的下丘脑某些部位时,病人会面带微笑,表现出高兴的样子。病人在描述自己对刺激的感觉时,也说有良好的感觉。这说明人的下丘脑有可能存在着"快乐中枢"。

(五)情绪的生理反应

情绪的发生通常总是伴随着外部表现和内部生理功能的变化。情绪的外部表现是可以直接观察到的某些行为特征,称为表情;同时,在情绪活动中也常常伴随着由于植物性神经系统的功能改变而引起的体内生理功能变化,称为情绪生理反应。

1.情绪的外部表现

情绪体验的表情主要有面部表情、言语表情和动作表情三种。

面部表情是指面部的表情动作,是情绪表达的主要通道。人类的面部表情可以用额眉部、眼鼻部和口唇部的变化来标志,这三个部分肌肉运动的不同组合,就构成了不同的面部表情,表达着相应的情绪。例如,人在愉快时,额眉部放松,眉毛稍降;眼鼻部眼睛眯小,面额上提;口唇部嘴角后收、上翘等。研究还表明,植物性神经系统的变化也会在面部表情中体现出来,例如人在羞愧时脸因血管舒张而变红,恐怖时因血管收缩而苍白。

言语表情是情绪在语言的音调与节奏、速度等方面的表现。人在高兴时音调轻快,悲哀时声音低沉缓慢,愤怒时说话声大严厉。很多优秀的演说家就是靠他们的言语表情去打动和说服听众的。同一句话,由于说话者语气、语调的不同,往往能给听话者以完全不同的感受。

动作表情是情绪在身体姿势和四肢动作方面的表现,以手脚部位的运动为主。在不同的情绪状态下,人们的动作表现往往也会不同。例如,欢乐时手舞足蹈、悔恨时捶胸顿足、惧怕时手足无措、悲哀时肃立低头等。所以根据动作也能在一定程度上识别人的情绪。

表情是人与人之间表达态度、交流思想的重要手段,它能表达很多语言无法表达或者不便表达的心理内容。语言可以是心口不一,而察言观色则可以帮助发现真实的心理状态。当然,也有人有意识控制自己的表情,以隐藏自己真正的情绪和态度。

2. 情绪的生理反应

人在情绪状态下机体会出现许多生理反应,主要是受植物性神经系统和内分泌系统的影响,受人主观意识影响较小。如果用特定的仪器把这些反应记录下来,就可以作为情绪活动的客观指标。例如,心率、血压、脉搏、呼吸、心电、脑电、皮肤电等,均可以作为反映情绪变化的生理指标。

不同情绪状态下,呼吸频率和深度会有所变化。愤怒时呼吸每分钟可达40~50次(平静时约20次);突然惊恐时,呼吸会暂时中断;狂喜或悲痛时,呼吸还会发生痉挛现象。不同情绪状态下脑电波也会发生变化。通常清醒、安静、闭目状态时,脑电呈现α波;紧张焦虑时,出现高频率、低振幅的β波;熟睡时出现低频率、高振幅的δ波。

情绪变化时,会引起循环系统活动的变化,如心跳速度和血压的变化、血液化学成分的变化、外周血管的收缩与舒张等。情绪变化往往还会引起各种内分泌腺(如肾上腺、胰腺)和外分泌腺(如泪腺、消化腺)活动的变化。例如,焦虑、悲伤时消化腺的活动往往受到抑制,使肠胃蠕动减慢;惊恐、愤怒时唾液腺停止分泌,人感到口干舌燥;紧张、激动时肾上腺素的分泌增加,人会脸红心跳;惊恐、困惑、紧张时,汗液分泌会发生变化,汗液中含有大量的导电离子,会改变皮肤的导电性。

利用情绪的生理反应特性,科学家们研制了用于测定情绪的测谎仪。测谎仪在司法领域有着重要的应用价值,但是由于能引起人生理变化和紧张反应的因素很多,有些很难预测和控制,因此测谎仪记录的结果只能作为参考,不能作为判定事实的依据。

 知识卡片7-2

测 谎 仪

测谎仪(Polygraph),也叫多项记录仪,是一种记录多项生理反应的仪器,可以在犯罪调查中用来协助侦讯以了解嫌疑人的心理状况,从而判断其是否涉及刑案。准确地讲,测谎不是测谎言本身,而是测心理所受刺激引起的生理参量的变化。所以测谎应科学而准确地叫做"多参量心理测试","测谎仪"应叫做"多参量心理测试仪"。

人在说谎时生理上会发生一些变化,有一些肉眼可以观察到,如出现抓耳挠腮、腿脚抖动等一系列不自然的动作。还有一些生理变化是不易察觉的,如呼吸速率和血容量异常,出现呼吸抑制和屏息;脉搏加快,血压升高,血输出量增加及成分变化,导致面部、颈部皮肤明显苍白或发红;皮下汗腺分泌增加,导致皮肤出汗,双眼之间或上嘴唇首先出汗,手指和手掌出汗尤其明显;眼睛瞳孔放大;胃收缩,消化液分泌异常,导致嘴、舌、唇干燥;肌肉紧张、颤抖,导致说话结巴。这些生理参量由于受植物神经系统支配,所以一般不受人的意识控制,而是自主的运动,在外界刺激下会出现一系列条件反射现象。

测谎仪由传感器、主机和电脑组成。传感器与人的体表连接,采集人体生理参量的变化信息;主机将传感器所采集的模拟信号经过处理转换成数字信号;电脑将输入的数字信号进行存储、分析,得出测谎结果。常用的传感器有:戴在手指上的皮肤电传感器,用来测量皮肤电阻的变化;呼吸传感器系在人的胸部,测量人呼吸的变化;脉搏和血压传感器戴在人腕部或臂部,测量人脉搏和血压的变化。测谎技术是一种心理测试技术,是以生物电子学和心理学相结合,借助计算机手段完成对人物心理的分析。按照心理学的理论,每个人在经历了某个特殊事件后,都会毫无例外地在心理上留下无法磨灭的印记。作案人在作案后随着时间的延续,心里会反复重现作案时的各种情景,琢磨自己可能留下的痕迹,甚至想不琢磨都无法克制。每当被别人提及发案现场的一些细节时,作案人的这种烙印就会因受到震撼而通过呼吸、脉搏和皮肤等各种生物反应暴露出来。这种细微的反应被测试仪器记录下来后,便汇集形成或者知情、或者参与的结论。

二、情感

情感和情绪的相同之处在于,两者都是人对客观事物是否满足自己的需要而产生的态度体验,不同之处在于,情绪是更倾向于个体基本需求欲望上的态度体验,而情感则是更倾向于社会需求欲望上的态度体验。

(一)情感的类型

1.道德感

道德感是人根据一定的社会道德标准,对思想、行为做出评价时所产生的情感体验。当自己或他人的言行符合道德规范时,对自己会产生自豪、欣慰等情感,对他人会产生敬佩、羡慕、尊重等情感;相反,不符合道德规范时,对自己会产生自责、内疚等情感,对他人会产生厌恶、憎恨等情感。

2. 理智感

理智感是在认知活动中,人们认识、评价事物时所产生的情绪体验,如发现问题时的惊奇感、分析问题时的怀疑感、解决问题后的愉快感、对成果的坚信感等。理智感常常与智力的愉悦感相联系。

3. 美感

美感是根据一定的审美标准评价事物时所产生的情感体验,是人对自然和社会生活美的一种体验,如对优美自然风景的欣赏、对良好社会品行的赞美等。美感的产生受思想内容及审美标准的制约,不同的国家、民族、个人审美标准不同,美感也就不尽相同。

(二)情绪、情感的关系

情绪和情感是密不可分的。稳定的情感是在情绪的基础上形成的,也是通过情绪反应表达的。情绪的变化常含着情感,往往也反映着情感的深度。

情绪和情感的区别主要表现在以下三个方面。

1. 需要角度

情绪更多的是与人的物质或生理需要相联系的态度体验,如酒足饭饱后感到高兴,生命安全受威胁时感到恐惧等;情感更多是与人的精神和社会需要相联系,如交往需要得到满足产生的友谊感、获得成功后产生的成就感等。

2. 发生早晚

情绪发生早,情感发生晚。人一出生就有情绪反应,但没有情感。情绪是人和动物共有的;情感是人特有的,随着年龄增长,在社会化的过程中逐渐形成的。

3. 反应特点

情绪具有情境性、激动性、暂时性、表现性与外显性。如野外碰到老虎感到恐惧,到了安全的地方恐惧就会消失;情感则具有稳定性、持久性、深刻性与内隐性,如父辈对儿女寄予的殷切期盼、深沉的爱就充分体现了这些特点。

情绪、情感在个体心理与行为发展中有重要作用。首先,情绪具有激发动机的功能,快乐、热爱、自信等积极情绪会提高人的活动能力,而痛苦、厌烦、自卑等消极情绪会降低活动能力,有些情绪兼有增力和减力两种动力性质,如悲痛可以使人消沉,也可以使人化悲痛为力量。其次,情绪、情感对于人们的认知过程具有或积极或消极的影响作用。良好的情绪、情感会提高大脑活动的效率,提高认知操作的质量;而不良的情绪如恐惧、悲哀、愤怒等,会干扰或抑制认知功能,对认知活动有瓦解作用。再次,情绪具有维持健康的功能。积极的情绪有助人的身心健康,消极的情绪会引起各种疾病。我国古代医书《黄帝内经》中就有"怒伤肝,喜伤心,思伤脾,忧伤肺,恐伤肾"的记载。最后,情绪、情感是社会交往中的一种心理表现形式。它的外部表现是表情,具有信号传递作用,属于非语言交流。人们可以凭借一定的表情来传递情感信息和思想愿望。

第二节 情绪调节与控制

情绪影响人的整个身心状态以及学习和工作的效率。积极的情绪使人笑对人生、体验幸福,还能激发创造热情,也给别人以良性感染,提高自己和他人的生活质量;消极情绪会困扰人,容易导致身心疾病。这就需要人们掌握控制和调节自己的情绪的方法,维持情绪健康。

一、保持积极情绪

积极情绪状态的基调应该是愉快、兴趣以及学习、工作时的适度紧张。由于情绪是在需要的基础上产生的,要想保持积极的情绪状态,须从个体的需要着手,通过控制对需要的满足程度的评价来实现情绪的调节。

要有健康的情绪就要先有合理的观念。观念不同,情绪会有天壤之别。

（一）换角度思考

人和事物都存在积极和消极的因素,多注意和挖掘积极而有建设意义的一面,忽略消极的一面,对情绪健康很有好处。例如有一个老太太,有两个女儿,大女儿嫁给了卖伞的商人,小女儿嫁给了卖鞋的商人,可从此她就整天闷闷不乐,原来晴天时她发愁大女儿家的雨伞卖不出去,雨天她又担心小女儿家的鞋没人买,整天忧心忡忡。后来有个人对她说:"老太太,好福气呀！一下雨,您大女儿的生意就特别好,天一晴您小女儿那儿又顾客盈门,真让人羡慕啊。"老太太一听豁然开朗,从此就这样常想常乐了。可见,注意积极得到积极结果,注意消极得到消极结果。

（二）换位思考

很多情绪问题往往因为当事人只想着自己的需要和感受而不去了解别人的需要和感受,认为别人都应该和自己一样,这完全不切实际,肯定会感到烦恼。传说古代的鲁国城郊飞来了一只海鸟。鲁王从来没见过这种鸟,以为是神鸟,就派人把它捉来,亲自迎接供养在庙堂里。鲁王为了表示对海鸟的爱护和尊重,吩咐把宫廷最美妙的音乐奏给鸟听,用最丰盛的筵席款待鸟吃。可是鸟被弄得眼花缭乱,吓得神魂颠倒,连一片肉也不敢吃,一滴水也不敢沾,只两三天就饿死了。可见,多耐心地了解别人,站在别人的立场看问题是多么必要。

(三) 适时转换角色

每个人在社会中都担任多种不同的角色,做好角色转换可以使我们更好地与人相处,使人际关系融洽。比如在单位是领导,回到家里在父母面前就是儿女了,如果把单位的状态带到家里,端茶倒水的都不干就不合适。所以要有意识地根据所处的环境、面对的人调整态度和行为方式。

(四) 宽容,不过度追求完美

宽容是保持积极情绪状态的基本条件。世界上没有完美,人也无完人,如果一味苛求完美就是自寻烦恼了。宽容一方面是要适度宽容自己所犯的错误,避免过度焦虑;同时更要宽容别人。俄国作家屠格涅夫说:"不会宽容别人的人,是不配受到别人宽容的。但谁又能说是不需要宽容的呢?"正如山不让尘所以成其高,水不辞盈所以成其深,要快乐、要成长,就要悦纳自己、悦纳他人。

(五) 掌握情绪规律,进行自我教育

通过了解情绪的知识和调节方法,经常自我反省、自我教育,及时将情绪垃圾化解掉,让心情能够轻装前进;同时有意识地观察和掌握自己的情绪变化规律,知道什么样的生理、心理或外部因素会影响自己的情绪,在情绪陷于低谷时,用适合自己的方式进行预防,防患于未然。良好的生活作息习惯,比如生活规律、睡眠充足、劳逸结合、适度运动等,都可以对情绪产生积极地影响。

二、控制消极情绪

常见的不良情绪有愤怒、恐惧、悲伤、焦虑、自卑、抑郁等,并且一种不良情绪可能又诱发别的不良情绪,所以应及时采取措施加以调节和控制。

(一) 痛苦与悲伤

1. 痛苦与悲伤

痛苦是人最普遍、最一般的负性情绪,是由负性刺激因素引起的身体和心理的适应性反应,表现为沮丧、无望、孤立和无助等。引起痛苦的原因是多种多样的,包括物理、心理和社会等多方面的因素。例如,噪声、刺眼的亮光、灼热等物理刺激均会引起痛苦;同认知相联系的社会事件,如分离、失败、失望和丢失等,是引起痛苦的重要的心理—社会因素。

痛苦是一种可以忍受的情绪,它也有积极作用。首先,痛苦有利于群体的联结。人群的结合不仅在进化上具有维持生存的作用,在当代社会,对提高生活质量也是有意义的。当人们感到痛苦、失望或失去信心的时候,从群体中会得到鼓

励和同情。其次,痛苦自身具有潜在的改善现状的倾向。如果人对痛苦体验有充分的敏感,则痛苦本身可以带来某些正性效应,即能够引起积极应对的策略和行为。

悲伤是在失去心爱的对象或愿望破灭、理想不能实现时所产生的情绪体验。悲伤的程度取决于对象、愿望、理想的重要性与价值,有遗憾、失望、难过、悲哀等。当失去亲人或重要资源而悲伤却又必须忍受这种分离或丢失时,痛苦和悲伤转化为忧愁或忧郁。长久处于无助和孤独状态,可能导致身体功能和神经功能削弱和失调,产生抑郁症、心血管病、消化系统病、疼痛症等疾病。

2. 正确对待痛苦和悲伤

（1）合理认知

人生有痛苦是正常的,谁都避免不了有痛苦的时候。痛苦也有正面意义,痛苦可以锻炼能力、磨炼意志,正如高尔基所说:"痛苦是一所大学。"找出痛苦的根源,理智地进行分析,然后勇敢面对现实,接受不可改变的,改变可以改变的。

图7-1　痛苦的相对性

（2）宣泄

找亲友倾诉、寻求支持和帮助,或采取其他适合自己并符合社会规范的方式,如运动、写日记、痛哭等。

（3）升华

与其痛苦,不如变为动力,努力做点什么,自强是应对痛苦最好的方法。

（二）愤怒

1. 愤怒

愤怒是一种原始情绪,是人由于受到干扰而不能达到目标时所产生的情绪体验,尤其是意识到有某些不合理的或充满恶意的因素存在时。愤怒具有持续性、外显性、情境性和个性化等特点。愤怒的程度可以是轻微不满、生气、愠怒、大怒、暴怒等,表现为讥讽、怒骂、沉默不语、生闷气、发脾气、勃然大怒、敌意而怒目相视、乱摔乱砸东西甚至故意伤人等。愤怒的强度和表现与人的修养有密切关系。

愤怒有积极和消极两种,岳飞的"怒发冲冠"和鲁迅的"横眉冷对千夫指"都是充满凛然正气的积极的愤怒,而为一些鸡毛蒜皮的小事就大发雷霆就是消极而不可取的。愤怒可使思维狭窄并影响身心健康,愤怒的人甚至能干出"一失足成千古恨"的事。

2. 如何制怒

(1) 拓宽心理容量

心理容量大的人能经受较强的刺激而不动怒。一个人经常发怒很可怕,但是如果总是压抑愤怒,也会使身心受害,最好的做法是"激不怒"。比如《三国演义》里面的司马懿,心理容量就很大,不管诸葛亮如何激他出战,说他胆小像女人,送他女人穿的衣服,他都不生气,其情绪控制水平就很高。

(2) 培养远大的生活目标

习惯于从大局、从长远处着眼,不拘泥于琐事小节。

(3) 尊重他人

尊重他人能够帮助个体控制怒气,人是不会轻易对他内心中真正尊重的人发怒的,并且尊重是相互的,只有尊重别人的人才会得到别人的尊重。此外还要善于理解人,用同情心、同理心、换位思考理解别人。

(4) 自我克制

在准备发怒时,可以有意延迟发怒,如想发怒时就数到100,或者把舌头在嘴里转十个圈,使自己正急速膨胀的怒气有所消退;加强自我行为控制,在即将发怒时控制自己的言语,因为愤怒时说出的话最伤人,容易产生不可挽回的损失;尽可能坐下、深呼吸、放松;也可以忽略暂时不想生气的事或是暂时避开那个环境;此外还有心理暗示,如林则徐针对自己易怒的特点在厅堂上高挂"制怒"的大匾,每当他要生气就看一看这块匾,提醒自己用理智和自制力来调控情绪,避免发火。

(5) 疏解

通过转移活动任务疏解愤怒,如参加体育活动、记日记、看电视、旅游、创作小说、诗歌等。"愤怒出诗人",就是对情绪宣泄正向作用的形象比喻。

(三) 恐惧

1. 恐惧

恐惧是指企图摆脱、逃避某种危险情景时所产生的情绪体验。引起恐惧的重要原因是缺乏处理可怕情景的能力与手段。恐惧的程度可分为陌生、不安、担心、惊恐、惧怕、恐惧等。

恐惧是最有害的情绪,在全部基本情绪中具有最强的压抑作用,对知觉、思维和行动均有显著的影响。恐惧使思维速度缓慢、思维范围狭窄、肌肉紧张、行动刻板僵化。

恐惧心理的产生与过去的心理感受和亲身体验有关。俗话说:"一朝被蛇咬,十年怕井绳。"过去受过某种刺激,大脑中形成了一个兴奋点,当再遇到同样的情景时,过去的以经验被唤起,就会产生恐惧感。恐惧心理还与人的性格有关,一般从小就害羞、胆量小,长大以后也不善交际,孤独、内向的人,易产生恐惧感。

2. 克服恐惧

(1) 提高对事物的认知能力

扩大认知视野,认识客观世界的某些规律,认识人自身的需要和客观规律之间的关系,提高预见力,判定恐惧源,对可能发生的各种变故做好充分的思想准备,就会增强心理承受能力。

(2) 培养乐观的精神和坚强的意志

学习英雄人物的事迹,用他们乐观、勇敢、顽强的精神激励自己。平时多有意识地在困难环境中磨炼自己,这样即使真正陷入危险情境,也不会一时就变得惊慌失措,而容易沉着冷静,机智应付。加强心理训练,提高各项心理素质。比如对危险情境进行模拟训练,设置各种可能遇到的情况,形成对危险情境的预期心理准备状态,就能有效地战胜紧张不安等不良情绪,提高心理适应和平衡性,增强信心和勇气。

(3) 放松训练

第一步:把可能引起紧张、恐惧的各种场面,按由轻到重依次列成表(越具体、细节越好),分别抄到不同的卡片上,把感到最不恐惧的场面放在最前面,把最恐惧的放在最后面,卡片按顺序依次排列好。

第二步:进行松弛训练。方法为坐在一个舒服的座位上,有规律地深呼吸,让全身放松。进入松弛状态后,拿出上述系列卡片的第一张,想象上面的情景,想象得越逼真、越鲜明越好。

第三步:如果觉得有点不安、紧张和害怕,就停止想象,做深呼吸使自己再度松弛下来。完全松弛后,重新想象刚才失败的情景。若不安和紧张再次发生,就再停止再放松,如此反复,直至卡片上的情景不会再引起不安和紧张为止。

第四步:按同样方法继续下一个感觉更恐惧的场面(下一张卡片)。注意,每进入下一张卡片的想象,都要以你在想象上一张卡片时不再感到不安和紧张为前提,否则,不要进入下一个阶段。

第五步:当想象最恐惧的场面也不感到紧张时,便可再按由轻至重的顺序进行现场锻炼,若在现场出现不安和紧张,亦同样让自己做深呼吸放松来对抗,直至不再恐惧、紧张为止。

(四) 自卑

1. 自卑

自卑即自我评价过低,担心自己笨拙,总怀疑自己的价值的消极情绪。自卑常常以消极防御的形式表现出来,如嫉妒、猜疑、羞怯、孤僻、迁怒、自欺欺人、焦虑不安等。

自卑使人十分敏感,对心理发展有很大的影响,容易消磨人的斗志。长期被自卑笼罩的人,还会引起生理失调和病变,对心血管系统和消化系统等有不良影响。实际上,我们身处浩瀚的宇宙和复杂的社会,每个人都会有无能为力的时候,多少都会感到自卑,但是只要处理得好,完全可以通过不断地发展自我,建立起一种独特的人生优势。《易经》讲"自卑登高",正因为总认识到有不足之处,才会不断地去努力完善。

2. 克服自卑

(1) 正确评价自我

不要强求完美,尺有所短、寸有所长,再差的人也有优点。分析找出自己的优点,甚至写下来,反复看或大声读,给自己积极的心理暗示,以增强自信,也可请亲友帮助。

(2) 调整目标

要根据自己的实际情况确立行动的目标,使其容易实现,这样自尊心、成就感获得满足,自信心就随之增强。比如,选择参加自己能力较强的活动,从小事做起,助人为乐,增强自我价值感,积累愉快的情绪体验。

(3) 培养健康的自尊心

自尊心能使人们努力要求进步,但过强或病态的自尊心容易使人遇事敏感、冲动,爱面子甚至虚荣,对个人发展造成消极影响。

(4) 积极心理暗示

积极的心理暗示可以帮人摒弃自卑、树立自信。经常使用肯定句进行积极的自我评价,在内心中不断鼓励自己,让自信逐渐融于潜意识当中,体现在言谈举止、做人做事上(图7-2)。

(5) 努力成功一次

做好充分的精神和物质准备,扬长避短,抓住时机,让自己体验一次较大的成功,以克服对自己的消极评价,增强自信。

(五) 焦虑

1. 焦虑

焦虑是指缺乏明显客观原因的内心不安或无根据的恐惧,是人们遇到某些事情如挑战、困难或危险时出现的一种正常的情绪反应。焦虑通常情况下与精神打击以及即将来临的、可能造成的威胁或危险相联系,主观表现出感到紧张、不愉快甚至痛苦以至于难以自制,严重时会伴有植物性神经系统功能的变化或失调。

焦虑主要表现为两种形式:一是身体过度反应,如出汗、面孔潮红、呼吸急促、心悸、肠胃不适、疼痛和肌肉紧张;二是认知性心理焦虑,如强迫思维、思维过度、

图7-2 自信的来源

忧思和不安。

2. 如何克服焦虑

（1）降低动机强度

动机过强，容易引起焦虑。适度的焦虑有助于提高工作成绩，但过度的焦虑则会影响工作。因此不要太考虑结果的成败好坏，过程其实比结果更有意义，只要自己尽力了就行，要带着一份平常心做事。

（2）弱化自我意识

过度紧张焦虑的人往往自我意识很强，关心自我在别人心目中的形象，过多地注意别人对自己的看法评价，这无疑是在自我加压，徒增紧张感。要有意识地弱化自我意识，全神贯注于做事情本身。

（3）进行放松训练

找到能使自己身心放松的方法多练习，比如紧张时多做深呼吸、冥想、积极暗示、自我激励等。

（4）适度进行脱敏训练

在专业人员的指导下，找出令自己感到紧张焦虑的事物，然后将其渐进地暴露在自己面前，当适应后就不会再焦虑了。

（六）抑郁

1. 抑郁

抑郁是指伴有忧郁感、悲哀、说不出的不快、空虚、寂寞孤独、无力、绝望、郁闷、不安、焦躁的情绪状态。抑郁对个体来说就是丧失了愉快的感受，表现为担忧、烦闷、郁闷、忧愁和忧郁等。抑郁有正常和异常之分。一般来说，抑郁体验者对自身处境与身体状况有恰当的认识，对自身行为的控制与调节符合社会常规，并有足够的自信和自尊，哪怕是一时忧心忡忡也属正常的。而如果长期情绪低落或绝望，丧失对事物的兴趣，不能胜任正常工作，甚至产生自杀企图等极端意念和行为，就可能向异常情绪转化而成为抑郁症。正常的忧郁不会导致极端行为和人格解体，也不致发生思维的严重障碍，但严重的抑郁会使人处于消沉、沮丧、失望、无助、愿望丧失、无所作为的状态中。

2. 克服抑郁

（1）克服非理性认知

非理性认知是抑郁情绪和行为的决定性因素。在人的信息加工图式中，有一个由认知所决定的如何看待自己、看待别人和世界的复合"图式"，人们经常按照这一图式去判断自身和周围世界。当某人从一个侧面把自己看做是不适宜的、无价值的、有很多缺陷的时候,就会产生自责、失望和痛苦,这往往是产生抑郁的原因。如果个人歪曲或偏颇地判断自己,个体的"图式"就会过度偏离事实,这样的认知图式一旦形成习惯,就会在思维中产生逻辑判断错误,从而导致痛苦、抑郁。

(2) 积极行动

针对抑郁所导致的情绪低落,人们可以参加一些积极有益的活动、制定可行的目标来应付自己所认为的枯燥的生活,并将行动计划分成小步骤,以确保完成。例如,进行体育锻炼、旅游,从事提升自己能力的一些活动,看看轻松愉快、有积极意义的书。

四、情绪调节的策略

(一) 放松

多数不良的情绪都伴随着紧张,学会放松可以控制多种不良情绪。放松有心理放松和生理放松两种,形式多样,各人可寻找适合自己的方式进行放松,比如,听音乐、散步、看电影、聊天、游戏等,还可以通过自我暗示或他人暗示来达到目的。

(二) 宣泄

不良情绪积累到一定程度后,采用一般的方法很难控制,这时与其堵,不如合理宣泄。抑郁的情绪在痛哭一场之后往往可大大缓解。研究表明,在哭泣后,个体原有的心跳过速、血压偏高等症状均有不同程度的减轻。哭可以显著化解由抑郁等消极情绪所带来的不良反应。合理的宣泄也可以减轻暴怒带来的消极后果。一些企业设置了"发泄室",里面放一些管理人员的橡皮模型,员工可以在此出气,以发泄心中的不满。普通人也可以通过角色扮演游戏、看拳击等来出一出心中的怨气,以便控制不良情绪。此外,找知心的人倾诉也是一种好的宣泄方式。

(三) 转变观念

通常人们会认为外界诱发事件导致了人的消极情绪和行为,发生了什么事就引起了什么情绪体验。但是同样一件事,对不同的人,会引起不同的情绪体验。如同样是报考英语六级,结果两个人都没过,一个人无所谓,而另一个人却十分伤心。对此美国心理学家艾理斯(A. Ellis)提出了ABC理论。[1] A是指诱发性事件(activating event);B是指个体在遇到诱发事件之后相应而生的信念(belief),即他对这一事件的看法、解释和评价;C是指特定情景下个体的情绪及行为的结果(consequence)。

---

[1] 曾仕强. 情绪管理[M]. 厦门:鹭江出版社,2008:108.

通常人们会认为,人的情绪的行为反应是直接由诱发性事件引起的,即A引起了C。ABC理论则指出,诱发性事件A只是引起情绪及行为反应的间接原因,而人们对诱发性事件所持的信念、看法、解释B才是引起人的情绪及行为反应C的更直接的原因。

人们常见的不合理观念有很多,如:(1)人应该得到生活中所有对自己重要的人的喜爱和赞许;(2)有价值的人应在各方面都比别人强;(3)任何事物都应按自己的意愿发展,否则会很糟糕;(4)一个人应该担心随时可能发生灾祸;(5)情绪由外界控制,自己无能为力;(6)已经定下的事是无法改变的;(7)一个人碰到的种种问题,总应该都有一个正确、完满的答案,如果一个人无法找到它,便是不能容忍的事;(8)对不好的人应该给予严厉的惩罚和制裁;(9)逃避可能、挑战与责任要比正视它们容易得多;(10)要有一个比自己强的人做后盾才行。

艾理斯倡导理性情绪疗法,重点就是帮助患者发现自己的不合理信念,然后通过辩论和验证,使自己领悟并去除不合理信念。一旦不合理信念去除了,个体的消极情绪也就不存在了。

(四) 转换环境

有些不良情绪是由特定的环境因素引起的,如果这些因素不消除就无法控制不良的情绪,这种情况下可以考虑转换环境。这种方法称为环境控制。比如心情烦躁时可以到山清水秀的地方去旅游。当亲人去世后,生者常常睹物思人,容易引起伤心回忆,这时可以调整房间物品的布局,或者暂时换一个生活工作环境。情绪具有情境性,如果烦恼情绪一时难以摆脱时,不妨暂时换个环境,帮助排除苦恼。

(五) 消除消极情绪的根源

通常,一个人的消极情绪会伴有许多身心症状的表现,如全身紧张、活动增多、不安或焦虑、入睡困难、食欲下降、小便次数多、总想向人诉说、力求达观、重新检讨、愤怒、兴奋、避免与人接触、情绪抑郁、食欲上升、苦恼、颤抖、腹泻、疲倦、嗜睡、烦躁、恶心、活动减少、便秘、关心身体健康、呕吐等。如果察觉到自己有上述表现,及时了解自己的消极情绪是从哪里来的,这有助于减轻消极情绪。如在自我矫治中,可以将令自己感到忧愁的事写下来,当一个人把很具体、很明确的会忧虑的事情列举出来以后,再去解决,忧虑就消失了。一旦有不顺心的事发生,不要把自己的意识束缚于对该事后果的思量之中,而应把注意力放在如何解决问题的努力上,以积极的态度直面现实,尝试在头脑中相信自己能接受最坏结果,从根本上铲除引起苦恼的根源。

(六) 升华

升华指将不为社会认可的动机或欲望引导至比较正确的方向,将情绪激起的能量引导至对人、对己、对社会都有利的方面去。遇到不公平的事情，一味地生气、憋气，或颓唐绝望，都是无济于事的。正确的态度应该是长志气、争口气，将挫折变成动力，做生活中的强者。补偿是情感升华的一种常见方法。所谓的"补偿"，就是发挥自己的才智和特长，来弥补由于自己生理上或心理上的缺陷所引起的烦恼或痛苦等情绪。比如，有的人貌不惊人，就努力学习以培养内在美；有人文化学习成绩不好，就在体育上显示自己的才能。补偿的价值不仅仅限于消除不良情绪，更重要的是有助于个人对社会的永久适应。

（七）利用"酸葡萄"和"甜柠檬"心理原理

"酸葡萄"心理是指将自己努力去做而得不到的东西说成是"酸"的、是不好的，这种方法可以缓解一些压力。对于别人有而自己没有的物品或成绩，自己又很想要，但实际上却不可能得到，这时不妨利用"酸葡萄"心理，在心中努力找到那种东西不好的地方，说那种东西的"坏话"，克服自己不合理的需求。

"甜柠檬"心理就是指自己所有而摆脱不掉的东西就是好的，要学会接纳自己。每个人都有自己的优点，都有自己的优势，每个人也都有自己的特点，千万不要轻易说自己这不好、那不如人。适当利用"甜柠檬"心理，学会接纳自己，从而增强自信。

（八）休息、睡眠和适度运动

古人说"躁怒者宜节辛劳以养力"，烦恼缠绕、头绪紊乱时，休息一下会缓解状况。睡觉会收到意想不到的效果，因为睡觉时，大脑处于暂时放松、静息状态，情绪也得到彻底松弛。一觉醒来，人往往会感觉变得冷静，头脑也清醒了，有助于从新的角度思考问题，评价现实，梳理头绪，从而达到消除苦恼的目的。毛泽东就十分赞赏此法，他曾说"烦恼时，睡上一觉最好"。

情绪低落、内心烦闷时，多做些有氧运动。有氧运动是在有氧参与代谢状态下进行的运动，运动强度不大、运动量适中、持续时间超过15分钟、运动中心率不太快、运动后感觉出汗和舒适的项目，往往都属于有氧运动，常见的有快步走、慢跑、做韵律操等。而举杠铃、做仰卧起坐等在瞬间屏息发力的运动一般属于无氧运动。有研究表明，有氧运动可刺激大脑分泌一种名叫苯乙胺的化学物质，这种物质能提高人的情绪，使人快乐。有氧运动还能使体内一些有毒物质经汗液排出体外，促进交感神经兴奋，提高肾上腺素水平，使人产生愉悦感。

第三节 情绪智力

案例 7-3

软糖实验

心理学家设计了一个"延迟满足"的实验。实验者选取一批四岁儿童，给他们每人发一颗好吃的软糖，然后告诉他们，如果马上吃，只能吃到一颗；如果等20分钟后实验者回来再吃这块糖，就可以得到两颗糖。实验者离开房间隐蔽观察，发现有的孩子急不可待地把软糖吃掉，而有的孩子则耐心等待。为了抵制软糖的诱惑，他们用各种方法来分散对软糖的注意，最终坚持等到实验者回来，得到了第二块软糖。

实验者之后对这些参加实验的孩子的成长过程进行跟踪，发现那些有毅力等待而得到第二颗软糖的孩子有很多优点，如在中学时他们的学习成绩要比早吃糖的孩子好很多，适应性强，比较自信，意志坚强，能经受困难和挫折，更容易取得成功。而那些在早年经不起软糖诱惑的孩子则更可能成为孤僻、易受挫、固执的少年，往往屈从于压力并逃避挑战。这一实验结果从一个角度反映了情绪智力的重要作用。

一、情绪智力

1995年，美国哈佛大学的丹尼尔·戈尔曼（D. Goleman）提出了情绪智力的概念。他认为情绪智力是指个体准确、有效地加工情绪信息的能力集合。

传统的智商观过分强调智力测验的重要性，甚至简单地用智商来预测一个人的未来成就。而现实生活中的事例和心理学研究都表明，一个人的事业成功，并不完全取决于智力水平，还取决于其非智力因素，特别是情绪智力。

随着人们对情绪智力重要性的认识提升，也出现了一些错误观点，将情绪智力简称为情商，并与智商（IQ）相对应。实际上情商这个概念并不规范。智商是指智力的商数，其值为个体智力水平与常模平均水平之比，情商则应为情感智力商数，即个体情感智力水平与常模平均水平之比。如果要对情绪智力进行测量的话，得到的结果可以称为情绪商数。但通常人们所说的情商却指的是情绪智力的内容，并不是一个商数。因此我们在使用情绪智力概念时应注意规范性。

科学合理的情绪智力概念应该包括五个要素：(1)认识自己情绪的能力；(2)妥善管理自己情绪的能力；(3)自我激励的能力；(4)理解他人情绪的能力；(5)人际关系的管理能力。

二、提升情绪智力

依据情绪智力理论,各级学校教育中应采取积极措施,提升学生的情绪智力,以使他们能更好地步入社会。

(一)加强自我情绪管理,克服消极情绪

2004年2月23日,云南大学开学前一天,发生一起4名大学生被杀案件。侦查发现犯罪嫌疑人为云南大学学生马加爵。在残杀同学的过程中,马加爵对暂时借住在自己宿舍里的同学和只是过生日没请他的同学都痛下杀手。犯罪心理学家分析,其犯罪的动因,是他强烈、压抑的情绪特点,扭曲的人生观以及自我中心的性格缺陷等。

这一事件引起社会上对于大学生心理健康状况的普遍关注。大学生常见的心理危机有偏执、强迫、自负、多疑、焦虑、冷漠、狭隘与狂妄等,导致这些问题的原因则是多方面的,如学习和就业的压力、情感挫折、经济压力、心理落差、角色迷失等。因此,有必要加强对大学生的情绪管理能力的教育。

(二)培养乐观精神,提高自信心

马丁·塞里格曼(M.Seligman)设计了乐观测试,应用于企业员工培训,取得了巨大成功。20世纪80年代中期,美国某保险公司雇用了5000名推销员并对他们进行了培训。雇用后第一年有一半人辞职,四年后这批人只剩下五分之一。其原因是,在推销人寿保险的过程中,推销员得一次又一次面对被人拒之门外的窘境。为了确定是不是那些比较善于对付挫折、将每一次拒绝都当做挑战而不是挫折的人就可能成为成功的推销员,该公司向宾夕法尼亚大学的心理学家马丁·塞里格曼讨教,请他来检验他关于"在人的成功中乐观的重要性"的理论。这一理论认为,当乐观主义者失败时,他们会将失败归结于某些他们可改变的事情,而不是某些固定的、他们无法克服的弱点。因此,他们会努力去克服困难,改变现状,争取成功。塞里格曼对15000名参加过两次测试的新员工进行了跟踪研究,这两次测试,一次是该公司常规的甄别测试,另一次是塞里格曼自己设计的用于测试被测者乐观程度的测试。这些人中有一组人没有通过甄别测试,但却在乐观测试中取得"超级乐观主义者"成绩。跟踪研究表明,这一组人在所有人中工作任务完成得最好。第一年,他们的推销额比"一般悲观主义者"高出21%,第二年高出57%。此后,通过塞里格曼的"乐观测试"便成为该公司录用员工的一项考核内容。

(三)提高应对挫折的能力

在现实生活中,经常有当年在学校里是尖子学生、进入社会后却"泯然众生"的情况。而杭州某小学的周武老师在几次参加毕业学生的同学会后,发现不少当年在校毫不起眼的学生出乎意料地已较有成就,而老师、家长曾引以为自豪的一些学习佼佼者,却在生活工作中流于平庸甚至力不从心。进一步跟踪发现,成年后相对比较出色的大都是小学班级里成绩排名第十至二十名前后的孩子。于是有人提出了"第十名现象",这里的第十名只是个约数,不是精确的名次。"第十名学生"群体的共同特征是:他们受老师和父母的关注不像尖子生和后进生那么多,学习的自主性更强,兴趣更广泛,在成长的过程中学有余力、学有潜力。而个别成绩很出色的尖子生遭到失败,原因是家庭、师长等过分关注、过分强化学科成绩,扼制了其潜能和自主性的发挥。美国也有人做了类似的调查,他们选取3000人连续追踪60年的时间,分析其学校成绩和将来成就之间的关系,结果发现并无必然联系,甚至有许多考试分数不高的孩子做出了令人难以置信的成就。

"第十名现象"的影响因素很多,但关键还是一个人的情绪智力水平。作为优秀生,学业负担重,进入高一级学校或社会后会遇到新的问题,靠书本是解决不了的,而且很多优秀生平时总是一帆风顺,没遇到过挫折,一旦进入社会,就会受挫。中上水平的学生(大致处于第十名左右),他们学业总是能跟得上,也能取得满意的成果,即使有时失利,也不会太过在意,而他们有更多的时间与同学交流、娱乐和放松,学习压力得以减轻。他们进入社会后,一方面能够很好地与人沟通和交流,另一方面即使遇到挫折,也能够加以克服。最终,他们的成就往往远远高于其他同学。

(四)改善人际交往

在中国古典文学作品《红楼梦》中,林黛玉和薛宝钗是两个主要人物,两人在某种程度上存在着竞争关系。尽管林黛玉在才智上更胜一筹,但薛宝钗的人际关系更好。她善于捕捉家族领袖贾母的心理,总是能投其所好,如帮着挑选老人家喜欢看的戏,帮湘云一起设蟹宴,当林黛玉生病时前去探望并送燕窝,在替凤姐临时管家时,也不会独揽大权。她以自己的努力获得了贾府上下对她的普遍好感。

从这一事例可以看到,人际交往在事业成功中是非常重要的。要提高自己的情绪管理水平,需要改善人际交往,多与人沟通。

(五)促进智力与情绪智力的协同发展

2002年2月23日,清华大学学生刘海洋在北京动物园用硫酸泼黑熊时,被当场抓获。调查发现,刘海洋为了"考证黑熊嗅觉是否灵敏",在北京动物园内先后两次用火碱和硫酸泼向3只黑熊、1只马熊和1只棕熊,导致动物园的熊不同程度受伤。

这一事件引起社会的广泛关注。大学生曾经被称为"天之骄子",是社会中知识层次高、智力相对较高的群体。但作为社会未来精英的大学生,为了考证科学原理,竟然不考虑社会规范和动物实验的伦理,以腐蚀性物质伤害黑熊。这一行为显示出其个人的智力发展与情绪智力之间的脱节。从社会和学校的角度来说，则反映出对智力的过分强调和对情绪智力的忽视。因此在培养高智力、高知识水平的群体时，不应忽略其情绪智力的培养。

（六）将个体行为纳入社会层面

2010年10月20日晚，西安在校大学生药家鑫驾驶汽车撞伤了骑电动车的女子张妙，担心自己的车牌号被对方记下，于是拿出水果刀朝对方连捅8刀，致其死亡。该事件发生后，引起社会舆论的广泛关注。对于事件背后的原因，众说纷纭：有的强调了药家鑫在冲动下，由恐惧而产生仇视导致过激行为；有的认为他属于激情犯罪；更多的人则将问题的根源指向了大学生心理素质不佳等方面。结合情绪智力理论观点来看，在这一事件中，药家鑫过于以自我为中心，缺乏社会责任感及将自己的行为主动纳入社会层面的自觉性。由此可以反思，当前高校的大学生心理健康教育形式成分太多，过分重视个人成长，忽视社会心理层面的培养和熏陶。在平衡智力与情绪智力的基础上，还要进一步培养大学生将个体行为纳入社会层面的自觉性，在理智的主导下，调控情绪的变化，克服冲动性，提升情绪智力的自我管控水平。

推荐文章

《七发》（节选）
（西汉）枚乘

楚太子有疾，而吴客往问之。客曰："今夫贵人之子，必宫居而闺处，内有保母，外有傅父，欲交无所。饮食则温淳甘脆，脭醲肥厚。衣裳则杂遝曼暖，燂烁热暑。虽有金石之坚，犹将销铄而挺解也，况其在筋骨之间乎哉！故曰：纵耳目之欲，恣支体之安者，伤血脉之和。且夫出舆入辇，命曰蹶痿之机；洞房清宫，命曰寒热之媒；皓齿蛾眉，命曰伐性之斧；甘脆肥醲，命曰腐肠之药……今太子之病，可无药石针刺灸疗而已，可以要言妙道说而去也，不欲闻之乎？"太子曰："仆愿闻之。"

客曰："使师堂操《畅》，伯子牙为之歌。歌曰：'麦秀蔪兮雉朝飞，向虚壑兮背槁槐，依绝区兮临回溪。'飞鸟闻之，翕翼而不能去；野兽闻之，垂耳而不能行；蚑蟜蝼蚁闻之，柱喙而不能前。此亦天下之至悲也，太子能强起听之乎？"太子曰："仆病，未能也。"

客曰："使伊尹煎熬，易牙调和。熊蹯之臑，芍药之酱。薄耆之炙，鲜鲤之鱠。秋黄之苏，白露之茹。兰英之酒，酌以涤口。山梁之餐，豢豹之胎。小飰大歠，如汤沃雪。此亦天下之至美也，太子能强起尝之乎？"太子曰："仆病，未能也。"

客曰："钟、岱之牡，齿至之车……于是伯乐相其前后，王良、造父为之御，秦缺、楼季为之右。此两人者，马佚能止之，车覆能起之。于是使射千镒之重，争千里之逐。此亦天下之至骏也。太子能强起乘之乎？"太子曰："仆病，未能也。"

客曰："既登景夷之台，南望荆山，北望汝海，左江右湖，其乐无有。于是使博辩之士，原本山川，极命草木，比物属事，离辞连类。浮游览观，乃下置酒于虞怀之宫……此亦天下之靡丽皓侈广博之乐也。太子能强起游乎？"太子曰："仆病，未能也。"

客曰："将为太子驯骐骥之马，驾飞軨之舆，乘牡骏之乘。右夏服之劲箭，左乌号之雕弓。逐狡兽，集轻禽。于是极犬马之才，困野兽之足，穷相御之智巧；恐虎豹，慑鸷鸟……此校猎之至壮也，太子能强起游乎？"太子曰："仆病未能也。"然阳气见于眉宇之间。

客曰："将以八月之望，与诸侯远方交游兄弟，并往观涛乎广陵之曲江。至则未见涛之形也，徒观水力之所到，则恤然足以骇矣。观其所驾轶者，所擢拔者，所扬汩者，所温汾者，所涤汔者，虽有心略辞给，固未能缕形其所由然也。"太子曰："善。然则涛何气哉？"客曰："不记也。然闻于师曰，似神而非者三：疾雷闻百里；江水逆流，海水上潮；山出内云，日夜不止。衍溢漂疾，波涌而涛起……訇隐匈磕，轧盘涌裔，原不可当。观其两傍，则滂渤怫郁，暗漠感突，上击下律。有似勇壮之卒，突怒而无畏。蹈壁冲津，穷曲随限，逾岸出追。遇者死，当者坏……此天下怪异诡观也，太子能强起观之乎？"太子曰："仆病未能也。"

客曰："将为太子奏方术之士有资略者，若庄周、魏牟、杨朱、墨翟、便蜎、詹何之伦，使之论天下之精微，理万物之是非。孔、老览观，孟子筹之，万不失一。此亦天下要言妙道也。太子岂欲闻之乎？"于是太子据几而起，曰："涣乎若一听圣人辩士之言。"涩然汗出，霍然病已。

点评与反思：枚乘是西汉时期的著名辞赋家，《七发》以"楚太子有疾"导入，吴客去探问，陈说了七件事来帮助太子康复，故名《七发》。实际上楚太子患的并不是身体疾病，而是由于消极情绪引起的心身疾病。吴客先用听音乐、品美食、驾车马、观美景、去围猎、赏波涛等六种方法来诱导太子，虽然有一定的效果，太子的精神状况有所改善，但并未根治，太子每次都以"身体有病"推脱。最后吴客劝说太子"与智者言"，太子忽然豁然开朗，问题迎刃而解。这体现了心理疏导对情绪调节的作用。

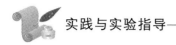
实践与实验指导

考试焦虑测验

下面每题有四个选项,请根据自己实际情况如实回答,在符合自己情况的选项上打"√"。每道题只选一个,不要漏答。

题　目	很符合	较符合	较不符合	很不符合
1. 在重要考试的前几天,我就坐立不安。	①	②	③	④
2. 临近考试时,我就拉肚子。	①	②	③	④
3. 一想到考试即将来临,我身体就会发僵。	①	②	③	④
4. 在考试前,我总感到苦恼。	①	②	③	④
5. 在考试前,我感到烦躁,脾气变坏。	①	②	③	④
6. 在考前,我常会想到,考试要是得个坏分数怎么办。	①	②	③	④
7. 越临近考试,我的注意力就越难集中。	①	②	③	④
8. 一想到马上就要考试了,参加任何文娱活动都感到没劲。	①	②	③	④
9. 在考试前,我总预感到这次考试要考坏。	①	②	③	④
10. 在考试前,我常做关于考试的梦。	①	②	③	④
11. 到了考试那天,我就不安起来。	①	②	③	④
12. 当听到考试的铃声响时,我的心马上紧张地急跳起来。	①	②	③	④
13. 遇到重要的考试,我的脑子就变得比平时迟钝。	①	②	③	④
14. 考试题目越多、越难,我就越感到不安。	①	②	③	④
15. 在考试中,我的手会变得冰凉。	①	②	③	④
16. 在考试时,我感到十分紧张。	①	②	③	④
17. 一遇到很难的考试,我就担心自己不及格。	①	②	③	④
18. 在紧张的考试中,我却会想些与考试无关的事情。	①	②	③	④
19. 在考试时,我会紧张得连平时背得滚瓜烂熟的知识也忘得一干二净。	①	②	③	④
20. 在考试中,我会沉浸在空想之中,一时忘了自己是在考试。	①	②	③	④
21. 考试过程中,我想上厕所的次数比平时多。	①	②	③	④

22. 考试时,即使不热,我也会浑身出汗。	①	②	③	④
23. 考试时,我会紧张得手发僵或发抖,写字不流畅。	①	②	③	④
24. 考试时,我经常会看错题目。	①	②	③	④
25. 在进行重要的考试时,我的头就会痛起来。	①	②	③	④
26. 发现剩下的时间来不及做完全部考题时,我会急得手足无措、浑身大汗。	①	②	③	④
27. 担心如果我考了坏分数,家长或教师会严厉指责我。	①	②	③	④
28. 在考试后,发现自己懂得的题没有答对时,十分生自己的气。	①	②	③	④
29. 有几次在重要的考试之后我腹泻了。	①	②	③	④
30. 我对考试十分厌烦。	①	②	③	④
31. 只要考试不记成绩,我就会喜欢考试。	①	②	③	④
32. 考试不该在像现在这样紧张的状态下进行。	①	②	③	④
33. 不进行考试,我能学到更多的知识。	①	②	③	④

复习思考题

一、名词解释

情绪情感　心境　激情　应激　情绪智力

二、简答题

1. 简要回答情绪的三种状态。
2. 简要回答情感的类型。
3. 简要回答情绪与情感的区别与联系。

三、论述题

1. 论述认知、生理、环境刺激三因素在情绪变化中的作用。
2. 结合实例分析情绪智力的重要性。

四、案例分析

2011年5月25日,从新疆到西安旅游的文先生和妻子,误入西安旅游黑中介的陷阱,白天旅游收费"遭宰",夜晚住宿被安排在"黑店"。在要求退票遭拒绝、索要发票被刁难的情况下,文先生心脏病复发,不治身亡。

2012年10月8日晚,北京地铁13号线立水桥站,一老人因为拥挤先后与两名女孩发生争吵,最后当场猝死。

请结合上述事例分析情绪调节的重要性和方法。

主要参考文献

[1] 黄希庭.心理学与人生[M].广州:暨南大学出版社,2005.
[2] 李新旺.心理学[M].北京:科学出版社,2003.
[3] 戴维·迈尔斯.心理学[M].黄希庭等译.北京:人民邮电出版社,2006.
[4] 孟昭兰.情绪心理学[M].北京:北京大学出版社,2005.
[5] 曾仕强.情绪管理[M].厦门:鹭江出版社,2008.

第八章 动　机

案例 8-1

怕当掌门人，高手争败

金庸所著的武侠小说《侠客行》中讲到，张三、李四二人持赏善罚恶令来到雪山派。雪山派门人都害怕被当做掌门接到喝腊八粥的请柬，在比武中人人争败，观战诸人无不暗暗摇头，但见四名雪山派第一代名手，各个剑招中漏洞百出，发招不是全无准头，便是有气没力。四人此刻不是"争胜"，而是在"争败"，人人都不肯做雪山派掌门，只是事出无奈，勉强出手，只盼输在对方剑下。①

大凡学武之人，总有一股争强好胜之心，比试剑法更是需要有"狭路相逢勇者胜"的精神。雪山派的高手们你推我让，在比试中人人争败，这显示了特殊情境下与众不同的成就动机。

第一节　需　要

一、需要的概念和分类

需要是有机体内部的某种缺乏或不平衡状态，它表现出有机体的生存和发展对于客观条件的依赖性，是有机体活动的积极性源泉。这种不平衡状态包括生理和心理的不平衡。如，血液中血糖成分的下降会产生饥饿求食的需要；水分的缺乏则会产生口渴想喝水的需要；地震时生命财产得不到保障会产生安全的需要；孤独会产生交往的需要；失去亲人会产生爱的需要，等等。在需要得到满足后，这种不平衡状态会暂时得到消除，当出现新的不平衡时，新的需要又会产生。

人的需要是多种多样的，按照起源可以分为自然需要和社会需要。自然需要

---

① 金庸.侠客行[M].广州：广州出版社，花城出版社，2001：449.

主要是由机体内部某些生理的不平衡状态所引起的,对有机体维持生命、延续后代有重要意义,如对饮食、运动、休息、睡眠、觉醒、排泄、避痛、配偶、嗣后等的需要。社会性需要是指与人的社会生活相联系的需要,如劳动需要、交往需要、成就需要、求知需要、社会赞许的需要等。

按照需要指向的对象可以将需要划分为物质需要和精神需要。物质需要指向社会的物质产品,并以占有这些产品而获得满足,如对工作和劳动条件的需要,对日常生活必需品的需要,对住房和交通条件的需要等。精神需要指向社会的各种精神产品,并以占有某些精神产品而得到满足,如对文艺作品的需要,欣赏美的需要,阅读报刊和观看电视、电影的需要,上网、刷微博的需要等。

知识卡片8-1

交往剥夺实验

对绝对孤立状态下的人(如一些宗教团体成员、遇难船上的乘客、隔离实验的志愿参加者)的个案研究表明,长时间的人际隔离会产生突然的恐惧感和类似忧虑症发作的情感,并且隔离时间越长,产生的恐惧和忧虑就越严重。

沙赫特(Schachter)曾做过这样一个实验:他以每小时15美元的酬金聘人到一间没有窗户但有空调的房间去住。房内有一桌、一椅、一床、一灯,此外别无他物。进餐由人送至门底下的小洞口,住在里面的人伸手就可拿进食物。一个人住进这房间后即与外界完全隔绝。有五名大学生应征参加实验。其中一人只待了二十分钟就要求出来,放弃了实验;三人待了两天;最长的待了八天。这个研究说明,人是很难忍受长时间与他人隔绝的,人对孤立的容忍力有相当大的个体差异。

二、马斯洛的需要层次理论

(一)需要层次理论的主要观点

美国心理学家、人本主义心理学创始人之一的马斯洛于20世纪中叶提出需要层次理论,该理论的核心概念是人类的需要层次。马斯洛认为人的需要多种多样,这些需要组成有层次的系统,如图8-1所示。

生理需要是对于食物、水分、氧气、性、排泄和休息等的需要。生理需要在需要层次系统中处于低层次,但它在人的所有需要中是最重要的,也是最有力量的。例如,当强烈地震灾害发生后,人们无法立即方便地获取水和食物,这时就深

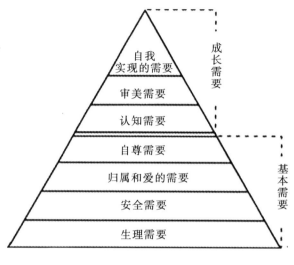

图 8-1 马斯洛需要层次理论

刻体会到生理需要是最基本的需要了。

安全需要是对于稳定安全、秩序、受保护或免受恐吓、焦躁、混乱、折磨等的需要。例如，人们希望生活在一个治安良好的社会中，愿意参加保险等，都是安全需要的表现。安全需要是生理需要的发展和继续。

归属和爱的需要，是需要朋友、爱人或孩子，渴望在团体中被接纳等。归属和爱的需要是在生理需要和安全需要相对满足的基础上产生的。

尊重需要，包括自尊的需要和希望受到别人的尊重的需要，指既希望自己有信心、有成就、能胜任、有实力等，又希望自己能受到他人的赏识、关心、重视和高度评价等。这些需要一旦受挫，就会使人产生自卑感、软弱感、无能感。尊重需要在以上三个层次的需要获得相对满足的基础上才能充分地发展起来。

认知需要，又称求知需要或理解需要，是指个人对自身和周围世界的探索、理解及解决疑难问题的需要。认知需要是在完成了对生理、安全、归属和获得他人尊重的需求的基础上产生的；同时，如果认知需要受挫，其他需要的满足也会受到影响。

审美需要，是指对对称、秩序、完整结构等美的特征结构以及行为完美的需要。在上述需要获得相对满足的基础上，随着文明的发展和智慧的进步，审美需要逐渐发展起来，并且和其他需要存在着密切联系。

自我实现的需要，是指人们追求实现自己的能力或潜能并使之完善化的需要。自我实现的需要是在其他几种需要都得到满足的基础上产生的，是人类基本需要中最高层次的需要。

马斯洛认为，人类的这几种需要是与生俱来的。它们构成了不同的等级或水平，并成为激励和指引个体行为的力量。需要的层次越低，它的力量越强，潜力越大；随着需要层次的上升，需要的力量相应减弱。

马斯洛指出，人类的需要可分为高级需要和低级需要。在高级需要出现之前，必须先满足低级需要。只有在低级需要得到满足或部分得到满足后，高级需要才有可能出现。例如，在突发强烈地震时，震感强烈地带的老百姓生命安全受到了威胁，人们匆忙跑出室外，有的衣冠不整，此时也顾不上。当人们到达安全地带，安全需要获得满足后，人们就开始寻找联系自己的亲人、朋友，此时归属和爱的需要出现了。马斯洛把生理需要、安全需要、归属和爱的需要和尊重需要归为低级需要。低级需要直接关系到个体的生存,因而也称为匮乏性需要或基本需要。他把认知需要、审美需要、自我实现的需要归为高级需要,高级需要不是由于人缺失什么而产生的,而是一种使人的生命更积极、更有价值的发展动力,满足这种需要能使人健康、长寿、精力旺盛,因而也称作成长需要。

（二）对需要层次理论的评价

马斯洛把人类的需要看成是一个组织的系统并按优势出现的先后排列成一个系列,较系统地探讨了需要的性质、结构、发生、发展以及需要在人生中的作用。该理论在教育实际中得到了广泛的应用。教育实践证明,一个饥饿、不安全、得不到爱、缺乏自信心的学生是不可能进行创造性学习的。对后进生的研究也表明,"动之以情、晓之以理、导之以行"有利于树立学生的自信心,学生一旦感受到了尊重和爱,解除了受歧视、孤独、焦虑的情绪,就可以逐步产生上进的学习动机。

但是,马斯洛的需要理论也存在着一些问题。首先该理论脱离了社会历史条件,抽象地谈人的需要和自我实现。马斯洛认为人的低级需要和高级需要的产生都是与生俱来的潜能,混淆了低级需要和高级需要的界限,忽视或否定了人类需要的社会性特征。其次,该理论带有一定的机械主义色彩。马斯洛认为低级需要没有得到满足,就不会产生较高一级的需要,没有充分认识到高级需要对低级需要的调节控制作用。在某些特定情景下,低层次需要没有获得基本满足也可能产生高层次的需要。例如,在汶川地震中,谭千秋老师不顾自己的生命安全,张开手臂护住了四个学生。学生们得救了,谭千秋却离世了。这就不能机械地套用先满足低层次需要再满足高层次需要的理论,连马斯洛自己也承认:"我们并不充分了解殉道者、英雄、爱国者、无私的人的动机。"因此,对于需要层次理论要结合现实情况加以分析。

第二节 动机

一、动机的概念及其功能

（一）动机的概念

动机是由目标或对象引导、激发和维持个体活动的一种内在心理过程或内部动力。动机必须有目标,同时动机要求活动。目标引导个体行为的方向,并且提供原动力;活动促使个体达到目标。动机是一种内部心理过程,不能直接观察到,但是可以通过外显的行为间接地进行推断。如一些热心慈善事业的人士,在助人动机驱使下表现出诸多的助人行为,人们通过观察个体在公益事业中的良好表现,从而能推断出其具有较高的助人动机。

需要和动机是紧密联系的,但也有差异。需要在主观上常以意向和愿望被体验着。模糊意识到的、未分化的需要叫意向。有某种意向时,人虽然意识到一定的活动方向,但却不明确活动所依据的具体需要以及以什么途径和方式来满足需要。明确意识到并想实现的需要叫愿望。如果愿望仅停留在头脑里,不把它付诸实际行动,那么这种需要还不能成为活动的动因。因此,处于静态的是需要,还不是动机。只有当愿望或需要激起人进行活动并维持这种活动时,需要才成为活动的动机。

(二)动机的功能

作为活动的一种动力,动机具有以下三种功能。

1. 激发功能

动机能激发起个体产生某种活动。动机能推动个体产生某种活动,使个体从静止状态转向活动状态,例如,为了考上名牌大学而努力学习,为了摆脱孤独而结交朋友,为了了解时事而关注新闻等。动机激活力量的大小,是由动机的性质和强度决定的。一般认为,中等强度的动机有利于任务的完成。

2. 指向功能

动机不仅激发行为,而且还能将机体的活动针对一定的目标或对象。如在成就动机支配下,科学家废寝忘食、放弃休息时间在实验室中进行科研;在爱国动机支配下,军人长年驻守在环境恶劣的边疆而不抱怨。动机不同,活动的方向和它所追求的目标也不同。

3. 维持和调节功能

当活动发生以后,动机维持着这种活动针对一定的目标,并调节着活动的强度和持续时间,表现为行为的坚持性。如果活动达到了目标,动机促使有机体终止这种活动;如果活动尚未达到目标,动机将驱使有机体维持(或加强)这种活动,或转换活动方向以达到某种目标。

在具体的活动中,动机各种功能的表现是很复杂的。一种活动可能受多个动机的支配,同样的活动背后可能是不同的动机,或者相同的动机可能会有不同的外部活动。例如,中学生努力学习,动机可能不同:有的可能是想今后做出一番事业,有的可能是想考取名牌大学,有的可能是希望得到老师或父母的肯定,有的可能是出于上述几种原因。又如,同样是在助人动机的支配下,有人会直接给对方钱,有人会提供给对方工作的机会,有人会给对方鼓励和安慰。因此,在分析人的活动的真实动机时,要根据活动的方向、内容、持久性等作长期的观察分析,以便对其行为作出准确的判断。

二、动机产生的条件

动机的产生需要内部和外部两种条件的共同作用。

（一）内在需要

动机是在需要的基础上产生的。没有得到满足的需要会推动人们去寻找满足需要的对象，从而产生活动的动机。例如，一个山区的孩子，非常渴望看到外面的世界。当看到别的孩子有机会走出大山，自己内心就盼望能有机会出去看看外面精彩的世界。

（二）外在诱因

凡能引起个体动机行为的外部刺激，均称为诱因。例如，盼望走出大山的孩子尽管想要走出去看看，但由于家庭贫困、交通不便等限制，需要不能得到满足，只能留在山里。但如果通往大山的道路修通了，又有一个组织可以资助山区孩子外出参加夏令营活动。于是，外在诱因激发了这个孩子的内在需要，使其产生走出大山的动机。

现代心理学越来越重视诱因对个体动机行为的影响。[①]动物实验表明，内在需要并不能直接推动机体的动机行为，只是使机体处于更易反应、准备反应的状态，外在动机才能使机体真正产生动机，导致行为。在老鼠走迷宫的实验中，如果在终端没有食物（无诱因），饥饿的老鼠（有较大的内在需要）并不比饱食的老鼠（缺少内在需要）更积极。但若在终端放了食物（有诱因），饥饿的老鼠就立刻飞跑。并且，当实验员把食物由大分量换成小分量，饥饿的老鼠也会相应地放慢速度，而当食物增多，饥饿的老鼠又会飞跑。这一实验突出反映了诱因对动机行为的调节作用。事实上，在人类生活中也有很多类似的情况。当一个已经饱食了的人（缺少内在需要）看到异常精美的点心（诱因），仍会忍不住品尝一下。该行为不是出于内部需要的推动，而是诱因的刺激。

三、动机的种类

根据不同的分类标准，人的动机可分为不同的种类。

（一）内在动机和外在动机

根据引起动机的原因，可将动机分为内在动机与外在动机。

内在动机是指活动动机出自活动者本人并且活动本身就能使活动者的需要得到满足。例如，有的学生努力学习是因为喜欢学习，能在学习过程中获得满足感。外在动机是指活动动机是由外在因素引起的，是追求活动之外的某种目标。例如，有的学生学习是为了获得奖章或者得到老师、父母的表扬。外在动机和内

---

① 黄希庭.心理学[M].上海：上海教育出版社，1997：92.

在动机之间是可以相互转化的。例如,有的学生最初愿意认真学习是为了获得老师和父母的表扬,但是随着学习的投入,他对知识的了解加深,逐渐地感觉到了学习的乐趣。于是这个学生不再是为了获得表扬而学习,而是能从学习过程中获得满足感。

（二）生物性动机和社会性动机

根据动机的起源,可把动机区分为生物性动机和社会性动机。

生物性动机,也称为生理性动机或原发性动机,是指与人的生理需要相联系的动机,例如,为了满足饥渴、疼痛、睡眠、性等需要而进行活动的动机。当生理需要得到满足时,生物性动机就会趋于下降。社会性动机,也称为心理性动机或习得性动机,是指与人的社会需要相联系的动机。社会性动机是后天习得的、相对比较高级的动机,例如交往动机、成就动机、权利动机等。

（三）长远的、概括的动机和短暂的、具体的动机

根据动机的影响范围和持续作用时间,可把动机区分为长远的、概括的动机和短暂的、具体的动机。

长远的、概括的动机是指与远期目标相联系的动机。这类动机具有相对稳定性,影响范围广,持续作用时间久。例如,一位大学生想要成为祖国的优秀人才,为建设祖国多做贡献。这个动机会促使他无论遇到什么样的困难,都会努力学习专业知识,积极参加各项社团活动,坚持锻炼身体等。

短暂的、具体的动机是指与近期目标相联系的动机。这类动机具体而有实效,但起作用的时间较短暂、不稳定,容易因情境的改变而改变。例如,某个学生为了应付老师课堂提问而临时抱佛脚地看书,一旦老师提问结束,这个学生也就不会再认真看书了。

一个好的动机应该是既有长远的、概括的动机,也有短暂的、具体的动机。这样,长远的、概括的动机会指引我们前进的大方向,而短暂的、具体的动机会明确地提醒我们每一步该做什么。

 知识卡片 8-2

对学习结果的评价能强化学习动机

赫洛克(E. B. Hunlock)把100名四、五年级的学生分成四个等组,在四种不同诱因的情况下进行加法练习,每天15分钟,共进行5天。第一组为受表扬组,每次练习后给予表扬和鼓励;第二组为受训斥组,每次练习后严加训斥;第三组为观察组,每次练习后,不进行任何评价,只让他们静听其他两

组受表扬和受批评;第四组为控制组,将他们与另外三组隔离,单独练习,不予评价。最后测量他们的成绩,发现:三个实验组的平均成绩均优于控制组,受表扬组和受训斥组的成绩又明显优于观察组,而受表扬组的成绩不断上升。

实验表明对学习结果的评价能强化学习动机。开展学习竞赛活动有助于唤起学生的斗志和兴奋水平,使他们在认识自己实力的同时发现自己的局限,及时查漏补缺。在这个过程中,老师扮演了一个评判者的角色,一方面,要引导学生找出成功或失败的原因;另一方面,应根据学生的现有知识水平,从有利于今后学习的角度进行归因。将成败归因于努力,可使成绩优异者不至于过分骄傲,能再接再厉;使成绩不理想的学生不至于自卑灰心,争取今后的成功。此外,还应注意安排学习成绩相当的学生按等级进行竞争,让每个进步的学生都有获胜的机会,这样才能避免能力差的学生丧失信心而产生逃避心理。

四、动机理论

(一) 耶克斯—多德森定律

心理学的研究表明,在各种活动中都有一个动机最佳水平问题。动机最佳水平因任务的性质不同而不同。在比较容易的任务中,工作效率随动机提高而上升;而在比较困难的任务中,动机最佳水平有逐渐下降的趋势。这种现象就是耶克斯—多德森定律,如图8-2所示。

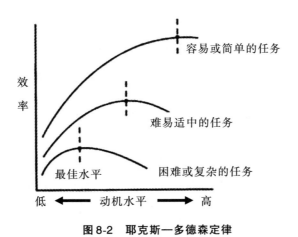

图8-2 耶克斯—多德森定律

根据耶克斯—多德森定律,面对困难或复杂的任务时,动机水平低一些会有利于任务的完成。面对中等难度的任务时,动机水平处于中等会有利于任务的完成。面对容易或简单的任务,动机水平相对较高会有利于任务的完成。这个定律在生活中有非常多的运用。比如,运动员在奥运会决赛的角逐中(想要获得冠军,此时任务非常困难),必须要将自己的动机水平调低(放松、不紧张)才有利于自身水平的发挥;而一个奥运冠军在平时的常规训练中(任务相对来说比较容易或简单),就必须要有适度的紧张水平才能保证训练的成绩,否则很容易"大意失荆州"。再如,在平时的复习中,要保持适当的紧张水平才能保证复习的最佳效果;而到了考试时,却需要放松心情才能发挥出最好水平。在考试之中,遇到简单的题目时,必须要提高紧张水平,以免粗心大意而丢分;而遇到困难题目时,必须要放松,才可能有灵感闪现。

 知识卡片 8-3

高水平运动员在跳板决赛中的失误

2004年8月16日,雅典奥运会男子双人三米跳板决赛的现场。中国选手彭勃和王克楠被排在第一个出场,两个人似乎并没有受到太大影响,稳稳地一路领先到第四轮。此时,这对中国选手的分数为283.89分,比第二位的杜马斯兄弟高了12分多。只要不出大的意外,最后一跳之后,冠军就将是他们的囊中之物。然而在最后一跳的时候,意外出现了。两个人的最后一个动作是向前翻腾两周半转体两周,难度为3.4。当两人起跳后,王克楠在空中对自己的动作显然失去了控制,摇摇晃晃地手脚一起扎入水中。所有的裁判一致给了他们0分!如此重大的失误令所有人都震惊了。然后,更令人震惊的事情接踵而至。第二个出场的杜马斯兄弟的反身翻腾两周半转体一周半以斜拍入水结束,第三个出场的俄罗斯老将萨乌丁也栽在反身翻腾两周半转体一周半这个动作上,弯着身体入水。最后名不见经传的希腊人希拉尼蒂斯和毕米斯成了笑到最后的人。

这场跳板决赛中的失误,与高水平运动员在紧张的大赛前动机强度过高有密切的关系。王克楠在比赛后懊悔地说:"我太想要那块金牌了。但是一起跳,我就知道自己没跳好,脑袋里一片空白。"正是因为夺金动机太强,反而导致了失误。在中国队失误之后,排名第二的队伍看到了夺金的希望,夺金动机瞬间变得强烈起来,于是失误又出现了。紧接着,排名第三的队伍也因为太强的夺金动机而出现失误。

(二)阿特金森的成就动机理论

阿特金森(J. W. Atkinson)认为,成就动机由两个不同因素或相反倾向组成:一种称为力求成功的动机,即人们追求成功和由成功带来的积极情感的倾向性;另一种是避免失败的动机,即人们避免失败和由失败带来的消极情感的倾向性。这两种动机或倾向可以视为人们的个性特征。

阿特金森的成就动机理论认为,动机水平依赖于一个人对目的的评价以及对达到目的可能性的评估,因而该理论被认为是期望价值理论。追求成功的动机乃是成就需要、对行为成功的主观期望概率以及取得成就的诱因值三者乘积的函数。如果用 Ts 来表示追求成功的倾向,那它是由以下三个因素所决定:对成就的需要(成功的动机)Ms;在该项任务上将会成功的可能性 Ps;成功的诱因值 Is。用公式可表示为:$Ts = Ms \times Ps \times Is$。在这个公式中,Is 与 Ps 是相反的关系,即 $Is = 1-Ps$。也就是说,当成功的可能性减小时,成功的诱因值增加;当成功的可能性增加时,成功的诱因值减少。例如,对于国家队一名优秀运动员来说,获得奥运会金牌这件事情可能性低,但却非常有吸引力;而获得市级运动会金牌的可能性比较高,但却不是那么有吸引力。

在生活中,经常可以见到符合阿特金森成就动机观点的现象,如两个人打乒乓球,如果甲水平很高,乙根本不可能赢甲,那么乙打球的积极性就非常低,觉得没意思;反之,如果甲的水平太低,乙总能轻松取胜,那么乙也会感觉没劲。只有当甲乙两人的水平不相上下、双方互有胜负时,两者才觉得玩得有趣,积极性才最高。

在教育和管理中,阿特金森的成就动机理论被形象地称为"跳起来摘桃子"。桃子即是目标,桃子并非摘不到(成功可能性为0%)或者唾手可得(成功可能性为100%),而是需要我们付出努力即跳起来才能摘到。当桃子需要人们跳起来才能摘到时,人们的积极性是最高的。在教育和管理之中,给学生或下属设定的目标应该是中等难度的目标(即跳起来才能摘到),这样对学生或下属动机的激发是最有利的。

如果设置的目标过难,不仅难以激发个体的动机,还会让个体持续遭遇失败而产生习得性无助感。所谓习得性无助感,是指由于连续的失败体验而导致个体产生的对行为结果感到无法控制、无能为力的心理状态。一旦个体产生习得性无助感,不仅会降低个体在特定事件上的动力,还会辐射到生活的方方面面,使个体对其他生活事件也缺乏信心。要避免个体产生习得性无助感,比较可行的一个方法是:设定一个中等难度的目标,而非遥不可及的目标。此时目标不但对于动机的激发最佳,而且只要个体付出努力,这个目标就能实现,也就能让我们体验到成就感而非无助感。多次的成就感积累在一起,会让人们产生习得性的成就感,从而对整个人生都充满自信。

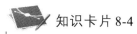
知识卡片 8-4

成功教育与学习

上海市闸北第八中学刘京海校长于1987年提出了成功教育理念,并一直坚持开展成功教育实践。成功教育观认为,成功是多方面的,并不是只有学习好,才算成功。成功教育注重面向全体学生,追求学生多方面的成功。与过去人们所提倡的"失败是成功之母"的理念不同,成功教育秉承"成功是成功之母"的思想。反复成功导致自我概念积极,而自我概念积极又促进人格的健全发展。

在最初的教育教学中,他们发现学习困难学生的主要问题是学习自信心差、学习积极性差。问题产生的主要原因是,他们都经历了学习过程的反复失败。针对这一情况,刘校长提出成功教育教学模式改革的核心是"帮助成功",即通过帮助学生成功,使学生获得更多更大的成功,使学生从反复失败的恶性循环演变为反复成功的良性循环。其基本做法是:调整教学要求,调整教学进度,低起点、小步子、多活动、快反馈。他们通过调整教学要求和教学进度,降低了目标难度,便于学生获得成功。

学习困难的学生,由于学习上的多次失败体验,非常容易产生习得性无助感。这样的学生不再愿意付出努力,学习积极性差。闸北第八中学的成功教育抓住了问题的关键,通过帮助学生成功,让学生逐渐摆脱习得性无助感。老师在帮助学生成功的过程中,降低了教学要求,让学生感觉到目标不是遥不可及的,而是通过努力可以达到的。于是,学生的积极性提高了,学习成绩也大幅提高。

(三) 认知失调理论

认知失调理论由费斯廷格(L. Festinger)于1957年提出。所谓认知失调是指一个人具有两个互相矛盾的认知,从而产生不愉快的体验。这种不愉快的体验驱使个体设法减轻或消除失调状态,使有关的态度和行为的认知变得协调起来,因而具有动机的作用。一般来说,失调强度越大,人们想要减弱或消除失调的动机就越强烈。

费斯廷格还提出了减少认知失调的三种方式。第一,改变某一认知因素,使其与其他因素之间失调的关系趋于缓和。例如,"我不喜欢运动"和"不运动对健康不利"是两个不协调的认知因素,个体可以通过加强锻炼或者搜集"不运动也无害于健康"的证据来缓和这种失调。第二,突出某一认知因素,使其"战胜"另一认知因素。例如,可以特别强调不运动对健康的危害性,在心理上产生恐惧感,促使自己加强锻炼,从而达到认识协调。第三,增加新的认知因素来协调已有的认知因素之间的关系。例如,通过增加"年轻人即使不运动对健康也没什么大碍"这一新的认识因素来降低失调。

认知失调理论在教育中有很多应用。例如,老师将维持课堂纪律的重任交给一个上课总喜欢说话、搞小动作的学生,那么他自己不遵守课堂纪律与监督别人这两种行为就会使这个学生产生认知失调,从而会促使他改正自己的缺点。又如,数学教师初次向学生讲解负数概念时,首先问学生:"2减3等于多少?不够减怎么办?"这一问题与学生头脑中已有的知识就会发生矛盾,从而会产生认知失调。这种认知失调会促使学生产生学习"2减3到底等于多少"这一新知识的动机。

(四)归因理论

所谓归因是指人们对别人或自己的行为的原因加以解释或推论的过程。心理学研究发现,归因不仅影响个体对自己行为的反思和再认识,而且会引起成功期望和情绪情感方面的心理变化,进而会影响到个体后继行为的动力,因而具有动机功能。

海德(F. Heider)指出,当人们在工作和学习中体验到成功和失败时,会寻找成功或失败的原因。一般来说,人会把行为的原因归结为内部原因和外部原因两种。内部原因是指存在于个体本身的因素,如能力、努力、兴趣、态度等。外部原因是指环境因素,如任务的难度、外部的奖励与惩罚、运气等。海德还提出了"控制点"的概念,并把人分为"内控型"和"外控型"。内控型的人认为成败是由自身的原因造成的,而外控型的人则认为成败是由于外部原因造成的。

韦纳(B. Weiner)系统地提出了动机的归因理论。他将个体的归因分为三个维度:控制性(可控与不可控)、稳定性(稳定与不稳定)、原因源(内部与外部)。他认为,能力是内部的、不可控的、相对稳定的因素;努力是内部的、可控的,但是不稳定的因素——个体有时会努力,有时会懒惰;任务难度是外部的、不可控的、相对稳定的因素;运气是外部的、不可控的、不稳定的因素——这次可能好运,下次可能倒霉。韦纳的归因模型见表8-1。

表8-1 韦纳的归因模型

	内部		外部	
	稳定	不稳定	稳定	不稳定
可控	持久的努力	一时的努力	他人的偏见	他人的帮助
不可控	能力	心境	任务难度	运气

一般来说,把行为结果成败的原因归结为外部的或不可控的因素,会降低个体后继行为的动力;而把行为结果成败的原因归结为内部的、可控的因素,则会增强个体后继行为的动力。例如,学生 A 顺利通过了大学英语六级考试,如果他将这件事情归结为自身能力很强,这样的归因强化了其"我是一个很有能力的人"这样的自我认识,他今后做任何事情都会更加信心百倍,动力也会很足。学生 B 没有通过大学英语六级考试,如果他将这件事情归结为自己努力不够,那么他在准备再次考试的复习中一定会更努力,动力会更足;如果他将这次的考试失败归结为命运不济,可以预见,即使他重新复习准备再次考试,也会将希望寄托在所谓的权威机构提供的参考资料上,会寄托在命运的眷顾上,因此不一定会付出更大的努力。

六、动机的应用

(一)成就动机

1. 成就动机的含义

成就动机是人们希望从事对个人有重要意义的、有一定困难的、具有挑战性的活动,在活动中能取得完满的优异结果和成绩,并能够超过他人的动机。例如,一个幼儿园的孩子希望自己做的手工画漂亮,能超过其他孩子;一个大学生希望自己能在应聘中表现良好,拔得头筹;一个青年希望自己能在工作中做出突出成绩,获得奖励;一个科学研究者工作者希望自己能在自己研究的领域有所建树,受到社会的好评。成就动机强烈的人,一般来说是一些有开创性的人,是能够觉察到自己周围的挑战并能成功应对挑战的人。成就动机的核心是一种追求高标准的倾向,表现为选择有难度的任务,面对挫折和困难表现出极大的韧性和毅力,超越自我和他人等。

麦克利兰(D. C. McClelland, 1917—1998)认为,高成就动机者有以下三个特征。

(1)高成就动机者总是精心选择自己的目标,不愿意随波逐流、随遇而安,而总是想有所作为。他们喜欢设立具有适度挑战性的目标,通过选择奋斗目标以实现自身价值。他们会全力以赴,非常努力。若成功了,他们会以接受荣誉而自豪;若失败了,他们也勇于承担责任。

(2)高成就动机者会选择中等难度的目标,而不喜欢接受那些在他们看来特别容易或特别困难的工作任务。对于他们来说,任务特别容易,唾手可得,没有一点成就感;任务太难,会因无法实现而产生失落感。对他们而言,当成败可能性均等时,才是一种能从自身的奋斗中体验成功的喜悦与满足的最佳机会。

(3)高成就动机者喜欢能立即给予反馈信息的任务。目标对于他们非常重要,所以他们希望得到有关工作绩效的及时明确的反馈信息,从而了解自己是否有所进步。这就是高成就动机者往往选择专业性职业、从事销售或参与经营活动的原因之一。

知识卡片 8-5

测量成就动机的方法——主题统觉测验

成就动机是可以测量的。麦克利兰认为,成就动机可以展现在人们的想象或幻想之中,这些想象或幻想能表现出动机。麦克利兰通过主题统觉测验来测量个体的动机。他对莫瑞的主题统觉测验进行了修改,增强了其客观化程度,并使之适合于团体施测。

如图8-3所示,要求被试可以按以下问题编写故事:这个男孩是谁?他在想什么?将要发生什么?如果某一被试多次认为,图片中的男孩是在自豪地回想自己在一次考试中取得的优异成绩,打算争取到一份奖学金,或梦想将来成为一名优等生,说明这个被试具有高的成就动机。如果某一被试多次认为,图片中的男孩在畅想周末的安排,并在考虑

图8-3 成就动机测验图片

如何讨得女朋友的欢心,则说明这个被试成就动机偏低。

2.成就动机的作用

成就动机对个体的活动有重要的作用。许多研究发现,在两个人的智商大体相当的情况下,成就动机高的人比成就动机低的人在活动中成功的可能性要高一些。在学校里,成就动机高的学生成绩可能较好,名次靠前;在事业上,成就动机高的职工有可能取得较好的业绩。成就动机的高低还影响到人们对职业的选择。成就动机水平高的个体在为自己选定职业时大多比较现实,能从自身水平出发,选定一个比较实际的职业目标;成就动机低的人,愿意选择风险较小、独立决策较小的职业。而成就动机高的人爱毛遂自荐,喜欢担任富于开创性的工作,并在工作中敢于自己做出决策。此外,研究表明,公司的利润与管理者的成就动机有显著的正相关。高成就动机的管理者更尊重他的下属人员,比低成就动机的管理者更容易从下属那里获得新想法,也更尊重下属的新想法。

实际上,成就动机不仅影响个人的发展,而且还能推动社会经济的发展。有关社会成员成就动机水平与社会经济状况关系的研究指出,社会群体总体的成就

动机水平与其社会经济发展水平之间有着密不可分的关系。例如,在古希腊由兴盛到衰落的过程中,社会成员动机水平也表现出了由高到低变化的特点。

(二) 学习动机

学习动机是推动学生进行学习活动的内在动力。

1. 学习动机的成分

奥苏贝尔(D. P. Ausubel, 1918—2008)认为,学习情境中的学习动机至少应包括三种内驱力,即认知内驱力、自我提高内驱力以及附属内驱力。

(1) 认知内驱力

认知内驱力就是指学生渴望认知、理解和掌握知识以及陈述和解决问题的倾向。简言之,即一种求知的需要。它发端于学生好奇的倾向,以及探究、操作、理解和应付环境的心理倾向。这种动机指向学习任务本身即为了获得知识,满足这种动机的奖励即知识的实际获得是由于学习本身提供的,因而也被称为内部动机。在有意义的学习中,认知内驱力是一种最重要和最稳定的动机。因此,在学习中必须重视认知和理解的价值,并以此为目的,而不应把通过学习获得的实利作为首要目标。

(2) 自我提高内驱力

自我提高内驱力是一种通过自身努力,胜任一定的工作、取得一定的成就,从而赢得一定的社会地位的需要。它与认知内驱力的区别在于:认知内驱力的指向是知识内容本身,它以获得知识和理解事物为满足;自我提高的内驱力指向的是一定的社会地位,它以赢得一定的地位为满足。显然,自我提高的内驱力是一种外部动机。

同认知内驱力相比,自我提高内驱力虽然属于外部的、间接的学习动机,但是,它的作用时间往往比认知内驱力还要长久。认知内驱力往往随着学习内容的变化而发生变化。当学习的内容不能激发起学生的认知兴趣时,认知内驱力就要下降或转移方向。所以,认知内驱力对于大多数学生或大多数学科来说,很难起到持久的激励作用。而自我提高内驱力一旦指向远大的理想或与长期的奋斗目标结合起来,就会成为鞭策学生努力学习、持续奋斗的长久力量。因此,在教学中培养学生树立崇高的理想和远大的抱负,是激发学生自我提驱力的有效措施。但是,过分强调自我提高内驱力的作用,会助长学生的功利主义倾向,使学生把学习看成是追求功名和利益的手段,而降低对学习任务本身的兴趣。因此,培养和激发自我提高内驱力一定要与培养和激发学生的认知内驱力结合起来,使内部动机和外部动机都发挥应有的促进学习的作用。

(3) 附属内驱力

附属内驱力是指个人为了得到长者们或权威们的赞许或认可而表现出来的

一种把学习或工作做好的需要。对于学生来说,附属内驱力表现为学生为了赢得家长或教师的认可或赞许而努力学习、取得好成绩的需要。附属内驱力有比较明显的年龄特征。在年龄较小的儿童身上,附属内驱力是学习动机的主要成分。随着儿童年龄的增长和独立性的增强,附属内驱力不仅在强度上有所减弱,而且在附属对象上也从家长和教师转移到同伴身上。在青少年时期,来自同伴的赞许或认可将成为一个强有力的动机因素。

 知识卡片8-6

邓亚萍的求学之路

邓亚萍是我国著名的乒乓球运动员,曾获得过18个世界冠军,连续两届共4次奥运会冠军,被誉为"乒乓皇后"。邓亚萍有着精彩的运动生涯,她的求学之路也精彩无限。

1997年,结束运动员生涯的邓亚萍走上了求学之路,进入清华大学学习英语。此时,她的英文几乎是一张白纸,既没有英文的底子,也没有口语交流的能力。邓亚萍回忆说:"老师想看看我的水平,要我写出26个英文字母。我费了一阵心思总算写了出来。看着一会儿大写、一会儿小写的字母,我有些不好意思。老师,就这个样子了,但请老师放心,我一定努力!"刚开始上课时,老师的讲述对她无异于天书,她只能尽力一字不漏地听着、记着,回到宿舍,再一点点翻词典,一点点硬啃硬记。为了赶上老师的进度,邓亚萍给自己制订了学习计划:一切从零开始,坚持从课本第一页学起,从第一个字母、第一个单词背起;一天必须保证14个小时的学习时间,每天5点准时起床,读音标、背单词、练听力,直到正式上课;晚上整理讲义,温习功课,直到深夜12点。由于全身心投入学习,她几乎取消了与学习无关的其他社交活动。没有超人的付出,就不会有超人的成绩。她的坚持是对的。1998年初,邓亚萍作为交换生到英国剑桥大学进修英语。这是一个难得的机会,但却又是一个艰难的起步。除了像在国内那样,整理讲义、查询资料、练习听力外,邓亚萍还利用课余时间深入人群,先听他们谈话,然后慢慢练习与他们说话,每次回来,反复琢磨,进一步学习。一年多后,她的口语和听力就进入班里的优等生行列。

2001年9月,她进入英国诺丁汉大学攻读硕士学位。一年后,面对严格的考官,她用英文宣读了论文《从小脚女人到奥运冠军》,再次征服了考官。2002年12月22日,邓亚萍获得了硕士学位。当年,她又开始了新的拼搏——攻读剑桥大学博士学位,并于2008年获得经济学博士学位。

(三) 志愿服务动机

我国的青年志愿者行动自20世纪90年代发端以来,得到了蓬勃发展。特别是近几年,伴随着汶川地震、北京奥运会、玉树地震、上海世博会、广州亚运会等重大公共事件的发生,志愿者、志愿服务更是成为大家耳熟能详的一个名词。在2008年北京奥运会、残奥会期间,赛会志愿者约7万人,城市志愿者更是高达40万人。2010年上海世博会期间,园区志愿者每天约6000人,共近8万人;城市志愿服务站点志愿者约13万人;城市文明志愿者近200万人。志愿服务工作是指人们志愿贡献个人的时间及精力,在不求任何物质报酬的情况下,为改善社会服务、促进社会和谐进步而提供的服务。虽然志愿者在志愿服务工作中不能获取物质方面的报酬,但目前参与志愿服务的人群却在不断扩大。人们参与志愿服务主要是出于以下一些动机。[1][2]

1. 以责任感为轴心的传统性动机

以责任感为轴心的动机除了责任感之外,还包括帮助别人或为他人(或同学)服务、做些对社会有益或有意义的事情等。如很多志愿者愿意到偏远地区支教、愿意到最危险的地震灾区工作,单纯地就是为了帮助别人,正所谓"帮助别人、快乐自己"。

2. 以发展为轴心的现代性动机

以发展为轴心的动机包括专业实践、专业研究、锻炼能力、扩大交往圈、和同学有更多的交流、更容易接近老师、丰富生活、接触了解社会、适应社会、寻机会兼职等。如不少志愿者希望通过志愿服务工作,能够将自己所学的专业知识应用于实践,锻炼自己的能力。

3. 以快乐为轴心的后现代性动机

以快乐为轴心的动机除了快乐之外,还包括好奇、新奇、兴趣、自由、休闲、玩玩、开心、好玩、充实、满足等。如有些志愿者愿意到偏远地区支教,是为了体验农村不一样的生活,为了好玩。

随着社会的发展,志愿者参与志愿服务的动机正在实现从以责任感为轴心的传统性动机向以发展为轴心的现代性动机和以快乐为轴心的后现代性动机转型。

(四) 网购动机

随着互联网的蓬勃发展,电子商务的兴起,人们的购物方式发生了巨大变化。如今网络购物已经成为众多现代人的一种生活方式,人们足不出户即可买到

---

[1] 吴鲁平.志愿者的参与动机:类型、结构——对24名青年志愿者的访谈分析[J].青年研究,2007(5):31-40.
[2] 吴鲁平.志愿者参与动机的结构转型和多元共生现象研究——对24名青年志愿者的深度访谈分析[J].中国青年研究,2008(2):5-10.

自己想要的东西。在2012年"双十一"期间,仅淘宝一家网站的销售额就达191亿元之多,可见网络购物已经渗透到了人们生活的方方面面。人们热衷于网络购物主要是出于以下一些动机。

1. 求便动机

寻求方便是很多人选择网络购物的主要动机。网络购物不受时空限制,人们可以在自己方便的时间和地点进行购买,可以足不出户就拿到自己心仪的商品,免除了到商场购物的辛苦与劳累。此外,网络购物还可以让我们买到很多自己从未听说过的异地、异域的商品。

2. 求廉动机

买到价廉物美的商品是很多人购物时追求的目标。很多人选择网络购物,是因为网络上购买的商品比实体店的商品便宜很多。今天经常会看到有人一边在实体店试穿衣服,一边拿着手机对比实体店与网店的商品价格。

3. 自我保护动机

有的人不善言辞,不习惯与人面对面讲价还价、交流商品信息。网络购物可以通过网络聊天等方式进行沟通,正好可以避开面对面的沟通,可以起到很好的自我保护作用。另外,在购买一些隐私性商品的时候,网络购物也可以起到保护消费者的作用。

4. 交友动机

有些人喜欢网络购物,是因为在购买到心仪商品的同时还能交到朋友,扩大自己的社交圈。比如很多人在网络购物的时候会浏览别人对商品的评价,在网上向他人咨询,加入某些社区,或者相互加为社交群好友等。

(五) 旅游动机

近些年,外出旅游成为国人在节假日的首选。尤其是在"十一黄金周"、"五一小长假"等期间,人们纷纷走出家门,外出旅游。人们外出旅游主要是出于以下一些动机。

1. 休闲娱乐动机

不少旅游者外出旅游就是为了放松身心、休闲好玩,满足更加舒适的生理需要。如有的人到温泉疗养是为了追求身体健康;有的人外出旅游是为了吃到当地的特色小吃;有的人到山村休假是为了逃避城市的喧嚣,睡个好觉。

2. 审美动机

很多人旅游的目的是为了追求美的事物,出于审美动机。一些自然风光优美独特的地方总是人们旅游的向往之地,正体现了旅游者对自然美的追求。如前往九寨沟旅游的人,很多都是为了去欣赏那里独有的"水"风光;前往敦煌参观古代石窟的人们,有不少是为了欣赏其中的艺术品、壁画。

3. 求知动机

为了获取知识也是很多人外出旅游的原因,正所谓"出去走一走,开阔眼界"。例如近年来兴起的红色旅游,大部分人是为了了解过去的那段光荣的历史,获得有关历史的知识,体现了人们求知的需要。一些机构推出的"暑期夏令营"等活动深受家长和孩子的喜欢,是因为这类旅行正好切合了人们的求知动机。

4. 探险动机

有些人喜欢到尚未完全被开发的地方旅游,挑战大自然中的各种艰难险阻,这类人旅游是出于探险动机。比如,一些旅游景点开发的漂流、攀岩、登山、潜水等活动以及近年来有旅行社推出的南极旅游线路等都大受欢迎,正是因为这些活动正好迎合了人们的探险动机。此外,近年来一些自发组织的"驴友团"虽然频出安全事故,但却屡禁不止,也是因为"驴友团"的行程往往惊险刺激,满足了人们探险的需要。

5. 交友动机

有些人外出旅游是为了通过旅游这样一种活动结识新朋友。有旅行社在七夕到来之际,纷纷推出"单身交友旅游团",在其中融入了相亲元素,仅限单身适龄人士参加,结果大受欢迎。一些旅游爱好者组织了旅游俱乐部,将有共同兴趣爱好的旅游者组织到一起,共同开展旅游活动,经常进行信息和经验的交流,也体现了他们的交友动机。

 知识卡片 8-7

歌曲《我想去桂林》中的动机冲突

20世纪90年代,流行歌曲《我想去桂林》,唱出了歌者在向往旅游的时候所产生的时间与金钱的冲突。进入21世纪,越来越多的中国人走出家门、国门,开始享受旅游度假的轻松愉快,但时至今日,这首歌曲所揭示的动机冲突仍然有其现实性。

我想去桂林

演唱:韩晓

在校园的时候曾经梦想去桂林
到那山水甲天下的阳朔仙境
漓江的水呀常在我心里流

去那美丽的地方是我一生的祈望
有位老爷爷他退休有钱有时间
他给我描绘了那幅美妙画卷
刘三姐的歌声和动人的传说
亲临其境是老爷爷一生的心愿
我想去桂林呀,我想去桂林
可是有时间的时候我却没有钱
我想去桂林呀,我想去桂林
可是有了钱的时候我却没时间

推荐影片

《小孩不笨2》

《小孩不笨2》讲述了两个家庭的孩子在成长过程中经历的问题以及家长、教师在教育孩子过程中出现的矛盾、冲突。故事的主角是生长在中产阶级家庭汤姆和杰里两兄弟,以及出身贫寒家庭的成才。汤姆学业有成,但是没有感受到家庭的温暖。他因为带色情光碟到学校而被学校处分。成才学业不良,喜欢打架,因殴打老师被开除。汤姆与成才离开学校,最终加入了小混混群体。后来汤姆与成才被兄弟们指使去偷东西,被假警察抓住并勒索。为了筹集资金给假警察,他们抢了老婆婆的金链,最终良心发现还给了婆婆,却被街坊抓起来。汤姆父亲为了挽救孩子,跪地请求原谅,成才的父亲在与小混混打斗中受伤离世。后来汤姆和父亲配合成功地抓住了假警察。父亲去世后,复学的成才积极在学校练武术,最终代表新加坡出赛,赢得武术冠军。杰里成了一个品学兼优的孩子,在学校文艺演出中担当主角。杰里为了让父亲去看自己的演出,偷了便利店的钱去"买"父亲的时间。最终,一家人解除了误会,观看了杰里的表演。

点评与反思:影片中体现出不同层次的需要,印证了需要层次理论的观点。

(1) 爱与归属的需要在影片中的体现

杰里一直想要父母去看自己的演出,可是他们总说忙。杰里无意中听到爸爸说"给我500块,我的一个小时就属于你了"。于是杰里就开始想要攒钱买爸爸的时间,让爸爸能去看自己的演出。为了得到爸爸妈妈的爱,杰里积极地筹钱,无奈之下偷了便利店的钱。

汤姆和成才在家中没有感受到爱与归属,但是在小混混群体当中却感受到了爱与归属。当小混混们跟他们说"加入我们,以后我们罩着你"时,他们一下子找到了归属感,毫不犹豫地加入了小混混群体。

（2）尊重的需要在影片中的体现

汤姆的博客写得好,但是妈妈却不以为然,汤姆的成绩没有得到应有的尊重。当小混混们对汤姆说"听说你很会设计网站,帮我们的帮派设计一个网站,这个(电脑)就是你的了",汤姆瞬间感觉到自己受到了尊重,眼睛都发光了。

（3）自我实现的需要在影片中的体现

父亲去世后,成才积极练习武术,最终代表新加坡出赛,赢得武术冠军,最终达到了自我实现。

 实践与实验指导

学习动力自我测试[①]

该量表旨在帮助受测者了解自己在学习动机、学习兴趣、学习目标上是否存在困扰。共20个题目,请你实事求是地在与自己情况相符的题目后打"√"号,不相符的题目后打"×"号。

（　）1. 如果别人不督促你,你极少主动地学习。
（　）2. 你一读书就觉得疲劳与厌烦,只想睡觉。
（　）3. 当你读书时,需要很长时间才能提起精神。
（　）4. 除了老师指定的作业外,你不想再多看书。
（　）5. 如有不懂的,你根本不想设法弄懂它。
（　）6. 你常想自己不用花太多的时间学习成绩也会超过别人。
（　）7. 你迫切希望自己在短时间内就能大幅度提高自己的学习成绩。
（　）8. 你常为短时间内成绩没能提高而烦恼不已。
（　）9. 为了及时完成某项作业,你宁愿废寝忘食、通宵达旦。
（　）10. 为了把功课学好,你放弃了很多你感兴趣的活动,如体育锻炼、看电影与郊游等。
（　）11. 你觉得读书没意思,想去找个工作做。
（　）12. 你常认为课本上的基础知识没啥好学的,只有看高深的理论,读大部头作品才带劲。
（　）13. 只在你喜欢的科目上狠下工夫,而对不喜欢的科目放任自流。
（　）14. 你花在课外读物上的时间比花在教科书上的时间要多得多。
（　）15. 你把自己的时间平均分配在各科上。
（　）16. 你给自己定下的学习目标,多数因做不到而不得不放弃。
（　）17. 你几乎毫不费力就实现了你的学习目标。

[①] 卢家楣,魏庆安,李其维.心理学——基础理论及其教育应用[M].上海:上海人民出版社,2004:316-318.

（　）18. 你总是同时为实现几个学习目标而忙得焦头烂额。
（　）19. 为了对付每天的学习任务,你已经感到力不从心。
（　）20. 为了实现一个大目标,你不在给自己制定循序渐进的小目标。

上述20个题目可分成4组:1—5题测查学习动机是不是太弱;6—10题测查学习动机是不是太强;11—15题测查学习兴趣是否存在困扰;16—20题测查学习目标是否存在困扰。假如与某组题目中大多数题干描述的情况相符,说明受测者在相应方面上存在认识偏差或存在困扰。

复习思考题

一、名词解释

　　需要　动机　耶克斯—多德森定律　成就动机　学习动机

二、简答题

　　1. 简述并举例说明动机的功能。
　　2. 简述阿特金森成就动机理论的要点。
　　3. 简述动机、内在需要、外在诱因三者之间的关系。

三、论述题

　　1. 论述马斯洛需要层次理论的要点,并说明其在生活中的具体应用。
　　2. 论述激发学生学习动机的方法。

四、案例分析

　　2012年7月31日,伦敦奥运会女子双打小组赛最后一轮比赛中,两对来自韩国的羽毛球女双组合,以及中国、印尼各一对组合,为了在接下来的淘汰赛中获得理想中的签位,故意输掉比赛。其中一场比赛中,观众们对比赛双方"争相失误"的表现发出嘘声一片。世界羽联认为她们在比赛中"没有尽全力赢得比赛、比赛行为严重违反体育比赛精神",最终做出处罚决定:四对涉及消极比赛的羽毛球选手被取消继续参加伦敦奥运会的资格。

　　请对这些故意输球的羽毛球选手的成就动机水平进行分析。

主要参考文献

[1] 彭聃龄.普通心理学[M].北京:北京师范大学出版社,2007.

[2] 黄希庭.心理学[M].上海:上海教育出版社,2001.

[3] 李红.现代心理学[M].成都:四川教育出版社,2010.

[4] 王振宏,李彩娜.教育心理学[M].北京:高等教育出版社,2011.

[5] 卢家楣,魏庆安,李其维.心理学——基础理论及其教育应用[M].上海:上海人民出版社,2004.

第九章 人 格

案例9-1

君子剑还是伪君子

金庸所著的武侠小说《笑傲江湖》中讲到,华山派掌门人岳不群,外号叫做"君子剑",平日说话满口仁义道德,最讲究武林规矩,而实际上却深谋远虑,对外工于心计,对内则疑心重重,是十足的伪君子。正如任我行所评价的那样:"人家金钟罩、铁布衫功夫是周身刀枪不入,此人(岳不群)的金脸罩、铁面皮神功,却只练硬一张脸皮。"①

"人格"一词源于古希腊语中的"面具",本意是指演员在舞台上演戏时戴的面具。在心理学中其含义是指:在人生的大舞台上,人也会根据社会角色的不同来变换面具,这些面具就是人格的外在表现。面具后面还有一个实实在在的真我,即真实的人格,它可能和外在的面具截然不同。因此"人格"有两个层面的含义,一方面是指外在的行为、言语表现出来的特点,这是一个人外在的人格品质;另一方面是指面具后面的真实自我,是个体内在的人格特点。

第一节 人 格

一、人格

人格是个体内部身心系统的动力组织,决定了人的行为和思想的独特性。人格的主要特点有稳定性与可塑性、独特性与共同性、整体性、社会性。

---

① 金庸.笑傲江湖[M].广州:广州出版社,花城出版社,2001:978.

1. 人格具有稳定性与可塑性

人格的稳定性是指个体行为表现中经常出现的特点,偶尔表现出来的特征不能称为人格。例如,一个人平时性格外向,开朗健谈,但偶然一次比较沉默,其人格特征仍是外向而不是内向。同时,每个人在长期的生活中都会形成自己独特的人格,一旦形成,便会有相对的稳定性。

人格也不是一成不变的,环境的影响、生活中的重大变革也可能导致人格发生改变。一般来说,儿童的人格还不稳定,受环境影响比较大,可塑性较强,因此在对儿童进行教育时,应该侧重于塑造其良好的人格。成年人的人格相对来说比较稳定。在临床心理咨询与治疗中常将人格是否相对稳定作为判断心理正常还是异常的标准之一。

2. 人格具有独特性与共同性

"龙生九子,各有不同",人格正是标志着人和人之间差异的主要方面。人格的形成受到很多因素的影响,如生物因素、环境因素、后天教育等。人格的这种独特性明确地表现在人们在相同情境中的不同反应上,"近墨者黑"与"出淤泥而不染"正是两种截然不同的表现。

在长期的交流和共同文化影响下,同一民族、同一阶级的人群也常表现出共同的人格特征,比如中国人具有勤劳、善良、内敛等人格特点,形成了具有民族特点的人格特征。

3. 人格具有整体性

人格是一个包含多种成分的有机整体。人格的各个部分协调一致地运行,才能保证人们正常地生活、学习。否则,人们就会产生心理冲突,无法适应生活,甚至出现人格分裂。

4. 人格具有社会性

每个人都是社会的人。人格形成的过程中,为了适应社会生活,不可避免地要打上社会的烙印。人们习得社会规范的过程就是社会化的过程。离开人格的社会性来谈人格是没有意义的。每个人都要和别人发生这样那样的关系,气质、性格等其他人格成分都是在与他人交往过程中形成的。

二、人格的结构

弗洛伊德于19世纪末20世纪初创立了精神分析理论,提出了人格的动力结构:本我、自我、超我。

(一) 本我

本我(id)是人格的原始部分,处于人格的最底层。它是以个体的生物学为基础的,主要由潜意识中的性本能和攻击本能构成。本我是非理智的,按照快乐原则行事,没有什么是非善恶的标准,其活动的目的就是满足个体当前的需要,争取最大的快乐,将痛苦降到最低。本我是人格形成的基础。

(二) 自我

自我(ego)是人格当中理智、现实的部分。人是生活在一定的社会群体和物理空间里的,不能随心所欲,在一些情况下必须控制自己的本能和欲望的冲动。因此,自我就从本我中分化出来。它按照现实原则活动,尽可能地满足本我产生的需要,但是要考虑现实情况,需要的满足必须和环境达成妥协。自我是本我的管理者、服务者,同时还要服务于超我。

(三) 超我

超我(superego)是人格当中最文明的部分,它是个体社会价值内在化的一种结构。这些价值观往往是个体在童年时期由父母灌输的,由此形成了什么是好、什么是坏的判断标准。这种标准逐渐内化为儿童的行为习惯,约束着个体的行为。弗洛伊德将超我分为两个部分:良心和理想自我。儿童做错事时父母对其的惩罚,会促使儿童形成愧疚感,即为良心。当儿童做了符合社会规范的事时,父母给予其奖励和赞许,使其产生自豪感,即为理想自我。超我代表着社会道德规范,它按照"道德原则"活动,对于本我的不为社会许可的本能和欲望进行抑制,并且引导自我放弃现实目标,追求道德目标,以达到人格的完善。

在人格动力结构里面,自我的任务最重,它是维护人格结构平衡的关键因素,既要合理地满足本我,又要尊重现实环境,还要调节本我与超我之间的冲突。因此,弗洛伊德将自我比喻为被三个暴君统治的臣民,它必须在本我、超我、现实环境三者之间不断调节,以达到一种相对平衡的状态。

 知识卡片9-1

人格结构的冰山模型

弗洛伊德认为,人的精神生活是由意识、前意识和潜意识(也称无意识)三部分构成的。

意识是人格的表层部分,是指人们能够觉察到的自我的观念和感觉,是由人能随时想到、清楚觉察到的主观经验所组成。前意识位于意识和潜意识之间,由一些虽不能即刻回想起来但稍加努力即可成为意识的经验构成。而潜意识是人格最深层的部分,通常情况下人们意识不到它的存在,但它却对人们的一切行为产生影响。弗洛伊德认为潜意识的主要成分是原始的冲动和各种的本能、个人遗忘了的童年经验或创伤性体验以及不合伦理的各种欲望和感情。

弗洛伊德曾说:"人格中有两大系统,一是无意识系统;另一是前意识系统(它包括意识)。它们类似于两个房间。无意识系统就像一个大的前庭,而前意识系统就像接着前庭的一个小房间,意识也居住于这一房间内。在意识居住的小客室和无意识居住的前庭之间的门槛上却站着一个检查官,他传递个别的精神冲动,检查它们,如果未经他的许可,它们是不能进入会客厅的。"

潜意识是人格结构中最强大、最有力也是最深层的部分。通常情况下,人们意识不到它的存在,通过催眠、口误的分析或是释梦可以发现它。潜意识影响着个体的思维以及行为方式。但是并非所有的潜意识中的欲望都可以表现出来或者转化为人们的行动。一般情况下潜意识是意识不到的,欲望、观念想要进入意识,必须先经过前意识的检查,如果被意识排斥拒绝,它们并不会消失,而是以各种防御、虚假和歪曲的方式寻求表达,比如梦。弗洛伊德将人格结构比做冰山,冰山分为三层,意识相当于最上面一层,是浮在水面上人们能看见的,但它只是冰山很小的一部分。前意识相当于紧挨着水面下的那部分,而潜意识是冰山最下层的部分,它最大,也是整个冰山基本的支撑(图9-1)。

弗洛伊德认为潜意识中的各种本能极大地控制着人们的行为。当个体产生某些需要时,本能就会被激发起来起到驱力的作用,刺激人们去寻求满足。但是如果受到前意识的阻挠不能满足,个体将会产生痛苦和冲突。

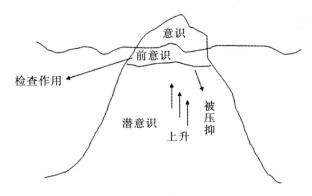

图9-1 意识、前意识、潜意识的关系

三、人格的类型

对于人格类型的划分来自于人格理论中的类型理论,用不同的人格类型来描述一类人与另一类人的心理差异。常见的人格类型的分类主要有以下几种。

（一）内向—外向型人格

内外向是以个体心理活动的指向性为指标的。外向人格的特点是：关注外部世界，情感表露在外，热情奔放，性格开朗，善于人际交往。内向人格的特点是：情感内隐，做事谨慎，深思熟虑，顾虑重重，不善交际，适应环境有些困难。根据个体内向和外向两种特征的主导性，可以判断一个人是内向型还是外向型人格。

（二）A—B型人格

美国医学家弗里德曼（M. Friedman）和罗森曼（R. Roseman）发现心血管病患者很大一部分都拥有与众不同的人格特征，并据此提出了A型人格类型观点。

A型人格多见于男性，主要的特点是雄心勃勃、勇于竞争、成就欲强、争强好胜、上进心强、总是觉得时间紧迫、做事情认真负责、讲话和运动迅速但莽撞、缺乏耐心、具有一定程度的攻击性和完美主义倾向。1960年进行的首次大规模调查发现在，3000多名健康的中年男性中有一半的对象属于A型人格；八年半后，A型人格者患冠心病的发病率比非A型人格高出一倍。因此，A型人格的行为模式成为心脏病的一个明确的危险因素。

相对于A型人格，B型人格的主要特点是比较沉稳、放松，没有攻击性，脾气随和，容易满足，喜欢比较慢的生活节奏，属于比较懒散、平凡之人。在对待疾病和健康的态度上，A型人格和B型人格表现出不同的特点。A型人格倾向于注意轻微的疼痛和一些身体不适症状，但是并不总是对这些症状做出适当反应。而B型人格的人更倾向于对他们的健康状况做出比较客观的判断，当他们感到生病时会习惯于采取一些措施来进行缓解，如避免过度劳累、适当休息等。A型人格则常常不计后果地工作直至累到病倒。

有研究者还考察了一种易罹患癌症的人格特点和应对方式。由于这种人格类型与癌症具有密切的关系，因此研究者将这种人格类型称为C型人格。C型人格的主要特点是逆来顺受，不喜表现愤怒，倾向于将愤怒等不良情绪压抑在心里加以控制，对于别人过分地合作、屈从，生活和工作中没有主意和目标，为了避免各种冲突，宁愿压抑自己。

（三）职业人格分类

美国学者霍兰德（J. Holland）发现不同的人在进行职业选择的时候有着很大的差异，只有当个体的人格特征与职业特征相匹配时，人们才会表现出最大的积极性，才能最大限度地发挥自身优势。霍兰德据此把人格分为六种类型，并编制了霍兰德职业倾向问卷，以帮助人们发现和确定自己的职业兴趣和能力特长，从而更好地做出求职择业的决策。该问卷已经广泛应用于筛选和选拔人才的过程中，以达到人职匹配的效果。

1. 现实型

现实型个体的基本特点是重视实际利益,喜欢有规则的具体劳动和需要操作技能的工作,不爱社交,喜欢安定,感情不丰富。这一类型的人一般喜欢做一些技能性或技术性工作,如修理工、机械装配工等。

2. 研究型

研究型个体的基本特点是喜欢观察和分析,好奇心强,比较慎重,喜欢一些智力的、分析的创造性、研究性工作,缺乏领导才能,多喜欢从事独立和富有创造性的工作,如科学研究员、工程师等。

3. 艺术型

艺术型个体的基本特点是想象力丰富,热情冲动,相信直觉,理想化而有创意,喜欢自由度大、不受约束的工作,比如演员、艺术设计师、诗人等。

4. 社会型

社会型个体的基本特点是善于合作,乐于助人,责任感强,注重人际关系,喜欢社会交往,喜欢选择一些教育、医疗、社会工作,如教师、医生、公关人员。

5. 企业型

企业型个体的基本特点是支配欲望强,具有冒险精神,乐观自信,精力充沛,善于社交,喜欢发表个人见解。这一类型的人倾向于选择组织、领导工作,如政府官员、企业经理等。

6. 传统型

传统型个体的基本特点是自制力强,保守顺从,谨慎实际,稳定有效率,但想象力差些,喜欢稳定、有秩序的工作,因此多选择一些系统有条理的工作,如会计、资料管理员等。

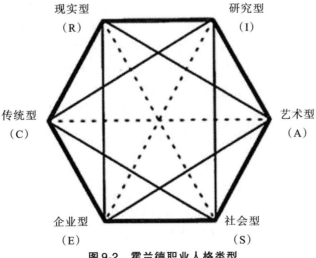

图 9-2　霍兰德职业人格类型

在现实中,多数人的职业倾向并非只有一种倾向,比如一个人的择业倾向中可能同时包含着社会倾向、实际倾向和研究倾向等。霍兰德认为,这些倾向之间越相似,相容性越强,则一个人在选择职业时所面临的内在冲突和犹豫就会越少。霍兰德把这六种职业倾向分别放在一个正六边形的顶点上,这就意味着分别处于两个相邻类型的个体之间的共同性较多;而如果两个类型中间隔了别的类型,则分处于这两个类型的个体之间的共同性就少;如果两个类型分别处于六边形上对角位置,即为相对关系,分处相对关系的人格类型之间的共同点很少(图9-2)。根据霍兰德职业倾向调查表的测评结果,个体就可以更加明确适合自己的职业类型。

第二节 人格成分

案例9-2

孔子对学生人格的分析

在《论语》中,有如下记载:"柴也愚,参也鲁,师也辟,由也喭。"意思是说孔子认为自己的四个学生各有特点,其中高柴愚直,曾参迟钝,颛孙师偏激,仲由鲁莽。还有一次,两个学生问了同样的问题,孔子却给了不同的回答,令学生公西华迷惑不解。"子路问:'闻斯行诸?'子曰:'有父兄在,如之何其闻斯行之?'冉有问:'闻斯行诸?'子曰:'闻斯行之?'公西华曰:'由也问闻斯行诸,子曰有父兄在;求也问闻斯行诸,子曰闻斯行之。赤也惑,敢问。'子曰:'求也退,故进之;由也兼人,故退之。'"这一段是说子路和冉有都向孔子问:"得到真理就马上去做吗?"孔子对子路说:"你有父兄,为什么不去请教他们而后再去行动呢?"对冉有却回答:"知道了真理为什么还不马上行动?"公西华问孔子为什么对两者的回答不同。孔子说:"冉求平日做事,过分谨慎,所以我给他壮胆;仲由的胆量却有两个人的大,勇于作为,所以我要压压他。"这表明孔子非常了解自己学生的人格特点,并能够因材施教。

一、气质

气质即脾气、秉性,是人的心理行为所表现出来的稳定的动力特征,如情绪的强弱、思维的灵活程度、注意集中时间的长短等。

心理学上的气质和日常生活中所说的"气质"概念有所不同。日常生活中人们所说的"气质"往往是指一个人仪表、外貌、形象等外在的东西,如征婚广告、招聘启事中常用的"形象气质俱佳"等,实际上只是对一个人外在素质的要求。而心理学上的气质主要是受神经系统活动过程的特性影响,是先天形成的,因此没有好坏之分。人们发现个体之间从出生就存在着显著的气质差异,如几个月大的婴儿,有的活泼好动,有的沉稳安静。同样是成人,有的性子急,有的性子慢。

古希腊医学家希波克拉底认为,人的体内有四种体液:血液、黏液、黄胆汁、黑胆汁。哪种体液是主要成分,个体便属于哪种气质类型。后来古罗马医生盖伦将其概括为四种气质类型:多血质、黏液质、胆汁质、抑郁质。这四种气质类型的名称被现代心理学所沿用,而内涵则发生根本的变化。

多血质的人活泼好动,善于交际;思维敏捷,情绪丰富且外露;容易接受新鲜事物,对各种环境的适应能力强;但做事情容易缺乏耐心和毅力,稳定性差一些。

黏液质的人安静稳重,考虑问题全面;善于克制自己,喜欢沉思;情绪不易外露,但内心的情绪体验深刻;外部动作少而缓慢,容易给人形成"冷"的印象;思维的灵活性不强,但是考虑问题细致周到,做事情扎扎实实,有从容不迫和严肃认真的品质。

胆汁质的人坦率热情,精力旺盛;容易冲动,脾气暴躁;做事勇敢果断,思维敏捷;情绪爆发快,但又很难持久;做事情容易粗枝大叶、不求甚解;在克服困难上有不可遏止和坚忍不拔的劲头,但不善于考虑是否能做得到,精力耗尽时容易失去信心。

抑郁质的人多愁善感,情感体验深刻、细腻而又持久;情绪不易外露,对外部环境的变化比较敏感;富于想象力,注重内心世界;不善于交际,孤僻怯懦;虽然踏实稳重,但有些优柔寡断。

不同气质类型的人在面临同一件事情时的反应往往不同,丹麦漫画家皮特斯特鲁普以漫画形象地说明了这一点(图9-3)。

图9-3 不同气质类型个体的表现各异

气质只是反映个体心理活动的动力特征,没有好坏之分,对于个体的发展来说,任何一种气质都是既有利又有弊的。比如多血质的大学生,可能积极地参加学校的一切活动,但容易有始无终;理解问题总比别人快,但是学习时注意力不容易集中;善于交际,待人亲切,容易交到朋友,但是友谊常常不牢固,缺乏知心好友。因此,气质不能作为道德评价的依据,也不能决定一个人的成就价值和社会价值,它只能表现出人们的行为方面的一些特点。在现实生活中,单一具有某种典型气质类型的人是少数的,大多数人是近似某种气质,同时又与其他气质结合在一起,形成以一种气质类型为主、兼有其他气质特征的混合型。

二、性格

(一) 性格的概念

性格是个人对现实的稳定的态度和习惯化的行为方式,是具有社会评价作用的人格特征。

性格是导致个体之间具有鲜明差异的最主要的人格因素,有的人诚实、善良,有的人虚伪、狡诈;有的人积极进取,有的人懒惰拖沓;有的人坚强、勇敢,有的人胆小、怯懦。在路遇抢劫事件时,有的人能见义勇为去帮助受害者,有的人则退缩自保,奉行"事不关己高高挂起"的原则,有的人甚至围观取乐。对待同一事物,不同的人有着不同的态度和行为方式。

性格与气质的不同在于,性格更多的是在后天的社会生活中逐渐形成的,性格具有好坏之分。对一个人性格特点的描述也往往与对他的道德评价有关。如助人为乐、正直诚实、廉洁奉公、见义勇为等都体现了好的性格品质;冷酷残忍、自私自利、虚伪狡诈、退缩怯懦等都是不良的性格品质。

在文学作品中,如果能够深刻地揭示个体的性格特点,也就抓住了人物的灵魂,可以塑造出千差万别、丰富多彩的具有鲜明性格特点的人物来。如《西游记》中的师徒四人性格特点鲜明:唐僧具有心思缜密、意志坚定、勤勉好学、谦恭儒雅、温柔敦厚、忠贞笃诚等良好的性格特点,也存在一些迂腐固执、应变能力差、过分谨慎、优柔寡断等消极性格特点;孙悟空具有刚毅果敢、不屈不挠、疾恶如仇、头脑灵敏、敢作敢当、正义感强等良好的性格特点,但有时又表现出容易冲动的性格弱点;猪八戒则是热情奔放、善于交际、幽默风趣,但是常常耐心不足、好吃懒做,因此取经路上他是最常打退堂鼓的一个;沙和尚常常扮演着和事老的角色,调节师徒彼此间的矛盾,他任劳任怨、憨厚老实、随和低调、冷静耐心,但是却沉默寡言、缺乏主见。由此可见,每个人的性格往往是多样化的,同一个人常常既具有优秀的性格特征,也可能同时具有一些不好的性格特征。

（二）性格和气质的关系

1. 性格与气质的区别

从形成上来看，气质是天生的，受先天的生理因素、神经活动特点影响较大，是人格中最具先天性的成分。性格是后天形成的，是在社会化过程中受社会因素的影响逐渐形成的。

从稳定性上来看，气质稳定性更强，变化较慢；性格一经形成也具有一定的稳定性，但由于受环境影响较大，可塑性比气质强一些。

从社会评价上看，每一种气质类型都有其优点与弱点，且只表现在个体行为的动力特征上，因此气质没有好坏之分。性格是指个体行为的内容，表现着个体对社会环境的态度，因此性格具有社会道德评价的意义。

2. 性格与气质的联系

气质会影响一个人性格的形成。例如，胆汁质的人比较容易冲动，因此在形成稳重、谨慎的性格特征的时候就需要付出极大的努力，但黏液质的人则比较容易形成这种性格。气质会渲染性格特征，从而使性格特征具有独特的色彩。

性格特征会在一定程度上影响人的气质类型的改变，或者在一定程度上弥补气质类型的弱点。

（三）人格、性格、个性三者的关系

人格、性格、个性都是经常被使用的概念，三者之间既有一定的区别，又有密切的关系。人格指的是一个人比较稳定的特点，即他表现出来的实际是什么。性格是人们对于一个人的稳定特点的评价。个性强调的是这个人有别于其他人的独特的地方，是指他的独特性。其中人格特点是最基础的，也就是个体实际表现出来的特点。

人格既有差异性，又有整体性。差异性是将一个人同他人相比，其行为表现、行为倾向性等都有个体差异性，并可能表现出不同的程度。整体性是指尽管每个人在不同的场合、不同的地点表现出不同的行为特点，但其人格特点形成一个整体，具有内部一致性，是相对稳定的。人格的这种基础作用表现在人格决定一个人的行为方式、内心体验的特点以及他与外界打交道的方式。

三、认知风格

认知风格是人格差异的表现形式之一，它是指个人所偏爱的信息加工的方式。比如说，有的人喜欢自己独立思考问题，有人喜欢与别人一起讨论问题；有人喜欢自己看书学习，有人则喜欢由他人讲授。认知风格不同于认知能力，能力是指个体完成活动时的最高行为，风格是指在完成活动过程中的典型方式；能力是一种水平，有高低好坏之分，风格是一种特质，没有高低、好坏之分。

（一）场依存性—场独立性

场依存性—场独立性主要涉及人在认知过程中对外界环境的依赖程度。心理学上的"场"就是外部环境，这个场里包含了很多的信息。场依存性强的人在进行信息加工时比较依赖于"场"，更多地参照外部线索或者受外界影响，在与人交往时也更能考虑到对方的感受。场独立性高的人在对信息进行加工处理时，独立性强，更多地参照内在标准，与人交往时很少能够体察入微。从总体上来说，场依存性与场独立性这一人格维度上没有好和坏之分，只是在知觉、思维、学习、人际交往等方面表现出各自的特点和优势。场独立性的人处理问题比较灵活，善于自学，对自然科学知识更感兴趣，比较适合从事理论研究、工程建筑等工作。场依存性的人社交能力比较强，善于体察别人，与人相处亲切融洽，对社会定向的学科和工作更感兴趣，如文学写作、人事工作等。

（二）同时性—继时性

同时性—继时性两种认知风格的划分是建立在脑功能优势定位基础上的。左脑优势的个体表现出继时性的加工风格，也就是在解决问题的过程中，一步一步地分析问题，每一个步骤只考虑一种假设或一种属性，第一个假设成立后再进一步考虑第二种假设，一环一环地推导出问题的结果，各个成分之间是线性的关系。言语操作、记忆等都属于继时性加工。女性比较擅长继时性加工，因此女生的记忆和语言能力往往好于男生。右脑优势的个体表现出同时性加工的风格。这种加工风格的特点是解决问题的时候同时考虑多种假设，并同时考虑到解决问题的各种可能性。其解决问题的方式是发散式的。数学操作、空间问题的操作都要依赖于这种同时性加工的方式，这也就是男生在数学能力与空间能力上优于女生的原因之一。这两种认知风格只是认知方式上的差异，没有水平上的不同。

（三）冲动型—沉思型

冲动型—沉思型是根据人们对问题的思考速度不同而提出来的。冲动型的特点是反应快，精确性差。具有这类认知风格的个体面对问题时往往急于求成，不能全面地分析问题，有时还没有弄清楚问题的要求，就开始解决问题。沉思型的特点是反应慢，但精确性高。这类人习惯于把问题考虑全面以后再去反应，他们重视解决问题的质量，而不是速度。他们在进行信息加工时往往采用细节性策略，所以在完成需要对细节做分析的学习任务时，成绩较好。

四、自我

自我是一个复杂的系统，处于人格中的核心地位，是个体维持心理健康、形成健全人格的核心问题。

(一) 自我概念

自我概念是自我的认知层面,是一个人对自身存在的体验。它包括一个人通过经验、反省和他人的反馈逐步加深对自身的了解。一个人关于自己的记忆、特质、动机、价值以及能力的信念都属于自我概念的范畴,除此之外,还包括可能自我、对自己的积极或消极评价以及别人怎么看待自己的信念。

知识卡片9-2

自我概念的形成

自我概念的形成是一个动态的过程,婴儿在不断的社会化过程中,渐渐形成自我概念。国外学者做过这样一项研究,首先悄悄地在6~24个月的婴儿鼻子上点一个红点,然后把他们放在镜子前,孩子的妈妈指着镜子里的影像问孩子:"那是谁?"研究者们通过观察发现,婴儿的反应主要有三种。

6~12个月的孩子对镜子里的影像做出接近的动作,如微笑、发出声音等。他们认为镜子里的是另一个人。

13~24个月的婴儿表现出退缩行为,婴儿看到自己在镜子里面的样子不再感到特别兴奋。有些看起来很警惕,而另一些则会偶尔微笑一下并弄出些声音。对这种行为的一种解释是婴儿这时的行为很自觉(感到自己存在,可能表现出自我概念),但是也可能是面对其他孩子的反应。

20~24个月以后,婴儿开始能够通过指着自己鼻子上的红点,清楚地认出自己。这说明他们认出镜子里的是自己,而那个红点是在自己的鼻子上。这个实验说明婴儿已出现自我概念的萌芽。

(二) 自我调控系统

人格的自我调控系统是人格发展的内部因素,它以自我意识为核心,包括自我认知、自我体验、自我控制三个子系统。

自我认知是对自己的洞察和理解,包括自我观察和自我评价两个过程。自我观察是对自己的感知、思想、意向等方面的觉察;自我评价是在自我观察的基础上对自己的想法、行为、人格特征等的判断和评价。

自我体验是自我意识在情感上的表现,是伴随自我认识而产生的内心体验。自我体验的调节作用体现在它可以使自我认识转化为信念,进而指导自己的言行。同时,自我体验还能够伴随自我评价激励恰当的行为、抑制不恰当的行为。在一个人认识到自己不当行为的后果时,会产生内疚、羞愧的体验,从而控制自己,制止这种不当行为再次发生。

自我控制是自我意识在行为上的表现,是实现自我意识调节作用的最终环节。例如当一个学生意识到学习对于自己的一生发展具有重要意义时,会激发起他努力学习的动机,从而在行为上表现为刻苦学习、不怕困难、持之以恒、积极进取。

 知识卡片9-3

关于自我的跨文化研究

心理学家发现,自我和记忆有着密切的关系,和自我挂钩的词语被试者会更容易记住。根据这一假设,研究者让中国被试者学习40个描述人格的词,如"内向、外向、热情、勇敢、勤劳、友善"等,让被试将这些形容词分别与自我或母亲或者某个名人(如鲁迅)挂钩。一个小时以后,再给被试出示40个词,其中有20个是旧词,20个是新词,要求被试说出哪些是老词,哪些是新的。然后实验者再对美国被试进行同样的实验,不过将名人换为克林顿。

结果显示,凡是用来描述自我的词,被试者可以记住70%~80%;而用来描述名人的词,被试只能记下30%~40%。这就证明关于自己的词人们会记得清楚一点,这就是自我参照的效应。

而对于母亲的描述,中美两国的被试的结果不同:中国人可以记住70%描述母亲的词,而美国人只记住40%。中国的被试对与母亲挂钩的形容词的记忆和自我挂钩的记忆一样好。例如某人认为母亲是友善的,那么他对"友善"这个词的记忆就与自我挂钩的词记得一样好。这说明,中国人把母亲摆在一个非常重要的位置,和自己是一样重要的。这就是中国孩子比较听母亲的话、中国人对母亲更依恋的心理原因。但是美国被试的结果与中国被试的结果大相径庭——被试者对与自己相关的形容词记得最好。

这说明了自我概念的文化差异,东西方自我概念的差别很大。在中国人的自我概念中是包括母亲的,母亲在中国人的自我的心目中占有重要的地位,家庭也是自我概念的一个部分。因此中国人的自我是关系的自我,注重家庭、社会关系的自我,是一种集体主义、家庭的自我。东方人的自我概念强调同他人的关系,包括父母、好朋友、同事等。中国人在做一个决定时,更看重母亲或是朋友的意见。

而美国人的自我概念中是没有家庭部分的,母亲这个概念不在其自我概念内,母亲在西方人的自我意识中并不是最重要的。美国人的自我概念是独立的,母亲和总统这两个概念一样都属于外界事物,父母在他们的观念中和克林顿是一样的距离。可以说,这是独立的、个人主义的自我,其自我概念中并不包含父母、朋友和同事,只有他自己——自己的事自己决定,重要的事情,他一个人说了算,其他人的意见,包括妈妈的意见,也只是参考。

第三节 人格与文化

人格研究当中所考察的行为方式常常由于文化背景的不同而具有不同的含义和形式。文化是决定人格的重要因素,人格也是文化的产物,人格的差异往往也体现着文化的差异。各个国家、民族的文化不同,因此人格心理学的研究必须采取一种文化研究的取向。

一、西方的人格五因素模型

人格结构的五因素模型是人格特质论学者在卡特尔、艾森克、奥尔波特等人的研究基础上提出的一种人格描述模式。研究者们将奥尔波特早期使用过的特质词压缩成大约200个同义词类群,用来组成一个两极的特质维度,这些维度有一个最高的极点和一个最低的极点,如很负责任和极不负责任。然后,研究者要求被试给自己和他人在两极维度上评分,并运用适当的统计方法来处理评分结果,以确定这些同义词类群之间是如何相互联系的。运用这一方法,许多独立的研究小组得出了相同的结论:人们仅用五个基本因素来描述自己和他人的特质。虽然这些因素的确切命名还有所争议,但基本的内涵是十分相似的。

人格结构五因素模型理论认为人格包括外倾性、宜人性、责任心、神经质、开放性等五个因素(表9-1)。

外倾性反映了个体神经系统的强弱及其动力特征,该维度一端是极端外向,另一端是极端内向。外向者表现出热情、社交、果断、活跃、冒险、乐观等特点,爱交际,精力充沛、乐观、友好、自信。低分者的这些表现并不突出。

宜人性反映了人性中的人道主义方面及人际取向。得分高者表现出信任、直率、利他、依从、谦虚、移情等品质,乐于助人、可信赖、富有同情心,低分者多富有敌意、为人多疑。高分者注重合作,低分者喜欢为自己的利益和信念争斗。

责任心反映自我约束的能力及取得成就的动机和责任感,是指人们如何控制自己及如何自律。高分者做事谨慎、认真踏实,低分者马虎大意、容易见异思迁。

神经质反映个体情绪状态的稳定性和内心体验的倾向性,它根据人们情绪的稳定性及其调节加以评定。高分者倾向于体验到消极情绪,低分者多表现为平静、自我调适良好,不易于出现极端和不良的情绪反应。

开放性反映个体对经验的开放性、智慧和创造性程度及其探求的态度,不仅仅是人际意义上的开放。高分者不落俗套、思想独立,具有想象、审美、情感丰富、求异、创造、智能等特征。低分者比较传统、墨守成规。

表9-1 人格五因素模型及其子维度

基本因素	子维度
外倾性	热情/自信/合群、爱交际/活跃/积极情绪/追求兴奋
宜人性	信任/利他/顺从/诚实、坦诚/谦逊/质朴/温和、亲切
责任心	能力/守秩序/负责任/追求成功/自我控制/严谨、深思熟虑
神经质	焦虑/愤怒/敌意/抑郁/自我意识/冲动/脆弱、敏感
开放性	幻想/爱美、有美感/情感丰富/行为/观念/价值

二、中国人的人格结构

五因素模型提出以后,很多学者认为,这五个因素不仅在英语中出现,在其他的语言中也出现,在对人格的表述上是全球通用的。在西方国家进行的测试确实发现了人格五因素模型具有跨情境、跨文化的一致性,但在东方国家和地区进行研究,却发现了与之不同的人格模型。

中国学者王登峰采用形容词评定法,提取出中国人人格结构的七个因素:外向性、善良、情绪性、才干、人际关系、行事风格和处世态度。他还根据这七个因素编制了适合中国人的人格量表。

(一)外向性

外向性是指人际情景中活跃、主动、积极和易沟通、轻松、温和的特点,以及个人的乐观心态和积极心态。我国不同的职业群体在外向性这一特征上表现出很显著的差异。行政管理人员表现最为外向,在人际交往中常常表现活跃、积极,擅长与人交往,容易与人沟通,受人欢迎。教科文卫人员和工人农民在人际交往中往往表现被动、拘束和不易接近,并伴有个人情绪的消极和低落。

(二)善良

善良指的是中国文化中"好人"的总体特点,包括对人真诚、宽容、关心他人以及诚信、正直和重视感情生活等内在品质。高分者表现出对人真诚、友好、顾及他人、诚信和重情感;低分者表现为对人虚假、欺骗以及利益为先、不择手段等。中国人的善良人格维度与个体的主观幸福感存在显著的相关关系。王登峰等学者研究发现,在善良这一维度上,女性得分高于男性。

(三) 行事风格

行事风格反映的是一个人的行事方式和态度,高分者做事踏实认真、谨慎、思虑周密、行事目标明确、切合实际以及守规矩、合作;低分者做事浮躁、别出心裁、不合常规、不切实际和难缠。

(四) 才干

才干是指一个人的能力和对待工作任务的态度,高分者往往敢作敢为、坚持不懈、积极投入和肯动脑筋;低分者的特点是犹豫不决、容易松懈、无主见和回避困难。才干分数高的人往往高自尊、处理问题的能力强,因此有利于个体维持良好的心理健康状态。

(五) 情绪性

情绪性是中国人人格结构中比较独特的维度,它是由两个相互独立的因素——耐性和直爽构成。耐性反映一个人在人际交往和做事过程中的理智、平和和控制情绪的能力。高分者在与人交往时能够很好地控制自己的情绪,脾气温和,在处理问题时稳重、平和;低分者与人交往时依然急躁、冲动甚至喜怒无常,在处理问题时草率、冒失。直爽反映的是个体在人际交往中直接和不加掩饰的特点。高分者心直口快、直截了当和不加掩饰,低分者喜欢委婉、含蓄的表达方式。中国的传统文化不鼓励个体表现得急躁和直爽,而是要求个体表现出与急躁、直爽相反的"平和"与"含蓄"。

(六) 人际关系

人际关系反映的是对待人际关系的基本态度。高分者待人友好、温和、与人为善并乐于沟通和交流;低分者把人际交往看做是达到个人目的的手段、自我中心、待人冷漠、计较和拖沓盲目。在这一维度上,女性比男性更能够宽容别人。

(七) 处世态度

处世态度指的是个体对人生和事业的基本态度。高分者往往目标明确、坚定和理想远大,对未来充满信心、追求卓越;低分者往往安于现状、得过且过、不思进取、退缩平庸。

关于中国人人格结构的研究更新了人们对心理学的认识,是本土心理学研究的重大代表性成果。根据中国人的人格结构理论,在研究人的心理现象,特别是人格现象时,不能忽略文化的影响。

三、影响人格形成与发展的因素

(一) 生物遗传因素

遗传因素和环境因素在人格形成和发展中的作用是古今中外历史上一直有争议、多种科学共同关注的问题。现代心理学认为,人格是在遗传和环境的交互作用下逐渐形成的。在人格的形成和发展中,遗传因素和环境因素无法分离,一方不能离开另一方而单独起作用,它们是相互依存、彼此渗透的。

遗传因素是人格形成和发展的生物学基础。人格心理学家珀文(L. A. Pervin)指出,环境和遗传总是交互作用的。没有环境,遗传便不起作用;没有遗传,环境也不起作用。双生子研究法是常用于研究人格形成中遗传因素和环境因素作用的方法。双生子可分为同卵双生子和异卵双生子。同卵双生子的遗传基因完全相同,异卵双生子则如同同胞兄弟姐妹,其遗传特征相似,但并不是完全一样的。比较同卵双生子和异卵双生子的人格特征,就能大致看出遗传因素和环境因素的作用。拉什顿(J. P. Rushton)等人研究了成年同卵双生子和异卵双生子的五种人格特质。同卵双生子每一项特质的相似性都高于异卵双生子。1987年,罗(D. C. Rowe)把双生子和领养儿童结合起来研究。同卵双生子具有完全一样的遗传基因,但由于一些客观原因导致部分同卵双生子一出生就离开父母,这样他们就有了相同的基因和不同的成长环境。研究发现,无论是分开抚养还是一起抚养,同卵双生子在人格特质上都非常接近。我国学者林崇德研究了遗传对气质的影响,发现遗传因素对气质的影响很大,双生子在遗传关系上越接近,气质表现也就越接近。

可见,遗传是人格不可或缺的影响因素,遗传对人格的不同成分作用程度不同,人格发展过程是遗传与环境交互作用的结果。

(二) 环境因素

1. 家庭环境

俗话说"有其父必有其子",这句话充分说明家庭环境对子女人格发展的影响很大。儿童处于模仿学习的阶段,作为子女第一任教师的父母,其一言一行往往在儿童的人格发展历程中打下深刻的烙印。儿童在日常生活中通过模仿学习到父母的一些人格特征,同时,父母对孩子的教养方式也在很大程度上影响着儿童人格的形成。

父母的教养方式主要有三种类型:权威型、放纵型和民主型。权威型的教养方式下,父母控制、支配孩子的一切,此种环境下成长的孩子容易形成消极、被动、服从、依赖等人格特征。放纵型教养方式下,父母对于孩子过于溺爱,让孩子随心所欲,此种环境下成长的孩子往往表现得任性、自私、独立性差、唯我独尊。民主型教养方式下,父母营造出平等和谐的家庭氛围,父母与孩子之间相互尊重,孩子获得一定的自主权并得到父母积极正确的指导。这种环境下成长的孩子大多能形成一些积极的、良好的人格品质，比如自立、礼貌、善于交往、思想活跃等。

2. 社会文化环境

每个人都处于特定的社会文化当中，社会文化塑造社会成员的人格特征，使其成员的人格结构朝着相似性的方向发展。这种相似性具有维系一个社会稳定的功能。社会文化对人格具有塑造功能，反映在不同文化的民族有其固定的民族性格。米德(M. Mead)等人对新几内亚的三个民族进行研究，发现来自于同一祖先的不同民族各具特色，鲜明地体现了社会文化对个体的影响力。居住在山丘地带的阿拉比修族，崇尚男女平等的生活原则，成员之间互相友爱、团结协作，没有恃强凌弱、争强好胜，一派亲和景象。居住在河川地带的孟都古姆族，生活以狩猎为主，男女间有权力与地位之争，对孩子处罚严厉。这个民族的成员表现出攻击性强、冷酷无情、嫉妒心强、妄自尊大、争强好胜等人格特征。居住在湖泊地带的张布里族，男女角色差异明显，女性是这个社会的主体，她们每日操作劳动，掌握着经济实权。而男性则处于从属地位，其主要活动是艺术、工艺与祭祀活动，并承担孩子的养育责任。这种社会分工使女人表现出刚毅、支配、自主与快活的性格，男人则有明显的自卑感。

（三）早期童年经验

俗话说"三岁看大，七岁看老"，说明个体人生早期发生、经历的事情对人格具有重要的影响。以弗洛伊德为代表的精神分析学派则更加重视儿童的早期经验对其成长后心理的无意识作用。

研究发现，生活在孤儿院里的儿童，由于童年时期没有获得母亲照顾，长大之后在各方面的发展均受到影响，许多孩子患了"失怙性忧郁症"，表现为哭泣、僵直、退缩、表情木然。幸福的童年有利于儿童发展健康的人格，而缺乏良好的早期社会经验，对其今后的成长会带来很大的负面影响。近几年，随着我国经济的飞速发展，许多农村地区的人口流动到城市，但外出打工的家长往往不能将孩子随身带走，这就形成了所谓的"留守儿童"。这些儿童如果得不到适合的教育，就更有可能形成一些不良的人格特征。

另一方面，人格发展与童年经验之间不存在一一对应的关系，溺爱也可使孩子形成不良人格特点，逆境也可磨炼出孩子坚强的性格。早期经验与其他因素共同来决定人格，并且早期经验对人格造成影响的程度也因人而异。

（四）学校教育因素

儿童入学后，对其人格发展影响最大的就是任课教师和班主任，教师对学生的人格发展有一定的指导定向作用。教师独特的人格特征、行为模式和思维方式，会潜移默化地影响到处于"场"中的学生。例如，在冷酷、刻板、专横的老师所管理的班级中,学生往往表现比较冷漠、木讷、顺从;在友好、民主的班级气氛中,学生往往比较友好、随和。教师对学生的情感投入也会影响到学生的人格发展以及学业发展,如教师是否对所有的学生都能公平公正、一视同仁,教师是否勤于鼓励学生、关爱学生等。

同伴团体之间的关系也会影响到少年的人格发展。为了获得群体的认同,少年常常会接受来自群体的一些规范和不成文的规则,因此良好的少年团体往往带来好的影响,不良少年团体往往导致青少年不良行为的产生。

(五)自我调控因素

自我认知、自我体验、自我控制等三个子系统对人格的各个成分进行调控,使人格保持完整、统一、和谐。自我评价是自我调控制的重要条件。只有当一个人准确地认识自我的优缺点时,才能有效地进行社会活动和工作。实事求是地评价自己是自我调节和人格完善的重要途径之一。如当一个人对自己做正向评价时,就会产生自尊感;做负向评价时,便会产生自卑感。

第四节　人格的测验与评估

案例9-3

人格评价中的巴纳姆效应

一位名叫巴纳姆的著名杂技师在评价自己的表演时说,他之所以很受欢迎是因为节目中包含了每个人都喜欢的成分。人们常常认为一种笼统的、一般性的人格描述十分准确地揭示了自己的特点,心理学上将这种倾向称为"巴纳姆效应"。巴纳姆效应在生活中十分普遍。如很多人请教过算命先生后都认为算命先生说的"很准"。其实当人的情绪处于低落、失意的时候,对生活失去控制感,于是,安全感也受到影响。缺乏安全感的人,心理的依赖性也大大增强,受暗示性就比平时更强了。算命先生的言语实际上就是符合了巴纳姆效应,从而使求助者信以为真。

有位心理学家给一群人做完人格问卷后,拿出两份结果让参加者判断哪一份是自己的结果。事实上,一份是参加者自己的结果,另一份是多数人的回答平均起来的结果。参加者竟然认为后者更准确地表达了自己的人格特征。

巴纳姆效应揭示出,个体容易相信笼统的、一般性的人格描述特别适合自己,即使这种描述十分空洞,他仍然认为反映了自己的人格面貌。曾经有

> 心理学家用一段笼统的、几乎适用于任何人的话让大学生判断是否适合自己,结果,绝大多数大学生认为这段话将自己刻画得细致入微、准确至极。

心理学常用的人格评估方法主要有问卷测验、投射测验、访谈法、观察法等。尽管每一种方法在对人格的评估与判断上都存在一定的局限性,但科学地使用它们,仍然可以在很大程度上有效地对个体的人格特征进行评估,为组织管理、教育以及心理治疗提供帮助。

一、问卷测验法

问卷测验法主要是采取自陈式问卷进行评估,即针对想要测量的人格特征编制许多测题,要求受测者做出符合自己实际情况的回答。主试根据其作答的情况对其人格特征进行评估。这是目前应用最广泛、最普遍的人格评估工具,也是人格的客观测验方法。

(一) 卡特尔16种人格因素测验

卡特尔16种人格因素测验(简称16PF)是美国心理学家卡特尔(R. B. Cattell)用因素分析统计法编制而成的。作为人格特质理论的主要代表人物之一,卡特尔认为特质是相对持久且宽泛的反应倾向,并且是人格结构的基石。卡特尔将特质分为表面特质和根源特质两种。表面特质(surface traits)是指从个体的外部行为表现能直接观察到的特质。根源特质(source traits)隐藏在表面特质后面、制约表面特质的潜在基础,只有通过因素分析的方法才能得到。例如,一个人身上表现出热情、外向、心肠软等特点,这些属于表面特质;经过因素分析,会从中得到"乐群性"这一根源特质。经过研究,卡特尔鉴别出16种主要的根源特质,并以此为基础编制了16种人格因素测验。卡特尔认为,这16种特质在每个人身上都有体现,只是表现的程度上有所差异。

1988年戴忠恒与祝蓓里修订了16PF中文版。测验共187个题目,都是关于个人的兴趣和态度的问题。每一测题有三个可供选择的答案(A、B、C),测验时,被试根据自己的态度和意见进行选择。根据被试在各因素上得分的高低,可了解被试者的人格特征(见表9-2)。16PF信度、效度较高,编制科学,施测简便,常被用于人才选拔、心理评估等工作中。

表9-2 16种根源特质高低分的特征

特质名称	低分者特征	高分者特征
乐群性(A)	缄默、孤独、冷淡	热情、外向、慷慨
聪慧性(B)	迟钝、抽象思维能力弱	聪明、善于抽象思维
稳定性(C)	易烦躁、情绪激动	成熟、稳定、沉着
恃强性(E)	谦逊、顺从、恭顺	好强、固执、积极
兴奋性(F)	严肃、安静、谨慎	轻松、兴奋、精力充沛
有恒性(G)	敷衍、权宜	尽职、有恒
敢为性(H)	畏怯、退缩、缺乏自信	冒险敢为
敏感性(I)	理智、现实、合乎逻辑	情绪敏感、易动感情
怀疑性(L)	信任、宽恕、随和	怀疑、警惕、刚愎
幻想性(M)	现实、实际	想象、富于幻想
世故性(N)	坦白、天真	精明、世故
忧虑性(O)	沉着、安详	抑郁、忧虑
实验性(Q1)	保守、传统	敢于尝试
独立性(Q2)	依赖、附和	自立、当机立断
自律性(Q3)	矛盾、冲突	自律严谨
紧张性(Q4)	心平气和、放松安静	紧张、激动、无耐心

(二)明尼苏达多相人格调查表

明尼苏达多相人格调查表(Minnesota Multiphasic Personality Inventory,简称MMPI)是20世纪40年代由美国明尼苏达大学学者编制的。该问卷可以同时测量多种特质。最初版本的主要目的是编制一个有助于精神病学诊断的工具,因此先从大量的病史、早期出版的人格量表以及心理医生的笔记中选编了大量的题目,然后对正常人和心理异常受测者进行测量,经过重复测量、交叉测量以验证每个分量表的信度和效度。通过临床实践的反复验证和修订后,到1966年修订版的项目确定为566个。其中16个项目为重复项目(用于检测受测者反应的一致性)。MMPI有十个临床量表,这十个临床量表分别区分出一种具体的临床群体(如抑郁症患者)和正常比较组。

通过计算将测量结果制成曲线,就可以看到变态与常态之间的区别,并确定各种人格障碍的问题性质。另外包括4个效度量表(Q量表;L说谎量表;F诈病量表;K校正分量表),用来测量被试可疑的反应模式,比如是否存在明显的不诚实、粗心、防御和逃避。因此,测验者在解释MMPI时,首先应检查效度量表来确认测验是否有效,之后再判断临床量表的分数。各分量表所得的分数都是原始分数,由于每个量表的题目数量不同,因此各量表的原始分数无法直接比较,需要换算成T分数。将各分量表的T分数登记在剖析图上,各点相连即成为该受测者人格特征的剖析图。

MMPI的解释主要要看各量表的高分特征,如果哪个分量表的T分在60以上(中国常模),则表示可能有病理性异常表现或某种心理偏离现象。

表9-3　MMPI各临床量表代码及意义

量表名称	代码	意义
疑病	Hs	受测者对自身身体功能的过分关心。
抑郁	D	受测者悲观、忧郁,行动迟缓,甚至有自杀念头。
癔症	Hy	高度精神压力下常感身体不适,无生理原因。
精神病态	Pd	性格异常,不遵守社会道德规范,情感冷漠。
男性气—女子气	Mf	反映性别色彩,极端高分应考虑有性变态倾向。
妄想	Pa	疑心重,过度敏感,可能存在被害妄想。
精神衰弱	Pt	忧虑感无法摆脱,紧张、焦虑、强迫思维。
精神分裂	Sc	思维、行为怪异,心情易变,甚至有幻觉出现。
轻躁狂	Ma	精力过分充沛,夸张、易怒,过于兴奋,活动过量。
社会内向	Si	高分者内向、胆小、不善交际;低分者爱社交、冲动、健谈。

题目涉及的范围非常广泛,既包括身体各方面的情况,也包括精神状态以及个体对政治、宗教、家庭、社会的态度。问卷测试的主要是受测者的主观感受,因此在作答时要求以自己目前的感受为准,对每一个问题选择"是"、"否"或"不能确定"。

（三）艾森克人格问卷

英国心理学家艾森克(H. J. Eysenck, 1916—1997)采用因素分析法来对人格特质进行研究,编制出了艾森克人格问卷(EPQ)。艾森克提出了三个人格维度：内外倾、神经质、精神质。维度指的是一个连续的尺度,每一个个体都可以在这个连续尺度上占有特定的位置。也就是说,人格的差异主要是个体在每个维度上的位置不同导致的。

EPQ包括四个量表：外内向量表(E)、神经质量表(N)、精神质量表(P)和效度量表(L)。题目采取是非题的方式,回答与规定答案相符合,得1分,否则得0分。根据记分键的得分,转化为T分数,然后在剖面图上找到各维度的T分数点,将各点相连,即成为一条人格特征曲线。画出人格特征曲线后,需将E、N、P三个维度的高分与低分的意义参照指导手册进行解释。

内外倾(E)：外倾的人不易受周围环境影响,典型的外倾者喜欢聚会,不喜欢独自读书或学习,渴求兴奋,喜欢冒险;内倾者较为安静、腼腆,喜欢反省,倾向于事先订好计划,谨慎小心,爱好有条不紊的生活。

神经质(N)：表现为情绪稳定性的差异。高分者表现为情感易变、反应强烈;低分者表现为反应轻微缓慢,而且容易平静,自我控制力强。

精神质(P)：表现为孤独、冷酷、敌视、怪异等偏于负面的人格特征。高分者表现为自我中心、冷酷无情、攻击性强；低分者表现为温柔、善感、软心肠。

二、投射测验

投射是个人把自己的思想、态度、愿望、情绪、性格等心理特征无意识地反映在对事物的解释之中的心理倾向。心理学研究发现，人们在日常生活中常常不自觉地把自己的心理特征（如个性、好恶、欲望、观念、情绪等）归属到别人身上，认为别人也具有同样的特征，如：自己说了谎，就认为别人也总是在骗自己。由于心理投射的作用，个人对事物特征的解释反映的并不是事物本身的性质，而是解释着自己的心理特征。因此运用投射技术测量个人对特定事物的主观解释，就有可能获得对受测者人格特征的认识。据此理论基础发展的人格测验手段就是人格投射测验。经典的投射测验有罗夏墨迹测验和主题统觉测验。

（一）罗夏墨迹测验

罗夏墨迹测验（Rorschach Inkblot Test）是由瑞士心理学家罗夏（H. Rorschach, 1884—1922）于20世纪20年代发明的一种投射测验。测验由10幅标准的墨迹图组成，不同的图在颜色、阴影、形状及复杂程度上均有所不同。最初制作这些图形时，先在一张纸的中央滴一滩墨汁，然后将纸对折并用力压下，使墨汁四下流开，形成沿折线两边对称但形状不定的图形。

施测时先让被试放松，然后告诉被试他将依次看到十张卡片，卡片上印有墨迹染成的图形。请他看每一张卡片时报告自己在卡片上看到了什么，或者出现在卡片上的是什么东西。看图时间不限，答案没有对错之分。正式实验时，主试先向被试呈现每张墨迹图，并要求被试描述从中看到了什么。然后主试可能回到其中任何一张图，请被试确切地辨别图中的一个特定部分，详细解释刚才的描述或者根据新的形象做出解释。不同的人对同一张图片的回答可能有明显的区别。如有些人从一张图上看到的是"鲜血正从匕首上滴下来"，而有些人则认为这张图是"原野上盛开的鲜花"。这些报告对于诊断人的心理冲突和幻觉有着重要的意义。实际上，被试从图中看到的具体东西是什么并不重要，重要的是被试产生这些想象的内容在墨迹图中的位置和被试是如何组织自己的想象的，这些线索可以反映被试的知觉方式和情绪障碍。

由于测验的目的具有隐蔽性，测验结果更能反映受测者真实的人格特征，但是投射测验计分和解释往往比较困难。因此罗夏墨迹测验常受到一些批评，但是它在临床指导方面仍起着重要的作用。

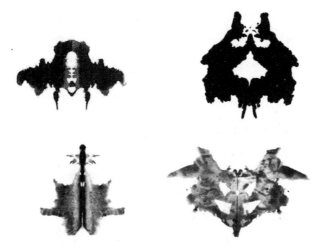

图 9-4 罗夏墨迹测验墨迹图示例

(二) 主题统觉测验

主题统觉测验(Thematic Application Test,简称TAT)是由哈佛大学默里(H. Murray,1893—1988)于1938年创制的。测验由20幅素描黑白画组成,每幅画中都有一个不同的场景或生活情景(图9-5)。测试时主试向被试逐一呈现这些图片,要求被试根据每张图片分别讲述一个故事。稍后,主试再次呈现那些画,要求被试详细解释他们刚才的故事,或重新编一个故事。默里假设人们在解释一种模糊的情景时,倾向于将这种解释与自己过去的经历和目前的愿望相一致。面对模棱两可的图片讲述故事时,被试要根据自己过去的经历,并在编造的故事中表达他们的情感和需要,这种表达往往是无意识的。主试可以通过计分的方法来分析故事,如被试描述故事中主人公生气、被忽视、冷漠、嫉妒的次数,重点分析故事中主人公的感受、人物之间如何交往、事件的起因、故事的结局等。故事中主人公的形象可以反映被试自身的特征。如果故事中的主人公是一个头领,可能反映被试具有很强的统治欲望,日常生活中控制欲比较强。主人公在故事中面临的环境压力,如拒绝、伤害等,可能说明被试自身感受到的周围环境的压力。主题统觉测验的特殊作用之一就是可以投射出被试人际关系中的一些情感问题。

图 9-5 主题统觉测验中的素描画示例

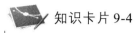知识卡片 9-4

房树人测验

房树人测验(House-Tree-Person,简称HTP)是国际著名的投射心理测验。测验要求受测者用铅笔在一张A4白纸上任意画一幅包括房子、树木、人物在内的画;想怎么画就怎么画,但要求认真地画;不要采取写生或临摹的方式,也不要用尺子,在时间方面不限,也允许涂改;对于结果的解释遵循专门的测验分析手册。

根据罗伯特·伯恩斯(R. Burns)的观点,在动态的房树人图中,房屋代表人们的生命实体,树象征着生命的能量、能量水平和能量的方向,人反映的是自我形象。在绘图过程中,作画的先后顺序有不同的含义。最先画的部分对绘图者来说是最重要的。先画树,表明对作画者而言,生命能量和成长最重要,作画者首先考虑的是生存问题。先画房屋,可能表明作画者对自己的身体或家庭非常关注。先画人,表明对自己的关注。如果画的不是自己,表明对所画的人物有特殊的感情。

在静态的房树人图中,往往根据不同的部分进行分析。比如说,房子表示的是作画者出生、生长的家庭状况,通过对屋顶、窗户、地面线等的构成部分的分析,了解作画者在家庭成员中的自我形象以及安全感等。如屋顶特别大而其余部分很小,显示作画者好空想、好幻想,逃避现实生活和人际关系。树分为常青树和落叶树,常青树表明充满活力,而落叶树表明感到自己受外界压力影响。如画松树,表明上进心强,同时自我控制,循序渐进,女性比较男性化。

三、人格评估的其他方法

在人格的测验与评估中,要全面地了解一个人的人格,往往需要多种方法的联合使用。这样才能够扬长避短,弥补单一评估方法的不足。除了问卷调查法和投射测验之外,还经常应用访谈法和观察法。

(一)访谈法

访谈法是职业招聘、入学考试面试和各种人才选拔中广泛采用的方法,也是心理咨询过程中获取求助者信息的主要方法。通过面对面的访谈,可以观察到个体的面部表情、手势、姿势和语气。如一个人说自己并不在意朋友的背叛,但通过观察却看到他双手握拳、牙关紧咬,这些由身体语言所提供的线索能够更完整地表达个体所传递的信息。在心理咨询与治疗过程中,访谈还有对来访者的心理问题进行疏导与治疗的作用。

访谈法的优点是可以快速地了解一个人的人格,但是也存在着一定的局限性。访谈的效果常受到一些心理效应如光环效应的影响。光环效应是指人们会由于对一个人的总体印象好(或不好)而把这种印象泛化到与人格无关的方面,因此在招聘、面试中第一印象有时会影响客观的判断。例如,在职业招聘中,一位应聘者长相比较有吸引力,那么所得到的评价可能会比实际情况要好。即便如此,访谈法在人格评估中仍有重要的作用,往往作为进行人格测量、心理咨询的第一个步骤。

(二) 行为观察

在人格研究中经常通过对个体的行为进行观察来了解其人格特征。如安排一个问题儿童和其他儿童一起做游戏,同时观察这个儿童在自然情况下是否出现退缩、敌意和攻击性等反应,通过仔细观察来确定这个儿童的人格特征,并说明其心理问题的性质。

在观察中有时也会出现一些错误,为此,心理学家常常采用一种等级评定量表来解决这一问题。在等级量表中,罗列出需要观察的人格特征或行为,然后以观察为基础,对个体的某种行为或特质做出评价。通过对每个项目的等级评定,可以避免在观察中遗漏某些特质或过分夸大某种特质。这种评定量表是观察法的一种标准化程序,例如内向—外向程度评价的等级评定量表项目(见图9-6)。

1.非常内向、退缩　2.较为内向、害羞　3.内向、外向平稳型　4.较为外向、易交往　5.非常外向、友好、自信

图9-6　等级评定量表项目示例

另外一种标准化的观察方法是行为评估,即根据各种行为发生的频率记录进行分析的方法。观察者不需要对特定的行为进行等级评定,而是记录单位时间内特定行为发生的次数。例如研究者在精神病院长驻一段时间,观察和记录患者的攻击性行为、自我照顾行为、言语行为或其他异常行为发生的频率。在对学习困难儿童进行行为研究时,可到他所在的课堂上,观察记录他课上出现无关动作或回答问题的频率。

情境测验也是一种特殊的观察方法。要想了解一个人在某种特定的情景中的行为,最好的方法就是将其置身于这一情景当中。情景测验就是一种在对真实生活环境的模拟情景中对被试的行为表现进行观察的人格评估方法。主试可以创设一种挫折情景、诱惑情景、压力情景等,观察被试在这些情景中暴露出来的人格特点。例如,测试者设置一系列尖锐的人际矛盾和人际冲突,要求被试者扮演某一角色,模拟实际工作情境中的一些活动,去处理各种问题和矛盾。这样可以获得更加全面的关于被试者的信息,对其将来的工作表现有更好的预测效果。

 推荐故事

孙悟空的人格特点分析[①]

《西游记》是中国古典四大文学名著之一,孙悟空是《西游记》中最重要、最特别的一个角色,从小说中读者可以认识到孙悟空有多方面的才能,如有火眼金睛,有很强的直觉能力,领悟能力、学习能力高,特别是他具有外向乐观精神,在与妖魔鬼怪搏斗时敢斗敢闯、勇往直前等。

点评与反思: 在了解其行为特点基础上,用心理学角度分析其人格特点,可以认识到孙悟空集"兽性、人性、神性"于一身。他本是一只猴子,具有猴子的活泼好动、永不安生的特点,但他不是一只普通的猴子;他还具有人所具有的爱憎分明、喜怒哀乐;但他也不是一个简单的人,他还是一个能力非凡、降妖除魔的神仙。弗洛伊德认为,人格的基本结构可分为本我、自我和超我三个部分。其中本我是人的动物性,是人所有精神活动能量的储存库。自我是人格中理智的、符合现实的部分,它派生于本我,不能脱离本我而单独存在,自我是本我的执行机构。但人在现实中也不能完全按其动物属性来行事,所以自我也需要超我来调节。超我是人格中最文明、最有道德的部分,它是社会道德的化身,按照道德原则来行事。孙悟空身上所具有的"兽性、人性和神性"和弗洛伊德将人格分为"本我、自我和超我"是暗合的。孙悟空身上的兽性,是他的自然本性,在这一部分,他所追求的是不受约束、任情随欲,谁束缚他,他便反抗谁,这相当于其人格的本我部分。孙悟空身上的人性则相当于自我部分,他受本我的驱使,但又受到现实的约束。在成长的过程中,神通广大的孙悟空也常常流露出对自己的花果山美猴王生活的向往,这说明孙悟空现实生活中的言行,有许多还不是随心所欲的,多半是本我与现实妥协的结果。孙悟空的神性表明他超凡的能力之外,也预示着其能力的发挥不再是率性而为,是有一定道德原则的要求,否则,就是"妖"而非"神"了。这便与超我相吻合。在孙悟空的心中,虽然充满了反抗精神,但他也希望自己的行为符合道德的要求,符合"神"而不是"妖"的要求。在初入师门、和唐僧闹翻之后,仅仅东海龙王的几句劝说"你若不保唐僧,不尽勤劳,不受教诲,到底是个妖仙,休想得成正果",悟空便沉默不语,幡然悔悟了。可见,孙悟空希望自己的言行符合"神"而非"妖"的要求,符合道德原则的指引。

[①] 迟毓凯.从叛逆者到大英雄——吴承恩《西游记》中孙悟空个性心理分析.徐光兴.世界文学名著心理分析[M].上海教育出版社.2004:290-297.

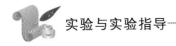

实验与实验指导

气质类型测验

指导语:请根据自己的情况作答,认为非常符合自己情况的,在题号前标"2",比较符合的标"1",吃不准的标"0",比较不符合的标"-1",完全不符合的标"-2"。

1. 做事力求稳妥,不做无把握的事。
2. 遇到可气的事就怒不可遏,想把心里话全说出来才痛快。
3. 宁肯一个人干事,不愿很多人在一起。
4. 到一个新环境很快就能适应。
5. 厌恶那些强烈的刺激,如尖叫、噪音、危险的情境等。
6. 和人争吵时,总是先发制人,喜欢挑衅。
7. 喜欢安静的环境。
8. 善于和人交往。
9. 羡慕那种善于克制自己感情的人。
10. 生活有规律,很少违反作息制度。
11. 在多数情况下情绪是乐观的。
12. 碰到陌生人觉得很拘束。
13. 遇到令人气愤的事,能很好地自我克制。
14. 做事总是有旺盛的精力。
15. 遇到问题常常举棋不定,优柔寡断。
16. 在人群中从不觉得过分拘束。
17. 情绪高昂时,觉得干什么都有趣;情绪低落时,又觉得什么都没意思。
18. 当注意力集中于一事物时,别的事很难使我分心。
19. 理解问题总比别人快。
20. 碰到危险情景,常有一种极度恐怖感。
21. 对学习、工作、事业怀有很高的热情。
22. 能够长时间做枯燥、单调的工作。
23. 符合兴趣的事情,干起来劲头十足,否则就不想干。
24. 一点小事就能引起情绪波动。
25. 讨厌做那种需要耐心、细致的工作。
26. 与人交往不卑不亢。
27. 喜欢参加热烈的活动。
28. 爱看感情细腻、描写人物内心活动的文学作品。
29. 工作学习时间长了,常感到厌倦。
30. 不喜欢长时间谈论一个问题,愿意实际动手干。

31. 宁愿侃侃而谈,不愿窃窃私语。
32. 别人说我总是闷闷不乐。
33. 理解问题常比别人慢些。
34. 疲倦时只要短暂的休息就能精神抖擞,重新投入工作。
35. 心里有话宁愿自己想,不愿说出来。
36. 认准一个目标就希望尽快实现,不达目的,誓不罢休。
37. 学习、工作同样长的时间后,常比别人更疲倦。
38. 做事有些莽撞,常常不考虑后果。
39. 老师讲授新知识时,总希望他讲慢些,多重复几遍。
40. 能够很快地忘记那些不愉快的事情。
41. 做作业或做一件事情,总比别人花的时间多。
42. 喜欢运动量大的剧烈体育活动,或参加各种文艺活动。
43. 不能很快地把注意力从一件事情转移到另一件事情上去。
44. 接受一个任务后,就希望把它迅速解决。
45. 认为墨守成规比冒风险要强一些。
46. 能够同时注意几件事物。
47. 当我烦闷的时候,别人很难使我高兴。
48. 爱看情节起伏跌宕、激动人心的小说。
49. 对工作抱认真严谨、始终一贯的态度。
50. 和周围人们的关系总是相处不好。
51. 喜欢复习学过的知识,重复做已经掌握的工作。
52. 希望做变化大、花样多的工作。
53. 小时候会背的诗歌,我似乎比别人记得清楚。
54. 别人说我"出语伤人",可我并不觉得这样。
55. 在体育活动中,常因反应慢而落后。
56. 反应敏捷,头脑机智。
57. 喜欢有条理而不甚麻烦的工作。
58. 兴奋的事常使我失眠。
59. 老师讲新概念,常常听不懂,但是弄懂以后就难忘记。
60. 假如工作枯燥无味,马上就会情绪低落。

复习思考题

一、名词解释
　　人格　气质　性格　自我　五因素模型　投射测验
二、简答题
　　1.简要分析弗洛伊德人格结构理论。
　　2.气质可以分为哪几种类型？各种气质类型的主要特点是什么？
　　3.简述气质与性格的关系。
三、论述题
　　1.影响人格形成和发展的因素有哪些？
　　2.根据所学知识试分析自己的人格特征。
　　3.比较西方的人格五因素模型理论与中国人人格理论的异同。
四、案例分析
　　仔细读下面的一段话，看看所描述的特征是否适合自己：
　　"你很需要别人喜欢并尊重你。你有自我批判的倾向。你有许多可以成为你优势的能力没有发挥出来，同时你也有一些缺点，不过你一般可以克服它们。你与异性交往有些困难，尽管外表上显得很从容，其实你内心焦急不安。你有时怀疑自己所做的决定或所做的事是否正确。你喜欢生活有些变化，厌恶被人限制。你以自己能独立思考而自豪，别人的建议如果没有充分的证据你不会接受。你认为在别人面前过于坦率地表露自己是不明智的。你有时外向、亲切、好交际，而有时则内向、谨慎、沉默。你的有些抱负往往很不现实。"

主要参考文献

[1] 张厚粲.大学心理学[M].北京:北京师范大学出版社,2004.

[2] 叶奕乾.现代人格心理学[M].上海:上海教育出版社,2006.

[3] 郑雪.人格心理学[M].广州:暨南大学出版社,2004.

[4] 陈少华.新编人格心理学[M].广州:暨南大学出版社,2005.

[5] 杰瑞·伯格.人格心理学[M].陈会昌,等译.北京:中国轻工业出版社,2004.

[6] 珀文.人格科学[M].周榕,等译.上海:华东师范大学出版社,2001.

[7] 郭永玉.人格心理学导论[M].武汉:湖北大学出版社,2007.

第十章 智 力

案例10-1

智能各不相同的函谷八友

金庸所著的武侠小说《天龙八部》中,讲到函谷八友师兄弟八人,各有一门擅长的杂学。用心理学中的多元智能理论解读,这些杂学各对应着不同的智能领域:康广陵善于奏琴,具有较强的音乐智能;范百龄善于下围棋,其数理逻辑智能较强;苟读喜爱读书,熟知诸子百家著作,内省智能较强;吴领军善于丹青,其空间智能较强;薛慕华精于医术,人际智能较强;冯阿三喜做木工,身体运动智能较强;石清露喜爱莳花,自然观察智能比较突出;李傀儡沉迷扮演戏文,言语智能较强。可惜八人各专一门杂学,没能精通本门派的最强武功。①

多元智能强调每个个体都有优势的智能领域,关键在于挖掘各自的智能潜力,在一般智力发展的基础上,提升其中一种或多种智能的水平,从而达到智能水准的最优发展目标。

第一节 智力概述

一、智力

智力是个体认知方面的不同能力的综合体,主要包括观察能力、记忆能力、思维推理能力、想象能力和实践活动能力等,其中抽象逻辑思维能力是智力的核心。

朱智贤将智力分为三个方面:(1)智力是个人的感知、记忆的能力或才能;(2)智力是个人的抽象概括能力或才能;(3)智力是个人创造性地解决问题的能力或才能。

---

① 金庸.天龙八部[M].广州:广州出版社,花城出版社,2001:1064.

二、传统智力理论

（一）智商

智商即智力商数（Intelligent Quotient，IQ），表示一个人智力的高低程度。传统的智力理论建立在心理测量的基础上，因而传统的智力测验，常以量化的方式描述某人的一般智力水平，在描述性和经验性的基础上对智力程度进行解说，无法给出一个动态的、生物的、心理的以及文化等各层次的智力观。其测验题目偏重于知识性方面，用因素法分析得出智力的构成因素，将智力的内涵狭窄化，其结构比较单一。

在皮亚杰看来，智力的本质就是适应，适应的形成在生物学上是同化和顺应的平衡，在心理学上就是主体与客体相互作用的平衡状态。同化和顺应是同一基本适应过程不可分割的两个方面，智力运算是以整体建构方式实现的。

因此，传统的智商理论认为，智力是以语言能力和数理逻辑能力为核心的、以整合的方式存在的能力。它具有单一的性质，通过纸笔就可以测出人的智力的高低，通过智力的高低，又可以推断出一个人的成就大小。如皮亚杰的认知发展理论，试图通过发现隐藏在认知操作背后的心理过程来解释人的智力。因而，要测量人的智力，选择什么样的任务操作最能反映智力的本质就成为关键的问题。

（二）流体智力与晶体智力

卡特尔提出了流体智力和晶体智力理论。流体智力指在信息加工和问题解决过程中所表现出来的能力，指一般的学习和行为能力。卡特尔认为，流体智力的主要作用是学习新知识和解决新异问题，它主要受人的生物学因素影响，是先天的部分。晶体智力是知识经验，是人们学会的东西，它的主要作用是处理熟悉的、已加工过的问题。晶体智力通过社会文化知识以经验形式获得，一部分是由教育和经验决定的，一部分是早期流体智力发展的结果。

在人的一生中，智力水平随个体年龄的增长而变化。智力的发展可以划分成三个阶段，即增长阶段、稳定阶段和衰退阶段。从出生到15岁左右，智力的发展与年龄的增长几乎等速增长，之后以负加速方式增长，增长逐渐减慢。一般在18到25岁之间，智力的发展达到高峰。在成人期，智力表现为一个较长时间的稳定保持期，可持续到60岁左右。进入老年阶段（60岁以后），智力的发展表现出迅速下降现象，进入衰退期（图10-1）。[①]

[①] 黄希庭.心理学导论[M].北京:人民教育出版社,2007:548.

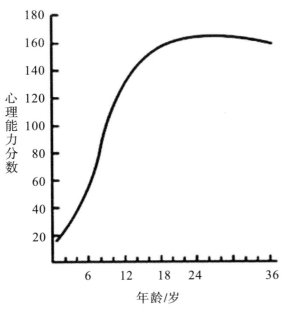

图 10-1 智力的成长曲线

三、多元智能理论

（一）多元智能理论的提出

美国哈佛大学加德纳（H. Gadner）通过对大脑损伤病人、特殊儿童、智力领域与符号系统的关系、对某种能力迁移等八个方面的研究，发现大脑皮层中有与多种智力相对应的专门的生理区域来负责不同的智力，不同的智力领域需要不同的神经机制或操作系统，不同的智力领域有着自己的相对独立性，每一智力领域都有自己特定的接受和传达信息的方式以及解决问题的特点。加德纳认为，每个人身上都蕴涵着多种强弱不同的智能，这些智能体现在人们所进行的各种活动中，而个体的智力并不是容易被测量的东西，也非简单的纸笔测验所能穷尽。在1983年出版的《智力的结构》一书中，他提出了新的智力定义："智力是在某种社会或文化环境的价值标准下，个体用以解决自己遇到的真正的难题或生产及创造出有效产品所需要的能力。"据此，加德纳提出了关于智力及其性质和结构的新理论——多元智能理论。

（二）多元智能理论的构成

加德纳认为，一方面，智力与一定社会和文化环境下人们的价值标准有关，这使得不同社会和文化环境下的人们对智力的理解不尽相同，对智力表现形式的要求也不尽相同；另一方面，智力既是解决实际问题的能力，又是生产及创造出社会需要的产品的能力。他提出的新的智力结构新框架存在着相对独立的八种智力。

1. 言语—语言智力

言语—语言智力指个体运用语言达到各种目的的能力以及对声音、韵律、语意、语序和灵活操纵语言的敏感能力，一般包括在听、说、读和写方面能流畅地表达出思想观点的能力。这种能力在记者、编辑、作家、演讲家等人身上有比较突出的表现。

2. 音乐智力

音乐智力指个体感受、辨别、记忆、改变和表达音乐的能力，表现为个人对节奏、音调、音色和旋律的敏感以及通过作曲、演奏和歌唱等表达自己思想和情感的能力。这种能力在作曲家、指挥家、歌唱家、演奏家、乐器制造者和乐器制造师等人身上有比较突出的表现。

3. 逻辑—数学智力

逻辑—数学智力指个体运算和推理的能力,表现为个人对事物间各种关系如类比、对比、因果和逻辑等关系的敏感以及通过数理运算和逻辑推理等进行思维的能力,能用数字、逻辑等来量化和阐明思想观点。这种能力在侦探、律师、工程师、科学家和数学家等人身上有比较突出的表现。

4. 视觉—空间智力

视觉—空间智力指个体能准确感受、辨别、记忆、改变物体的空间关系并借此表达自己思想和情感的能力,表现为个人对线条、形状、结构、色彩和空间关系的敏感以及通过平面图形和立体造型将它们表现出来的能力。这种能力在画家、雕塑家、建筑师、航海家、博物学家等人身上有比较突出的表现。

5. 身体—运动智力

身体—运动智力指个体运用四肢和躯干的能力,表现为个人能够较好地控制自己的身体,对事件能够做出恰当的身体反应以及善于利用身体语言来表达自己思想和情感的能力。这种能力在运动员、舞蹈家、外科医生、赛车手和发明家等人身上有比较突出的表现。

6. 内省智力

内省智力指个体认识、洞察和反省自身的能力,表现为个人能够正确地意识和评价自身的情绪、动机、欲望、个性、意志,并在正确的自我意识和自我评价的基础上形成自尊、自律和自制的能力。这种能力在哲学家、小说家、律师等人身上有比较突出的表现。

7. 人际智力

人际智力指个体与人相处和交往的能力,表现为个人觉察、体验他人情绪、情感和意图并据此做出适宜反应的能力。这种能力在教师、律师、推销员、公关人员、谈话节目主持人、管理者和政治家等人身上有比较突出的表现。

8. 自然观察智力

自然观察智力指个体对周围环境的动物、植物、人工制品及其他事物进行有效辨识及分类的能力。自然观察智力不只包括对动植物的辨识能力,也包括从引擎声辨识汽车、在科学实验室中辨识新奇样式,以及察觉艺术风格与生活模式等能力。这种能力在猎人、农民、生物学家、人类学家、解剖学家等人身上有比较突出的表现。

总之,多元智能理论的提出,是对传统智力观点的挑战,它不用因素分析的方法,而是使用各种证据,从多元的角度去探讨智力,扩大了智力的内涵。

(三) 多元智能理论在教学上的应用

加德纳的多元智能理论对是对传统智力理论的最彻底的批判,该理论强调每个人都有自己的优势智力领域,不应当用有限的一种或两种智力来评价所有人。这一理论从智力结构方面指出了人的智力的多样性与差异性,为当前基础教育课程改革提供了理论基础和可操作的依据。

1. 挖掘学习者潜能

多元智能理论强调个体在多种智力的表现上有所差异,每个人都以不同的方式组合运用这些智力,以完成不同的工作,解决不同的问题,并且在不同的领域发展。这就要求在教学中注重以人为本,关注学习者的体验、潜能、感受等,充分利用好学习者的差异这一资源,使个体在知识接受过程中不受差异性和多样性阻碍而充分发挥自己的优势和潜能。多元智能理论进一步为因材施教提供了依据,在教学中,从个体的能力出发,鼓励其自身体验,使学生都能参与到教学中来并从中受益。

2. 加强课程的综合性

传统的课程是分科教学课程,依据多元智能理论,不同领域的知识和技能在实际生活中是融合在一起的,因此改革单一学科课程、加强课程的综合性势在必行。如唐诗宋词本身就集文学、音乐、人文、美学等多种要素于一身,传统教学将其解剖为字、词等抽象符号,学生学习起来乏味,而用综合课程的理念,则可以融入朗诵、写作、音乐、舞蹈、戏剧、美术等多学科内容,结合不同学习者的特点,就可以充分挖掘学习资源的价值。

3. 设计多元的学习目标

从每个学生的特点出发制订个性化的学习目标,是实践多元智能理论的重要途径。如科学课中以"光合作用:将阳光转换成食物"为主题的多元智力课程的设计,就是围绕光合作用、用多元模式来学习的范例。该主题的学习目标是:让学生通过八种模式学习光合作用的历程。预期学习成果是:学生能以视觉化的、逻辑的、语文或音乐等方式解释光合作用的历程,并将转换和改变的概念与他们自己的生活产生联结(见表10-1)。

表 10-1 运用八种智力的学习设计

智力领域	学 习 活 动
言语—语言智力	阅读描述光合作用历程的课文章节和适用字句
逻辑—数学智力	制作光合作用步骤的时间表
身体—运动智力	角色扮演光合作用历程中所涵盖的相关角色
视觉—空间智力	用水彩描绘光合作用的历程
音乐智力	用不同的音乐选择制作一首时间歌来表现光合作用的各个步骤
人际智力	小组讨论光合作用中叶绿体的转换角色,并类比到学生的生活中
内省智力	写一篇日记,开头时反省个人的转换经验并和光合作用对照比较
自然观察智力	比较种子在有充足的光线和没有适当的光线时的生长状况

四、影响智力发展的因素

(一) 遗传

遗传素质是智力发展的生物前提,良好的遗传素质是智力发展的基础和自然条件,离开了遗传素质这个物质基础,就谈不上智力的发展。

关于人的智力在多大程度上取决于遗传,心理学家和行为学家从"家庭谱系"与"双生子"方面进行了研究。在家庭谱系研究上,英国科学家高尔顿(F. Galton, 1822—1911)以杰出成就作为衡量的标准,比较了杰出者的亲属成为杰出人物的可能性和普通人成为杰出人物的概率,发现在 977 个名人的亲属中,其父亲为名人的有 89 人,儿子 129 人,兄弟 114 人,共有 332 人,占名人样本的二分之一。而普通人组中,只有 1 个亲属是名人。高尔顿用同样的方法,研究了艺术能力的遗传问题。在双亲都有艺术才能的 30 个家庭中,子女有艺术才能的占 64%,父母没有艺术才能的 150 个家庭中,子女有艺术才能的只占 21%。高尔顿断定,在能力的发展中遗传的力量超过环境的力量。

研究者对有关双生子的研究做了系统的分析,他们对已发表的 34 个涉及 4672 对同卵双生子的研究,以及 41 个涉及 5546 对异卵双生子的研究进行比较,结果发现:一同抚养的同卵双生子智商间的平均相关达到 0.86,而一同抚养的异卵双生子智商间的平均相关只有 0.60。这说明异卵双生子在智力上的相似性不如同卵双生子高。

(二) 环境因素与教育

现代科学证明,产前环境(即在母体内的环境)就已经对胎儿的生长发育和出生后的智力发展有着重要的影响。人生早期的环境条件对智力的发育也有极其显著的作用,丰富的环境刺激有助于儿童智力的发育。

后天的环境因素对智力的发展起决定性作用。孟母三迁、卡尔·威特的成长故事都有力地证明了教育环境对儿童的塑造。社会环境是一本百科全书,社会对孩子的影响是无形的,具有很强的可塑性和诱导性。如当前无线网络、手机、微博、微信、贴吧等新媒体以自由化的传播方式毫无隐匿地将各种信息展示在学生的面前,对青少年的成长带来诸多负面的影响。

家庭因素的影响比其他任何环境的影响都重要得多,父母关心儿童、耐心的教育和适宜的指导都会促使儿童智力的快速发展,尤其是在儿童智力发展的关键期。反之,对儿童漠不关心、放任自流,儿童的智力发展就会受到限制。

在现代社会,家庭、教育和社会环境对孩子的影响是非常重要的。给予儿童系统的教育和训练对智力的发展起主导作用,社会环境、家庭环境只有潜移默化的作用,只有通过适宜的教育指导和精心的教育训练才能收到理想的智力开发效果。

 案例 10-2

卡尔·威特的教育

卡尔·威特是19世纪德国著名的天才,他八九岁时就能自由运用德语、法语、意大利语、拉丁语、英语和希腊语六种语言,并且通晓动物学、植物学、物理学、化学,尤其擅长数学。他9岁进入哥廷根大学,年仅14岁就被授予哲学博士学位,16岁获法学博士学位,并被任命为柏林大学的法学教授,23岁时发表《但丁的误解》一书,成为研究但丁的权威。卡尔·威特一生都在德国的著名大学里教学,在有口皆碑的赞扬声中一直讲到1883年逝世为止。

卡尔·威特能取得这番成就,并不是由于天赋有多高超,而是他父亲教育有方,因为卡尔出生后被认为是个有些痴呆的婴儿。卡尔的父亲在《卡尔·威特的教育》一书中记载了卡尔的成长过程,以及自己独辟蹊径的教育方法。书中指出不要浪费孩子的智力,当孩子咿呀学语时,就教他正确的语言,而不要把小猫说成"喵咪";从小培养孩子的思维能力,经常提出问题,让孩子独立思考解答;锻炼孩子的记忆力,给孩子讲完故事后,要让孩子自己组织语言,进行复述;培养提高孩子的观察能力;有时父母故意做一些违反常规的小事,让孩子来纠正;开阔孩子的视野;从小对孩子严格要求,使孩子养成良好的道德品质和生活习惯等。

(三) 智力受遗传与环境的交互影响

从卡尔·威特的成长过程可以看出,遗传只是为个体的成长提供了基础,起决定作用的仍是环境因素。长期以来,遗传决定论者和环境决定论者各执一词,各自找到了现实生活中的范例,但两者在个体的成长中都是不可缺少的因素。

美国心理学家曾经对马丁·卡利卡克的两个不同世系的家谱进行了分析。卡利卡克是美国独立战争时期的一名战士,他曾经和一个智力较低的女侍者发生关系,两人的后代所形成的家族支系在之后的150年中共产生了480名后代。研究者对其中的189人进行详细追踪报告,其中143人属于精神障碍患者、酒精中毒者、癫痫病患者、犯罪分子或卖淫者(占75.66%),仅有46名没有这些异常问题。之后他和另一位有着较好血统的女子婚配后,在这个支系产生了496名后代,其后代均没有上述问题。这两个世系之间有着明显的区别。

另外一个研究发现,在两百多年前,美国有一位名叫嘉纳塞·爱德华的神学家,在其8代子孙中,出现了13位大学校长、100多位教授、60多位医生、20多位议员、120名大学毕业生、18位编辑,14人创建了大学和专科学校,还有几个人当上了副总统和驻外大使。而另一位名叫马克斯·朱克的酒鬼,在其8代子孙中,却出现了300多名乞丐、7名死刑犯、63名盗窃犯,还有400多人因喝酒致死或致残。一些研究者用这一数据来支持遗传决定论的观点。事实上,这个例子也同样支持环境决定论的观点。两大家族不同世系中各个成员的智力高或低,并非绝对取决于遗传,也与其生活环境有关。

第二节 智力测验

一、智力测验概念

智力测验就是由经过专门训练的人士采用标准化的测验量表对人的智力水平进行科学测量的过程,即在一定条件下,使用特定的标准化测验量表对被试施加标准化的测量,从被试的一定反应中预测其智力的高低。

二、智力测验的发展阶段

智力测验的发展大致可分为以下几个阶段。[①]

(一) 高尔顿和生理计量法

19世纪后期,心理学家便开始尝试用综合的心理取向来鉴别人类的智力。高尔顿是测验运动的最早倡导者,他以感觉敏锐度为指标,设计了诸如判断线条长

---

① 郑日昌,蔡永红,周益群.心理测量学[M].北京:人民教育出版社,1999:107.

短、物体轻重、声音强弱的简单测验来测量个体的智力。他还注意到智力低的人对于热、冷、痛鉴别能力较低,因此这种生理计量法在判定个体差异方面有一定功效。但将智力简单地看做是感官能力,这显然是不科学的,同时这种观念在教育上也并无实用价值。

(二) 比奈和智力年龄

心理测验运动于20世纪初兴起。在西方一些国家,对劳动力的需要急剧增加,分工日益精细,因而有了专门人员选拔、专业技能训练等需要,这是促使测验发展的重要因素。如在第一次世界大战期间,为满足美国军队对官兵选拔和分派兵种的需要,心理学家编制了团体测验,对二百多万官兵进行了智力测查。

1904年,受法国教育部委托,比奈(A. Binet)和西蒙(T. Simon)研制了第一个智力量表——比奈—西蒙量表。该量表用语文、算术、常识等题目来测量判断、推理等高级心智活动。比奈—西蒙量表以智力年龄(Mental Age, MA)来确定儿童的智力发展水平,按年龄对测验项目进行分组,每个年龄组设计了6个测题,每通过1个测题代表2个月的智力年龄。修订后的量表运用了近代测验理论的基本思想,即测验的原理在于将个人的行为与他人比较并归类,首次采用智力年龄作为衡量儿童智力发展水平的指标。测验结果用智龄(智力年龄)表示,智龄是由儿童答对测题的多少确定的。测验通过智龄与实龄(实足年龄)的比较来衡量儿童智力水平的高低。凡智龄大于实龄的,儿童即被认为智力较高,智龄等于实龄的则被认为智力中等,智龄小于实龄的被认为智力较低。

(三) 推孟和比率智商

智龄只表示了儿童智力的绝对水平,它不能用来比较实龄不同的儿童智力的高低。美国斯坦福大学的推孟(L. M. Terman)对比奈—西蒙智力量表进行了修订,于1916年发表了斯坦福—比奈智力量表。这个量表共有90个测验项目,适用范围自3岁至14岁。1982年,吴天敏将斯坦福—比奈智力量表修订为《中国比纳测验》,测验共51个项目,每岁3个项目,适用于3~18岁的被试。

知识卡片10-1

智力测验的样题

5岁组题目

(每通过一个项目得二个月)

1. 人像画上补笔。
2. 折叠三角。模仿将一张六寸见方的纸对角折叠二次。
3. 为皮球、帽子、火炉下定义。

4. 临摹方形。
5. 判断图形的异同。
6. 把两个三角形拼成一个长方形。
备用题：用鞋带在铅笔上打结。

7岁组题目
（每通过一个项目得二个月）

1. 指出图形的错误。
2. 指出两物的相同点（木和炭、苹果和桃、轮船和汽车、铁和银）。
3. 临摹菱形。
4. 理解问题。例如：如果你在马路上遇到一位找不到父母的3岁小孩子，你应该怎么办？
5. 完成相应的类比：雪是白，炭是（？）；狗有毛，鸟有（？）。
6. 顺背五位数。
备用题：倒背三位数。

斯坦福—比奈智力量表引入了智商概念，其基本理论假定是智力发展和年龄增长呈正比，是一种直线关系，即比率智商，也称年龄智商。比率智商的计算公式为：

智商(IQ)=心理年龄(MA)/实足年龄(CA)×100

在计算过程中，实足年龄按12个月进位，月按30天进位，满15天进1个月。

在比率智商中，智商是心理年龄除以实足年龄的得数，所以计算后的智商为80~120者，其智力相当于其同龄人的一般水平，属于中等智力。

（四）韦克斯勒与离差智商

1. 离差智商的提出

比率智商仍然存在一定缺陷，其假设智力发展和年龄增长成正比的关系只能在一定范围内适用。在对18岁以上的成年人进行智力测验时，会出现绝对分数不再增长或增长很慢，而实足年龄则每年递增的情况，这样年龄越大，智商分数却越低，这显然是荒唐的。

1949年，心理学家韦克斯勒(D. Wechsler)提出了离差智商概念。所谓离差智商是将一个人在智力测验上的成绩和同年龄组的平均成绩比较而得到的一个相对分数。这实际上就是同年龄组的标准分，是根据同年龄组测得的平均分和标准差，用统计学中的均数和标准差计算出来的，表示被试者成绩偏离他自己这个年龄组平均成绩的数量(单位为标准差)，是依据测验分数的常态分布来确定的。以每个年龄组的IQ的均值为100，标准差为15，离差智商公式为：

IQ = 100 + 15Z=100+15(X-M)/S

在上式中，X 为某人实得分数，M 为某人在年龄组的平均分数，S 为该年龄组分数的标准差，Z 是标准分数，其值等于被测人实得分数减去同龄人平均分数，再除以该年龄组的标准差。

2. 韦氏智力量表

韦氏量表适用于4~74岁年龄。韦氏成人智力量表（WAIS）发表于1955年，适用于16岁以上成人；韦氏儿童智力量表（WISC），编制于1949年，适用于6~16岁儿童；1967年又出版了韦氏学前儿童智力量表（WPPSI），适用于4~6.5岁儿童。WPPSI是针对小年龄的被试测验，在WISC的基础上新编三个分测验，即语句、动物房子和几何图形，代替了WISC中的背数、图片排列和物体拼配三个分测验，同时以动物房子测验取代译码测验，使量表更加具有幼儿特点。1974年出版了修订版（WISC-R），1991年出版第三版（WISC-III），2003年出版了第四版（WISC-IV），2008年由国内学者经授权后修订的中文版通过了中国心理学会的专家鉴定，成为目前智力测验最权威的工具。

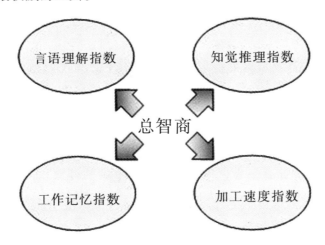

图10-2 韦氏儿童智力量表（WISC-IV）中的总智商与指数的构成

韦氏儿童智力量表（WISC-IV）共包括积木、类同、背数、图画、概念译码、词汇、字母数字排序、矩阵推理、理解、符号检索等10个核心分测验，以及填图、常识、划消、算术等4个补充分测验。根据测验结果可以转换出总智商，并将核心分测验通过合成分数组合成四个指数对儿童智力进行评测。四个指数包括言语理解、知觉推理、工作记忆和加工速度。通过进一步对四个指数之间、分测验之间进行的分数差异比较，可以了解儿童认知能力具体表现，有助于判断儿童认知活动的相对优势和弱势。[①]

---

① 张厚粲.韦氏儿童智力量表第四版(WISC - IV)中文版的修订[J].心理科学,2009,32(5):1177-1179.

（五）瑞文标准推理测验

瑞文标准推理测验（Raven's Standard Progressive Matrices,SPM）由英国心理学家瑞文(J. C. Raven)于1938年设计。该项测验是纯粹的非文字智力测验，它不受种族、文化的约束。它的主要任务是要求被试根据一个大图形中的符号或图案的规律，将某个适当的图形填入大图形的空缺中，其目的是测验一个人的观察力及清晰思维的能力，因而测验的结果较少受特殊文化背景的影响。在瑞文测验标准型的基础上，心理学家又编制出瑞文彩色型测验，适用于5~11岁儿童和心理有障碍的成人。此外，还有一套瑞文高级推理能力测验，用来对特别聪明的成人(如在瑞文测验上得分高于55分的成人)进行更精细的区分评价。

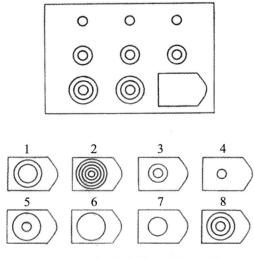

图10-3 瑞文标准推理测验图示例

（六）绘人测验

绘人测验又称画人测验(Draw a Person Test)，是一种简便易行的团体智力筛查工具。1885年，英国学者库克(E. Cooke)首先描述了儿童画人的年龄特点。1926年，美国心理学家古迪纳夫(F. L. Goodenough)首次提出了画人测验可作为一种智力测验，并将这一方法标准化。1963年，哈里斯(D. B. Harris)对画人测验进行了系统研究和全面修订，发表了古氏—哈氏画人测验。测验只要求儿童画一个全身的人像（不能是卡通图），简单易行，能引起儿童兴趣，不易疲劳，因而能使儿童较好地表现出被试的推理、空间能力、知识水平和适应能力。该测验评分时只根据所画的体型生理特点的有无、是否完整、服饰的有无及细节如何、身体各部分连接情况进行评分，较为主观，因此对于从未绘画的儿童和绘画水平较高的儿童不太适用。

三、智力测验程序及注意事项

（一）施测程序

1. 熟悉量表结构、掌握量表操作步骤

由于没有一种测验可以完整地窥见儿童的所有能力，因此为达到对受试者某方面能力的科学了解，必须有针对性地选择合适的量表与测验方法。不同的量表从测验内容到常模都带有社会文化背景的差异，因此，主试必须熟悉掌握量表结构、内容、题型以及施测要求、操作步骤等，以达到对被试进行有目的、有计划的客观施测。

2. 填写记录

（1）受试者的姓名、性别、年龄、出生日期以及检查日期等各项必须填写清楚。其中年龄必须根据出生年、月、日加以校对。

（2）对受试者的健康状况、简单病史及受测时的精神状态各项，如配合程度、注意力、紧张状态等，均要填写清楚。一般可在测试完毕后再填写。部分内容还可向受试者或家长等补充了解。

（3）测试完毕，对各分测验中的原始分数要逐个加起来，填写在记录纸首页表格中，在合计时要注意核对原来的记分有无差错或遗漏。

（4）将各分测验的原始分数查常模分进行转换。查出后的等值量表分应逐一填写在记录纸下端的相应表格内。

（5）最后必须将全部数据进行复核。

3. 确定被试智力水平等级的确定

无论采用何种评分方法，都必须符合客观、准确、经济、实用等原则，确定被试的智力水平等级。

（1）确定实际年龄。在计算过程中，一年按12个月计算，一个月按30天计算，超过15天算一个月，用测试的时间（年、月、日）减去出生日期（年、月、日），得出其实际年龄。

（2）按常模要求，确定被试所在年龄组。

（3）将原始分转化为量表分。测验的量表分和离差智商可以推测被试在相应团体的百分等级，从而确定被试的智力水平。

4. 对测验结果进行解释

测验结果解释，写出此次测验报告。在智力测验中，智商只作为某种些因素的参考价值，它并不是一成不变的，具有动态性，不能仅凭智商值来预测被试的能力，对测验结果的解释要有发展性。

（二）智力测验的注意事项

为力保测验客观与科学，反映儿童的真实水平，发现儿童的特质。在智力测验中，要注意以下几方面的问题。

1. 施测前

（1）地点

在测验地点选择中，特别是个别测验中，应保证良好照明，避免噪声和干扰；提供高低大小适当的桌椅，让儿童能坐得住。桌子最好面对墙放；如果儿童习惯用右手，光线应来自左方，习惯用左手，光线应来自右方。放在桌子上的应只有最需要的东西，尽量不给儿童造成分心可能。最好一人一个房间，一般情况下室内除被试外，不能有第三者，必要时增加主试助理。主试和儿童隔桌子对坐。不得有围观人群，被测者好友、父母、亲戚等最好不要在场。如果孩子必须要有家人陪同，那么陪同人员不能出声和做任何动作，不能坐在孩子视线范围内。

（2）时间

最好在一天中孩子最清醒的时间进行测验，如上午或是下午午睡后，不要在他们烦躁不安时测验。要让儿童在测试中感到愉快。

（3）耐心和帮助

同儿童交谈时应注意和儿童建立并保持友好的关系，解除儿童紧张不安的心理。当儿童正确回答一个问题后，给予必要表扬。尽量让孩子在测验时集中思想，增强注意力，但不能给予暗示。

（4）指导语

不必逐字读指导语，以谈话方式说，要说得自然，但要说清指导语中的内容。也可用儿童熟悉的当地的或其民族的语言表达。说指导语时，要使儿童明白要求他做什么。

（5）测验工具准备

根据量表要求作好相关准备，如测题、橡皮、铅笔、时间记录器、记录纸、图片、指导书（只能主试看）、录音设施等。

2. 施测时

（1）关注被测对象生理状况。

（2）认真记录被试反应。

（3）记录在测试过程中被试流露出的心理特点。

3. 施测后应谨慎解释结果

（1）严格按规范操作

测验反映的是复杂日常生活经历累积的影响，不能说明先天潜能还是后天学习结果，因此不能轻易地对某儿童进行智力测验，须按照观察、申报、推荐、确定对象、筛查、提出教育安置意见和教育建议、保持长期联系等程序进行,不能随意进行一次定终身的智力测验,轻率地给儿童做出测验结论。

(2)测验工具的代表性和典型性

由于量表采用行为取样,不能穷尽所有行为,每一量表都有各自的特色,因此在测验过程中,应有针对性地根据测验目的选择相关的量表,所选择的各项测验指标和测查工具必须客观、科学,能反映出问题的实质。

(3)测验要具有动态性

智力测验不能一次测完就下结论,要综合考虑测验本身的客观性与被试自身发展的动态性等。需要经过一段时间对被试进行再次测查与评估,排除因某些主观原因导致的测验误差。比如,要确定被试智力是否低下,就要做病理检查、智力测验、社会适应能力的测查,除此以外,还要进行病史、家族史、生长发育史与家庭教养情况等调查。不管智力测验的结果如何,应一如既往地对孩子抱以积极的期望,智力高的儿童未必就能在以后获得很高的成就,而智力低的儿童也未必就无发展前途。

第三节 智力差异

案例10-3

瓦拉赫效应与个体的差异性

奥托·瓦拉赫(O. Wallach, 1847—1931)是诺贝尔化学奖获得者。瓦拉赫在中学时,父母为他选择了一条文学之路,不料一学期下来,教师为他写下了这样的评语:"瓦拉赫很用功,但过分拘泥,难以造就文学之材。"父母又让他改学油画,可瓦拉赫既不善于构图,又不会润色,成绩全班倒数第一。面对如此"笨拙"的学生,绝大部分老师认为他成才无望,只有化学老师认为他做事一丝不苟,具备做好化学实验的素质,建议他学化学,这下瓦拉赫智慧的火花一下子被点燃了,最终获得了成功。瓦拉赫的成功说明了这样一个道理:学生的智能发展是不均衡的,每个人都有智慧的强点和弱点;他们一旦找到了发挥自己智慧的最佳点,使智能得到充分发挥,便可取得惊人的成绩。

古代思想家孔子提出了"上智"和"下愚"的概念,又说"中人以上,可以语上也;中人以下,不可以语上也"。王安石著的《伤仲永》也描述了一个神童由荣耀到陨落的历程。这些文献表明人们很早就注意到了智力的差异。

一、智力差异类型

智力差异可以分为个体差异和群体差异。智力的个体差异是指不同个体之间所表现出的智力差异,智力的群体差异是指不同群体之间的智力差异。

(一) 智力的发展水平差异

在全体人群中,约68%的人的智商在85到115之间,智商在140以上的天才在人口中约占1.33%左右,2.90%的人智商为低常以下。总体来看,智商分布呈正态分布,即两头小,中间大,智商分数极高与极低的人很少,智力中等的人占绝大多数,不同的人所达到的智力水平不同(见表10-2)。

表10-2 智商在人口中的分布

IQ	名称	百分比(%)
140以上	极优等	1.33
120～139	优异	11.30
80～119	中等	79.10
70～79	临界	5.60
70以下	智力障碍	2.90

(二) 智力结构的差异

智力中包含有各种各样的成分,它们可以按不同的方式结合起来,形成倾向领域不同的能力上的差异。例如,有人长于想象,有人长于记忆,有人长于思维等。这些不同的认知类型形成了不同的能力结合,从而形成了人们在音乐能力、语言能力、数学能力等多方面发展特别突出或特别滞后的差异。

(三) 智力发展的早晚年龄差异

我国古代就有"甘罗早,子牙迟"的记载,记述了战国时代秦国的甘罗十二岁就当上了上卿,而姜子牙七十二岁才任宰相。这说明智力发展与成熟早晚也存在明显的年龄差异,即存在着"早慧"与"大器晚成"现象。

天才儿童或超常儿童是在比较优异的自然素质的基础和有利的环境影响下,经过精心培育,在儿童的早期表现出的一种早慧现象。大器晚成,则因多种原因,其才智很晚才表现出来。另外,由于个体间非智力因素尤其是在意志力、气质、性格等方面有一定差异,因而也会导致个体间的智力出现差异。

(四) 智力的性别差异

男女的智力测验结果在总体上是没有差异的,男性和女性在智力上的差异主要表现在一些特殊能力方面,如空间能力、数学能力、言语能力上的差异等。

男性在空间能力上具有一定优势,这种优势的显示具有一定的年龄特征,其发展趋势表现为随年龄增长而差异加大。在儿童期,女孩的智力要高于男孩,而在青春期以后,男孩的智力会逐渐超过女孩。智力的性别差异还表现在智力结构上。女性在词语灵活性、阅读理解、手指敏捷性、文书技巧方面要优于男性,男性则在数学推理、视觉—空间能力、身体运动速度和协调性方面优于女性。

(五)智力的年龄差异

智力是随着年龄的增长而变化的。美国心理学家贝利(Bayley)用贝利婴儿量表、斯坦福—比纳智力量表和韦氏成人智力量表等为工具,对同一群被试从其出生开始进行了长达36年的追踪测量,把测得的分数转化为可以互相比较的"心理能力分数",绘制成了智力发展曲线(参见图10-1)。研究表明,智力在11、12岁以前是快速发展的,其后发展放缓,到20岁前后达到了顶峰,随后即保持一个相当长的水平状态直至30多岁,之后开始出现衰退迹象。

二、智力超常儿童及其心理特点

(一)智力超常的概念

智力超常儿童是指智力明显超过同龄常态儿童发展水平(IQ在140以上)或具有某种特殊才能的儿童。不同类型的超常儿童有不同的特殊天资和潜能。根据超常儿童的才能表现,可以将其分为文学、数学、艺术等类型。这些儿童,有的自小就表现出杰出的体育才能、绘画才能、音乐才能;有的既在抽象的逻辑思维能力方面发展非凡,又在形象思维方面才能出众。根据超常儿童的潜能、成就与行为表现,可将其分为智力型、学术型、创造型、领导型、艺术型与运动型等类型。

(二)智力超常儿童特点

智力超常儿童作为一个特殊的群体有着一些共同的心理特征:思维敏捷、记忆力强、观察敏锐、有独创性、求知欲旺盛、兴趣深或广、好胜、自信、有独立性等。

1. 兴趣广泛,求知欲旺盛

兴趣广泛、求知欲旺盛是智力超常儿童非常突出的特点。大多数智力超常儿童很早就表现学习知识的好奇心,遇事喜欢追根究底,从小就对某些方面的知识充满了浓厚兴趣。

2. 注意力集中,记忆力强

在注意方面,智力超常儿童的注意集中、稳定、善于分配,表现为他们能长时间全神贯注地从事紧张的学习或其他活动,其注意力不易被无关刺激所干扰,同时又能根据活动的需要合理地分配注意力。在记忆力方面,表现为记忆敏捷,再现速度快、准确。

3. 观察敏锐,想象丰富

智力超常儿童的观察目的明确,善于抓住观察对象的主要特征和关系,善于从不同角度观察,且具有丰富的想象力。

4. 思维敏捷、宽阔,能独创性地解决问题

智力超常儿童的思维敏捷、深刻、广阔,具有独创性。其类比推理、创造性思维发展更好,创造性思维和类比推理方面显示出随年龄增长而上升的趋势,感知观察力却没有像常态儿童那样显示出随年龄增长而上升的趋势。

5. 自信心、进取心强,勤奋,有坚持性

智力超常儿童进取心强,有突出的探索精神和顽强的意志,表现出较强的自信心,不甘落后,具有顽强的拼搏探索精神。

知识卡片 10-2

理性对待智力超常儿童

湖南省某儿童小A,从小天资聪颖,2岁开始识字,3个月时间就认识了1000多个字,3岁半时,学会了加减乘除。6岁时,小A直接进入二年级;三年级读了不到一个月,已能心算初中数学题。1991年,8岁的他跳级到了重点中学,学校成立了"辅导研究小组",每天晚上单独给他开"小灶"。小A的母亲也与学校积极配合,一切为学习让路。小A爱博览群书,这一行为却被禁止了。母亲认为:"中学生就得读中学教材,就得围绕教学计划、高考这根指挥棒来转。"在小A的成长过程中,社会教育、学校教育的模式在不断强化他母亲的教育,形成了独特的育才模式。一位一直关心小A成长的人说:"他在小学三年级时升中学的决定,是县教委、县一中的老师这些人决定的。他们首先已经形成了一个制造神童的模式,然后把这个孩子推上这个轨道。"小A曾有几个玩得好的小伙伴。一天,他和伙伴打架受了伤,母亲从此便禁止儿子与他们来往。从那以后,小A形单影只,性格更加内向。为了不让他分心,母亲把他生活上的事全部包办了,洗衣、叠被子,甚至连吃饭也喂到了高三。1996年,13岁的以602分的高分考入了大学。

老师们曾提醒过其母亲要教孩子如何做人。但在母亲心中,学习比什么都重要。上大学时,小A在学习上几乎可以无师自通,学习成绩总是遥遥领先,但他对环境和社会的适应能力极差。从入校开始,班主任黎教授便想把他从"神童"的定位中解脱出来。黎教授经常推荐科学家小传等书籍给他看,但他妈妈很不高兴,认为是些闲书、杂书,不准他看。母亲还掌握了一份

大学课程表,以备随时对儿子的课程进行检查。小A的任课老师、原物理系主任颜教授说:"在大一时,我们就提出把孩子搬到学生宿舍,但他母亲坚决反对。"学校虽然作了很多努力,但没有取得大的成效。

2000年大学毕业的小A独自北上求学。因为中科院高能物理研究所拒绝其母亲陪读,小A由于缺乏起码的生活自理能力,无法与人正常交流,2003年从中科院肄业回到了湖南老家。小A生活上的低能表现在许多方面。"没人提醒,那孩子甚至不知道加件衣裳,大冬天也经常穿着单衣、拖鞋到处跑。"大学教授们除了对他的"过目成诵、思辨力超凡"的高智商留下深刻印象外,更突出的则是发现其心理发育和人格成长的荒芜。例如,他极不合群,与人交往的方式仅仅是一句话——你好,一个动作——握手。在礼仪常识方面,他知之甚少。他到老师家里去玩,也不管人家是否已休息,就"砰、砰"敲门。门开了,他就径直朝老师的电脑房奔去。去拜访一位素不相识的老师,见到别人在看报纸,他从人家手里拿过报纸,就自顾自地看起来,也不管老师在一旁发愣。他时常干出些荒唐事:大一时,一天他拨打119,称学校发生火情,惹得消防车蜂拥而至;一次他将一个同学存在电脑里加密的情书破解并公布了出来……

对于神童本人而言,所欠缺的主要是健全的人格、社会的道德规范、生活自理能力以及社会交往和社会沟通方面的能力。虽然家长对超常儿童教育缺乏正确的认识和家庭教育的不当,是导致这一结果的重要原因,但学校和教师也应当从中得出教训,对超常儿童,应注重在培养和发展其智力和学业能力的同时,培养其良好的道德品质、健全的人格、对环境与社会良好的适应能力,促进其身心全面发展。

三、智力障碍儿童的特点

(一)智力障碍的概念

智力障碍(Intellectual Disabilities,ID)是指人的智力活动能力明显低于一般人的水平,并显示出适应性行为的障碍。2010年,美国智力与发展性障碍协会对智力障碍的定义为:"智力障碍是一种以智力功能和适应行为都存在显著限制为特征的障碍。适应行为表现为概念的、社会的以及应用性的适应性技能。障碍发生于18岁之前。"2006年全国第二次残疾人抽样调查结果显示,我国智力障碍者约有554万人,占残疾人群体的6.68%。

(二)智力障碍水平的分级

1. 轻度智力障碍

智力低于同龄儿童平均水平,同时具有轻度的社会适应障碍,智商在50~70

分,心理年龄约9~12岁;学习成绩差(在普通学校中学习经常不及格或留级)或工作能力差(只能完成较简单的手工劳动);能自理生活;无明显言语障碍,但对语言的理解和使用能力有不同程度的延迟。

2. 中度智力障碍

智力明显低于同龄儿童平均水平,同时具有中度的社会适应障碍,智商在35~50分,心理年龄约6~9岁;不能适应普通学校学习,可进行个位数的加、减法计算;可从事简单劳动,但质量低、效率差;可学会自理简单生活,但需督促、帮助;可掌握简单生活用语,但词汇贫乏。

3. 重度智力障碍

智力远远低于同龄儿童平均水平,智商在20~35分,心理年龄约3~6岁;表现显著的运动损害或其他相关的缺陷,不能学习和劳动;生活不能自理;言语功能严重受损,不能进行有效的语言交流。

4. 极重度智力障碍

智力极其低下,智商在20分以下,心理年龄约在3岁以下;社会功能完全丧失,不会逃避危险;生活完全不能自理,大小便失禁;言语功能丧失。

(三)导致智力障碍的原因

1. 遗传或基因缺陷

(1) 21-三体综合征

21-三体综合征(Trisomy 21 Syndrome)又称先天愚型、唐氏综合征(Down Syndrome),是由于第21对染色体异常(增多了一条)所导致。唐氏综合征的患者从外貌以至体质上都有很多明显的症状。他们的智商通常只有40~60分,有很特殊的面貌,如双眼距离较远、眼睛向上斜、鼻梁骨平坦,嘴、牙齿及耳朵均细小,大部分患者手掌纹呈通贯手,手指呈特殊的蹄状纹,第一及第二个脚趾的距离特宽等。

(2) 脆性X综合征

脆性X综合征(Fragile X Syndrome)是一种由性染色体异常所导致的智力障碍。患者的X染色体上有一个易于断裂的弱点。这类患者也有比较容易辨认的体征,如他们一般面形较长,双耳明显超大,前额和下颌突出,嘴大唇厚。此症主要为男性发病并伴有智力低下。

(3) 苯丙酮尿症

苯丙酮尿症(Phenylketonuria, PKU)属常染色体隐性遗传,患者患有先天性苯丙氨酸羟化酶缺乏而导致。苯丙酮尿症患者由于在脑快速发育的时期,体内缺乏苯丙酸羟化酶,使食物中的苯丙氨酸不能进行正常代谢,大量的苯丙氨酸及其代谢产物苯丙酮酸储积在血液及脑脊液内,使脑的发育和功能受到了显著的影响,以致患儿出现智力障碍。大量苯丙酮酸等代谢产物随患者尿液、汗液中排出。苯丙酮尿症是可以通过饮食疗法改善症状的,在出生后及早进行筛查、诊断并加以干预,戒除牛奶等苯丙氨酸含量较高的食物,给婴儿吃不含苯丙氨酸的合成蛋白质食物,则可有效制止该病导致的脑损伤。

2. 孕期感染

母亲怀孕期间,有许多因素可能会影响胎儿的大脑发育,如宫内感染、孕妇营养缺乏、酒精中毒、慢性缺氧、先兆流产、接触了放射线或化学物质等。

3. 出生时的问题

出生时的多种问题如产伤、新生儿窒息、脐带绕颈、分娩期间产伤窒息致大脑损伤等,也易导致智力障碍。

4. 出生后的疾病

出生后的疾病如感染、新生儿疾病、中毒、抽风、颅脑外伤、其他感官障碍等,也会导致智力阻碍。比如产后新生儿黄疸、意外事故、中毒等,造成的脑损伤会引起智力发育落后。

5. 环境与文化因素

有些儿童并没有明显的造成大脑损伤的原因,而是由于不恰当的家庭教育而造成儿童发展缓慢,从而影响了孩子的智力。同时,儿童生长环境的不利也能引起智力发育落后,如碘缺乏病。

 知识卡片10-3

水俣病

水俣病是指人或其他动物食用了含有机水银污染的鱼、贝类,因有机水银侵入脑神经细胞而引起的一种综合性疾病,是世界上最典型的公害病之一。该病于1953年首先在日本九州熊本县水俣镇发生,故称为水俣病。

水俣病实际为有机汞中毒。水俣镇建有一家化工厂,在生产过程中需要使用含汞的催化剂,工厂任意排放废水,这些含汞的剧毒物质流入河流及海中,转化成甲基汞等有机汞化合物。当人类食用受污染的水源或原居于受污染水源的生物如鱼虾时,甲基汞等有机汞化合物就进入人体,被肠胃吸收,侵害脑部和身体其他部分,造成生物累积。

水俣病患者会出现手足协调失常、步行困难、运动障碍、弱智、听力及言语障碍、肢端麻木、感觉障碍、视野缩小等症状。感染疾病的孕妇会将这种汞中毒带给胎儿,导致出生婴儿先天智力障碍。

> 水俣病是一种严重的公害病,除了导致新生儿严重的智力障碍,也对患者的健康及生命带来严重影响。这一重大环境污染事件对于警醒世人关注环境因素对心理发展的影响有重要的意义。

(四)智力障碍儿童的心理特点

智力障碍对儿童的影响是广泛的,涉及他们身心活动的各个方面。由于发育与发展的落后与不足,智力智障儿童错过了某些能力发展的关键期,在身体、心理发展上都不同程度地落后于同年龄的健康儿童,在认知、情绪、意志、人格特征等方面都有一些不同于正常儿童之处。

1. 智力障碍儿童的感觉特点

在感觉方面,智力障碍儿童由于感觉迟钝,在视觉、听觉、嗅觉、味觉、皮肤觉都有不同程度的障碍。如他们的感知不敏感,感受性降低,一般都不能辨别物体的形状、大小、颜色等微小差异,难以辨别细节,视觉敏锐度低,缺乏对物体形状、大小与颜色的精细辨认能力。他们不能区分颜色的不同浓度,分不清深红、粉红与紫红的差别,严重程度的智障儿童不能辨别多种颜色。在运动觉、平衡觉与内脏感觉等方面,智力障碍儿童都较迟钝,对不同重量的差别感受、肢体的协调有障碍,对饥、渴、躯体的不适感等的感受性降低,以致有病时不能诉说。

2. 智力障碍儿童的知觉特点

智力障碍儿童知觉速度缓慢、容量小,这是智力障碍儿童知觉过程的突出特点。由于他们的知觉速度缓慢,加上对知觉的理解不全面、不深刻,不善于把握事物之间的联系,导致知觉范围狭窄、感知信息容量小、很难区分相似的事物,因此大多智力障碍儿童有比较明显的听觉迟钝现象。由于知觉范围狭窄,知觉内容笼统而不精确,他们对近似音节或形似字的分辨较困难,如对"戊"、"戎"不能正确区分。同时,智力障碍儿童的知觉恒常性也比正常儿童差,当把同一事物放到不同的环境中时,他们往往缺乏辨认能力。

在知觉的分化与联系上,智力障碍儿童的知觉不够分化、联系少,不易在不同物体之间建立联系。他们常常会把事实上不一样的物体看成是同样的物体,分辨不出同龄正常儿童能认出的那些细小的差别。颜色视觉的发展是视知觉分化发展的一个重要方面,智力障碍儿童颜色视觉发展缓慢,远远落后于同龄正常儿童。

3. 智力障碍儿童的记忆特点

与正常儿童相比,在记忆方面,智力障碍儿童的识记速度缓慢,保持不牢固;再现也不准确,遗忘快,回忆时一般缺乏逻辑的意义联系;不会利用分类、群集、中介等信息来记忆材料,以机械记忆为主;有意识记差,记忆目的性欠缺。因此,他们在记忆的再现中会发生大量歪曲和错误,使记忆材料支离破碎,缺乏逻辑、意义和联系。他们常表现为能较好地记住物体和现象的纯粹偶然的外部特征,却很难记住内部的逻辑联系和关系的特征,同时他们掌握知识的过程很慢,只有在经过多次的重复之后才能掌握。

4. 智力障碍儿童的思维特点

在思维方面,智力障碍儿童的思维大多停留在具体形象思维阶段,缺乏分析、综合、抽象、概括的能力。他们完全受事物的单个特征或直观形象的支配,不能理解隐藏在事物中的共同的、本质的东西。因此,他们很难掌握概念和规则,经常是能把概念和规则背下来,但不了解这些规则的含义,也不懂得在什么情况下使用这些规则。刻板性是智力障碍儿童思维的又一特征,他们的思维缺乏灵活性,很难做到根据条件的变化来调整自己的思维定向和方式,总是力图用类似的思维方法来解决每一个新问题。

5. 智力障碍儿童的语言特点

在语言方面,智力障碍儿童的语言发展缓慢,词汇贫乏,理解能力差,运用语言困难,多数有言语障碍。在语言的运用方面,大多数智力障碍儿童存在着发音困难、语法混乱、缺乏内在逻辑的现象。他们的语言表达贫乏、不准确,往往不能根据语境调整交往策略,经常出现离题现象。他们的言语获得与智力受损情况有明显的正相关,智力损失愈严重,言语的发展愈滞后。他们对语言刺激反应迟缓,听长句子有困难,影响其模仿和运用,用错词语的现象比较严重。由于思维不灵活,不会说成分较多、结构复杂的句子,因而他们在两三岁以后才开始与别人用语言交际。

对智力障碍儿童需要通过感知觉训练、大运动训练、精细动作训练、语言训练、社会适应行为训练等来提高其认知能力。

推荐影片

《舟舟》

舟舟出生后被确诊为患有唐氏综合征,他的父亲是个大提琴手,心地善良,得知舟舟有先天性疾病后,他和妻子毅然决定把孩子留下来,因为他们认为:"一切生命都有尊严,一切生命都是平等的,都应该得到他们应该得到的尊重。残缺是生命的遗憾,但不能成为他人漠视乃至粗暴拒斥的理由。"他们只有一个共同的心愿:现在舟舟能快活地生活,日后也能有所依靠。日子在他们的忧虑中一天一天过去了,舟舟也在混混沌沌的世界里渐渐长大。但是这个智力障碍的孩子却很难融入社会。他渴望朋友,但是没有多少小孩子跟他玩,甚至还遭到嘲笑和殴打。也有许多人以宽厚和仁慈的心善待舟舟,为了讨人喜欢,妈妈每天都要把舟舟穿戴得整整齐齐、干干净净。舟舟也确实很懂事听话。他会乘车去一个大商场玩,因为,那里的售票员和营业员都很喜欢他,从不赶他走。不管刮风下雨、路途远近,舟舟总是随着乐团排练、演出。有一天,在乐队排练当中,在叔叔阿姨的玩笑似的邀请之下,舟舟一本正经地拿起了指挥棒。出人意料地,舟舟的指挥征服了在场所有的人,他的动作和投入令乐团所有人都刮目相看。从此,他的世界不再寂寞,他的"才华"被人们认可,他随中国残疾人艺术团参加了许多重要演出,出访了许多国家。这个深受人们喜爱的智障儿"指挥家"被鲜花掌声、观众所包围。他的视野广阔了,朋友多了,生活也更加丰富多彩了。

点评与反思:唐氏综合征患者的智力障碍程度较重,用传统的智力观评价唐氏综合征的儿童,只能看到他们存在种种的缺点和不足。舟舟则对节奏和旋律有一定的敏感性,再加上长期在音乐的氛围下熏陶,他从模仿指挥的动作开始,到逐渐融入音乐中,并能够掌控音乐,指挥由多种乐器组成的交响乐团,取得了常人都难以达到的成就。这个鲜活的事例充分说明多元智能理论是有现实依据的,同时借助多元智能理论可以帮助人们重新认识人类的智能发展。

实践与实验指导

简易儿童智力筛查测验

该测验适用于7~16周岁儿童少年。

指导语:

小朋友,今天我们来做一个小测验。这里有一些简单的图形要你识别和填充,还有一些简单的问题和计算题要你回答。凡是你知道的,就马上作出简要的回答。没听清楚,可以要求再讲一遍;不知道的,就讲不知道。

为了让你明白怎样回答问题,我们先来做3个例题:

1. 你看见一只狗少了一条腿的图画时(图片自制),问你少了什么,你应答缺一条腿。

2. 问你一只狗少几只耳朵,你就答两只耳朵。

3. 问你下雨天为什么要打伞或穿雨衣,你答不打伞或不穿雨衣身上要打湿。

现在测验开始。

简易儿童智力筛查测验
(一)认识图形(操作中请把图形放大)

测验题	标准答案	得分
1.○	圆形	1分
2.□	方形	1分
3.△	三角形	1分

4. ◇ 菱形 1分
5. ☆ 五角形或五角星 1分

(二) 图片填充(图片自制)

测验题目	标准答案	得分
1.(见图片上缺齿梳子)	齿	1分
2.(见图片缺嘴的人头像)	嘴	1分
3.(见图片缺半侧胡须的猫)	胡须	1分
4.(见图片缺时针的钟)	时针	1分
5.(见图片缺小指甲的手)	小指甲	1分

(三) 照管日常生活

测验题目	标准答案	得分
1.解大小便要到哪里?	厕所	1分
2.为什么要洗脸洗手?	讲卫生、爱干净、避免细菌	1分
3.为什么要穿衣服?	不穿会冷、丑、讲文明	1分
4.你知道怎样把水煮开吗?	放在炉上点火烧	1分
5.你不小心把手指割破了,该怎么办?	包起来、上医院、告诉妈妈	1分

(四) 计算

测验题目	标准答案	得分
1.你把手指头数一下。	从1数到10	1分
2.你用手指表示1、3、6、7、0	繁简式均可	1分
3.如果我将一个苹果一刀切开,应该有几块?	2块	1分
4.给你3个皮球,再给你2个,你共有几个皮球?	5个	1分
5.你有12本小人书,借给别人5本,你还剩几本小人书?	7本	1分

(五) 对普通伤害的防卫

测验题目	标准答案	得分
1.火柴为什么不能玩?	会烧手、会失火	1分
2.小刀子或碎玻璃为什么不能玩?	会划破手	1分
3.看见车子进来为什么要躲开?	会碰到、会压死	1分
4.你如果看见两个小朋友在你面前打架,你怎么办?	劝架、让开	1分
5.果你看见邻居房间的窗子里	通知消防队或保安员报警	1分

突然冒许多浓烟,你怎么办? 用灭火器、救火、泼水
  告诉妈妈或先去看一下,不给分

(六) 分辨能力

测验题目	标准答案	得分
1. 你有几个手指?	10个	1分
2. 你家里有几个人?	(与家人核对)	1分
3. 一星期有几天?	7天	1分
4. 一年四季叫什么?	春夏秋冬	1分
5. 你认识这几种颜色吗?出示不同颜色的纸(红、黄、蓝、绿、黑等纸片,颜色纸自备)	说出5种	1分
	说出3~4种	0.5分
	说出3种以下不给分	

(七) 言语(学讲主试者言语)

测验题目	标准答案	得分
1. 我的房子。	学讲一字不差	1分
2. 我们在晚上睡觉。	同上	1分
3. 爸爸早上七点钟到厂里上班。	同上	1分
4. 那个正在唱歌的孩子是小强的弟弟	同上	1分
5. 妹妹有两个洋娃娃,弟弟只有一个玩具汽车。	同上	1分

(八) 理解

测验题目	标准答案	得分
1. 房子为什么要有窗子?	通气、亮	1分
2. 如果有一个比你小得多的小孩子找你打架,你将怎么办?	说服他	1分
3. 如果你把小朋友的皮球玩丢了,你该怎么办?	赔偿	1分
	告诉妈妈(老师、找)	1分
4. 我们为什么需要公安人员(人民警察)?	指挥交通、治安、保卫、抓坏人	1分
5. 为什么寄信要贴邮票?	向邮局付邮费	1分
	不贴信寄不走	0.5分

儿童智力筛查测验量表

年龄	正常	轻度	中度	重度
7	25 以上	24 以下	15 以下	3 以下
8	27 以上	26 以下	16 以下	3 以下
9	29 以上	28 以下	17 以下	4 以下
10	30 以上	29 以下	18 以下	4 以下
11	32 以上	31 以下	19 以下	6 以下
12	33 以上	32 以下	20 以下	6 以下
13	34 以上	33 以下	21 以下	6 以下
14	35 以上	34 以下	22 以下	6 以下
15 以上	35 以上	34 以下	22 以下	6 以下

复习思考题

一、名词解释

智力　智商　智力超常　智力障碍

二、简答题

1. 简要说明流体智力与固体智力的差异。
2. 智力测验过程中需要注意哪些问题？

三、论述题

1. 谈谈遗传与环境在智力发展中的作用。
2. 试述加德纳的多元智能理论，并结合实例说明该理论在学习中的运用。

四、案例分析

1. 阅读"理性对待智力超常儿童"，分析导致该神童未能成才的原因。

主要参考文献

[1] 叶浩生.心理学理论精粹[M].福州：福建教育出版社,2000.

[2] 高觉敷,叶浩生.西方教育心理学发展史[M].福州：福建教育出版社,2005.

[3] 朱智贤,林崇德,董奇,申继亮.发展心理学研究方法[M].北京：北京师范大学出版社,1991.

[4] 陈云英.残疾儿童的教育诊断[M].北京:科学出版社,1996.
[5] 郑日昌,蔡永红,周益群.心理测量学[M].北京:人民教育出版社,1999.
[6] 劳伦·B.阿洛伊,约翰·H.雷斯金德,玛格丽特·J.玛诺斯.变态心理学[M].汤震宇,邱鹤飞,杨茜,译.上海:上海社会科学出版社,2005.

第十一章　发展心理

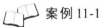

先天不足加溺爱，成年归钟心智如小儿

金庸所著的武侠小说《鹿鼎记》中讲到，归钟在娘胎之中便已得病，本来绝难养大，后来服了灵药，才保住了性命，但身体脑力均已受损，始终不能如常人壮健。归辛树夫妇只有这个独子，加之孩子自幼生病，娇宠过度，失了管教，结果归钟虽然学得一身高强武功，但人到中年，心智性情却还是如八九岁的小儿一般，成为一病汉。[①]

归钟不仅有先天缺陷，出生后其父母的养育方式也存在问题，这导致了他发展中的诸多问题。可见个体的成长要经历不同的阶段，从胎儿期到出生后，各种不利因素的影响都会导致个体成长过程中出现发展性障碍。人的心理发展阶段，就是从胎儿期直到老年的人生历程。

第一节　发展的阶段性与生理发展

一、人的发展的阶段性

人的毕生心理发展，是指个体从受精卵开始到出生、成熟直至衰老的生命全程中心理发生、发展的特点和规律。人身心发展的量变和质变都与年龄有着密切的关系，形成年龄特征，即个体在各个不同的年龄阶段所形成的一般的、典型的、本质的心理特征。依据个体的年龄特征和主要发展任务，可将人的一生分为八个阶段（见表 11-1）。年龄特征一般不会发生根本性的变化，具有稳定性，但在发展过程中，其速度可加快或延缓，也会受到教育、环境等的影响，具有可变性。另外，各个年龄阶段的特征是相互联系且逐步过渡的，前一阶段为后一阶段作准备，后

---

① 金庸.鹿鼎记[M].广州：广州出版社，花城出版社，2001：1466.

一阶段又是前一阶段的继续,既表现出连续性又表现出一定的阶段性。

表 11-1 人生各个时期的主要发展[①]

时期	年龄段	主要发展任务与发展特点
产前期	受精-出生	生理发展
婴幼儿期	出生~3岁	身体成长和动作发展 社会性依附:亲子关系 初步的认知能力、语言发展
儿童早期	3~6岁	力量增加、粗大和精细动作发展 认知发展:创造力、想象力 社会化发展:自我意识
儿童后期	6~12岁	力量和运动技能发展 认知发展:有逻辑的具体思维、书面语言、记忆 社会化发展:同伴关系、自我概念与自尊
青年期	12~20岁	生理发展:身体的迅速改变、生殖成熟 认知发展:抽象思维 社会化发展:人格独立、两性关系建立
成年期	20~40岁	职业与家庭 认知能力处于巅峰之后逐渐下降 社会化发展:父母角色、社会职业角色
中年期	40~60岁	生理机能出现某些衰退、活力下降 认知技能复杂化:解决实际问题的能力提高,但学习新知识的能力下降 社会化发展:性格有一定改变,对时间的取向改变
老年期	60岁以上	生理机能衰退 智力与记忆能力衰退,反应变得缓慢 需调适多方面的损失(如身体机能的衰退、记忆力的下降、失去所爱的人、退休后收入减少等) 找出生命的意义,面对越来越近的死亡

[①] 彭聃龄. 普通心理学[M]. 北京:北京师范大学出版社,2001:485-486.

图 11-1 雏鹅的印刻

知识卡片 11-1

关 键 期

关键期是对环境(积极或消极)影响的敏感性增强的一段时期,在这些时间段内发生的事情可能对此后的发展依然有着决定性的影响。关键期这一概念起初是在动物行为研究中提出的。

自然环境下,雏鹅见到的第一个活物是母鹅,出生后会跟着母鹅走。动物习性学家洛伦茨为证明这并非本能,用孵卵器孵出雏鹅。雏鹅第一个见到的活物是洛伦茨,于是就跟着他走,甚至像对母鹅一样对他的呼唤作出回应。雏鹅对母鹅或洛伦茨的"依恋"行为被称为"印刻"(图 11-1)。鸟类的幼雏印刻出现在孵化后 12～24 小时内,被称为"关键期",超过这段时间,印刻就不会出现。

案例 11-2

人 生 的 阶 段

莎士比亚在戏剧《皆大欢喜》中将人生分为七个阶段:"全世界是一个舞台,所有的男男女女不过是一些演员;他们都有下场的时候,也都有上场的时候。一个人的一生中扮演着好几个角色,他的表演可以分为七个时期。最初是婴孩,在保姆的怀中啼哭呕吐。然后是背着书包、满脸红光的学童,像蜗牛一样慢腾腾地拖着脚步,不情愿地呜咽着上学堂。然后是情人,像炉灶一样叹着气,写了悲哀的诗歌咏着他恋人的眉毛。然后是一个军人,满口

> 发着古怪的誓,胡须长得像豹子一样,爱惜着名誉,动不动就要打架,在炮口上寻求着泡沫一样的荣名。然后是法官,胖胖圆圆的肚子塞满了阉鸡,凛然的眼光,整洁的胡须,满嘴都是格言和老生常谈,他这样扮了他的一个角色。第六个时期变成了精瘦的趿着拖鞋的龙钟老叟,鼻子上架着眼镜,腰边悬着钱袋;他那年轻时候节省下来的长袜子套在他皱瘪的小腿上显得宽大异常;他那朗朗的男子的口音又变成了孩子似的尖声,像是吹着风笛和哨子。终结这段古怪的多事的历史的最后一场,是孩提时代的再现,全然的遗忘,没有牙齿,没有眼睛,没有口味,没有一切。"
>
> 孔子曰:"吾十有五而志于学,三十而立,四十而不惑,五十而知天命,六十而耳顺,七十从心所欲,不逾矩。"
>
> 人的毕生发展可以分成不同的阶段,莎士比亚和孔子分别对人生阶段提出了自己的划分方式。

二、早期生理发展

(一)胎儿的生理发展

从怀孕第9周到出生称为胎儿期。过去认为胎儿没有心理活动,随着技术手段的改进,研究者发现胎儿心理经历了一个发生、发展的过程。

在感知觉方面,第一,视觉器官在胎儿时期已基本上发育成熟,双眼的光学性质已经形成,包括瞳孔的收缩与放大、晶体曲度的调节、眼球转动和瞳孔到视网膜的接受光刺激并向脑中枢传递的神经结构,它们基本已发育成熟,并发挥着传递与整合视觉信息的功能。4~5个月的胎儿即已有了视反应能力以及相应的生理基础。第二,听觉感受器在胎儿6~7个月时已基本成熟,感官至脑中枢神经通路除丘脑皮质外,均在9个月以前完成髓鞘化。用高效超声显像方法可以测到"听觉眨眼反射(APR)",即震颤传音刺激引起胎儿的眨眼反应。一些音乐胎教的实验也发现,对怀孕7~9个月的孕妇施以音乐刺激,在胎儿出生后5分钟时记录他们对胎教音乐刺激的反应,发现施乐组与控制组在转头、睁眼、四肢活动、吸吮、伸舌等方面有显著差异。第三,13~15周的胎儿味觉已初步发育成熟,能发挥作用。胎儿9.5周时已能张开嘴,舌部也开始运动,随后还会产生明显的吞咽行为。胎儿味觉已初步成熟,最迟从4个月开始已能感受到足够的味觉刺激,这有利于味觉的发展。第四,胎儿30天时,头部中线两侧椭圆形厚组织区域以及鼻基极迅速生发出富含感知神经细胞的嗅上皮。第7周时胎儿的嗅上皮已固定到鼻腔的最上部,其中的嗅细胞已经和嗅球及大脑皮层的嗅觉功能区建立了联系。6个月时随着胎儿鼻孔的洞开,羊水可以明显地进入鼻腔并给嗅上皮中的嗅细胞带来刺激。7~8个月时胎儿的嗅觉感受器已相当成熟。第五,胎儿在4~5个月时已初步建立了触觉反应。

在记忆方面,胎儿8个月左右已具有了初步的听觉记忆能力。音乐胎教实验证实,当播放原先在母体内听惯了的音乐时,婴儿就做出有节律的吸吮动作,双手也随音乐节奏做规则摆动。

在言语方面,胎儿5~8个月时已经有了初步的听觉反应和原始的听觉记忆能力,能大致区分出乐音、噪音和语音,并表现出对语言的辨别和记忆能力;能对语音进行初步的听觉分析,把输入的言语信号分析为多种声学特征,并储存于听觉记忆中。这是言语知觉能力的发生,可视为言语发生的准备阶段。

依据胎儿心理的研究,有观点主张应当对胎儿实施胎教。但是所谓胎教,重点并不是让胎儿学习知识,而是在孕期保证母亲的营养,保持身心健康,为胎儿的发育创设良好的环境,促进胎儿的健康发育。当母亲的健康或营养状况差、精神状态不稳定、感染某些疾病、服用某种药物、抽烟、饮酒、吸毒或遭受辐射时,就有可能使胎儿在发育中受到伤害,出生后带有某些先天缺陷,如唇裂、腭裂、肢残、听力或视力缺陷等,对其后的发展带来潜在的不利影响。

(二)婴儿期的生理发展

婴幼儿期是从出生到3岁,伴随着生理的飞速发展,其心理也在飞速发展,这一阶段是认知能力发展的关键期。

足月新生儿出生时身高约为50厘米,体重约3~3.5千克,头围约34厘米,脑重约390克,相当于成人脑重的25%~30%。此时婴儿脑的结构比较简单,功能也不完善,但生而具有的一些能力帮助婴儿逐渐适应新的生长环境。

婴儿主要通过低级中枢实现的本能活动——无条件反射(图11-2)来适应生活。

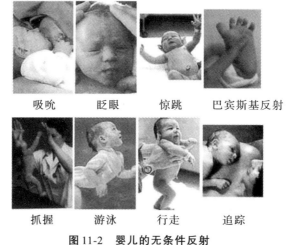

图11-2 婴儿的无条件反射

(1)先天食物反射:包括觅食、吸吮、吞咽反射。当乳头或类似乳头的东西(如成人的手指)碰到婴儿的面颊或嘴唇时,婴儿就会转头张嘴,做吸奶动作,食物进入口中就会咽下去。婴儿出生6周之后,呼吸、吸吮与吞咽反射三者相互协调,喂食变得更有效率。

（2）先天防御反射：眨眼反射即属此类。在新生儿醒着的时候，突然有强光照射，他会迅速地闭眼；当婴儿睡觉时，如有强光照射，他会把眼闭得更紧。这样的表现婴儿自出生即有。到出生后6~9周时，如果一个东西迅速移到婴儿眼前，他也会眨眼。这种反射将持续终生，其作用是保护婴儿免受强光刺激。打喷嚏、呕吐也属于无条件防御反射。

（3）先天定向反射：当新异刺激（如大的声音、鲜艳的物体）出现时，婴儿会自动把头朝向它，或停止正在进行的活动，好像在探究"这是什么"。这种反射对婴儿认识世界有重要意义。

（4）惊跳反射：这是一种全身动作，在婴儿仰躺的时候看得最清楚。当有突如其来的刺激，如较响的声音，或者把婴儿放进小床里等，都会引起惊跳反射。出现惊跳反射时，婴儿会因受到惊吓且感到突然无依靠，造成身体向外展开后又迅速往内缩放，尤其婴儿的双手会明显地出现先张开、后缩回的姿态改变，而呈现拥抱状。这种反射在3~5个月大时消失。

（5）巴宾斯基反射：触摸婴儿的脚底，或用小棍等物的钝端，由脚跟向前轻划婴儿足底外侧缘时，他的脚趾呈扇形张开，然后再蜷曲起来。这种反射6个月大时消失，以后再有这样的刺激，婴儿脚趾就会向里屈曲。

（6）抓握反射：用手指或小棍触摸婴儿的手心，婴儿的手立即紧握不放，力量很大甚至可以将身体吊起来。这种反射在4~5个月大时消失。

（7）游泳反射：把婴儿俯卧放在水里，他会表现出协调很好的游泳动作。在水中，他肺部的管道会自动关闭，张嘴，睁眼睛，用手和脚来游动。6个月大时消失。

（8）行走反射：当婴儿被竖着抱起，把他的脚放在平面上时，他会做出迈步的动作。2个月大时消失。

此外，婴儿还具有追踪反射、强直性颈反射、缩避反射等40多种反射活动，这些无条件反射保证了婴儿最基本的生命活动，但是为了适应复杂多变的环境，婴儿还必须形成条件反射，发展更多的动作。

（三）幼儿期的生理发展

幼儿的生理发展主要表现为动作的发展，包括行走动作发展和手的运用技能的发展。幼儿的动作发展受骨骼肌肉的发展顺序及神经系统的支配作用制约，遵循下述规律。[1]

（1）从整体动作到分化动作。婴幼儿最初的动作是全身性的、非专门化的，随着运动神经纤维的髓鞘化，才逐渐分化为局部的、精确的、专门化的动作。

（2）从上部动作到下部动作。婴幼儿最先发展的是头部动作，然后学会俯撑、翻身、坐、爬、站，最后才是走、跑。

---

[1] 陈帼眉.学前儿童发展心理学[M].北京：北京师范大学出版社，1995：39.

（3）从大肌肉动作到小肌肉动作。这表现为婴幼儿躯体动作比四肢动作发展早，手指动作发展最迟。

（4）从无意动作到有意动作。婴幼儿最初对自己的动作是不自知的，出生6个月以后才开始意识到自己的动作。

1岁前是人类的第一个生长发育高峰。正常喂养情况下，1岁婴儿身高可增长20~30厘米，体重可达到出生时的3倍，头围可达46厘米，脑重可长到900克，神经突触的数量不断增加，运动技能不断成熟。3岁幼儿的身高可达93厘米，体重约13千克，脑重可达1000克，神经纤维不断增长，突触联系不断加多，神经髓鞘化迅速进行，使条件反射形成的速度和巩固程度得以不断提高。6岁儿童的身高已达110厘米左右，体重可达20千克，身体各部分的比例逐渐趋向成人。7岁儿童的脑重可达1280克，相当于成人脑重的90%以上，随着脑结构的成熟，儿童的大脑皮质兴奋和抑制过程、条件反射、第二信号系统等脑功能不断增强。

动作和心理发展关系密切。正是动作的发展，才使婴幼儿在与客体不断相互作用的过程中构建自我和客体的概念，产生自我意识和最初的主客体之间的分化。动作对婴幼儿的心理发展具有诱导和促进作用。

表11-2 3岁前儿童全身动作发展顺序[①]

顺序	动作项目名称	年龄（月）	顺序	动作项目名称	年龄（月）
1	稍微抬头	2.1	25	自蹲自如	16.5
2	头转动自如	2.6	26	独走自如	16.9
3	抬头及肩	3.7	27	扶物过障碍棒	19.4
4	翻身一半	4.3	28	能跑不稳	20.5
5	扶坐竖直	4.7	29	双手扶栏上楼	23.0
6	手肘支床、胸离床面	4.8	30	双手扶栏下楼	23.2
7	仰卧翻身	5.5	31	扶双手双脚稍微跳起	23.7
8	独坐前倾	5.8	32	扶一手双脚稍微跳起	24.2
9	扶腋下站	6.1	33	独自双脚稍微跳起	25.4
10	独坐片刻	6.6	34	能跑	25.7
11	蠕动打转	7.2	35	扶双手单足站不稳	25.8
12	扶双手站	7.2	36	一手扶栏下楼	25.8
13	俯卧翻身	7.3	37	独自过障碍棒	26.0
14	独坐自如	7.3	38	一手扶栏上楼	26.2

---

① 李惠桐.三岁前儿童集体动作发展的调查.见：林崇德.发展心理学[M].北京：人民教育出版社，1995:152.

(续表)

15	给助力爬	8.1	39	扶双手双脚跳好	26.7
16	从卧位坐起	9.3	40	扶一手单足站不稳	26.9
17	独自能爬	9.4	41	扶一手双脚跳好	29.2
18	扶一手站	10.0	42	扶双手单足站好	29.3
19	扶两手走	10.1	43	独自双脚跳好	30.5
20	扶物能蹲	11.2	44	扶双手单脚跳稍微跳起	30.6
21	扶一手走	11.3	45	手臂举起有抛掷姿势的抛掷	30.9
22	独站片刻	12.4	46	扶一手单足站好	32.3
23	独站自如	15.4	47	独自单足站不稳	34.1
24	独走几步	15.6	48	扶一手单脚跳稍微跳起	34.3

表11-3　3岁前儿童手的动作发展顺序[①]

顺序	动作项目名称	年龄(月)	顺序	动作项目名称	年龄(月)
1	抓住不放	4.7	11	堆积木6~10块	23.0
2	能抓住面前玩具	6.1	12	用匙稍外溢	24.1
3	能用拇指和食指拿	6.4	13	脱鞋袜	26.2
4	能松手	7.5	14	穿珠	27.8
5	传递(倒手)	7.6	15	折纸长方形近似	29.2
6	能拿起面前玩具	7.9	16	独自用匙好	29.3
7	从瓶中倒出小球	10.1	17	画横线近似	29.5
8	堆积木2~5块	15.4	18	一手端碗	30.1
9	用匙外溢	18.6	19	折纸正方形近似	31.5
10	用双手端碗	21.6	20	画圆形近似	32.1

三、青春期的生理发展

女性10岁左右,男性12岁左右,迎来第二个生长发育高峰。

1. 神经系统

人脑重量和容积在个体12岁时已基本达到成人水平,因此青春期增量不大,但皮层细胞的机能迅速发育。脑电波频率的快慢是大脑发育过程的重要参数,随年龄增长而加快。青少年的脑电波,尤其是α波在13~14岁时出现第二次飞跃(第

[①] 李惠桐.三岁前儿童集体动作发展的调查.见:林崇德.发展心理学.北京:人民教育出版社,1995:154.

一次在6岁左右),说明脑机能逐渐成熟。

2. 身高

初中生(青年初期)外形变化最明显的特征就是身高的迅速增长。青春期后每年至少长高6~8厘米,甚至10~11厘米,而之前平均每年长高3~5厘米。男女生的身高变化是有差异的,女生发育突进一般在9~12岁,而男生发育突进则在11~14岁。

3. 体重

9岁前,男女体重相差不大。9岁后女生体重快速增长,平均每年增长4.4千克,在12、13岁达到高峰,14岁后增长速度下降。男生12、13岁体重迅速增长,平均每年增长5.5千克,13岁左右可能超过女生,14岁达到增长高峰,15岁后增长速度下降。体重的增长还能反映出身体内脏的增大、肌肉的发达以及骨骼的增长和变粗,所以体重也是身体发育的一个重要标志。青年初期后,男女生的体重已接近成年人。

4. 头面部

童年期的面部特征逐渐消失,额部发际逐渐向头顶部及两鬓后移,嘴巴变宽。童年期头大身小的特征逐渐被头身比例协调的身体姿态所代替。

5. 第二性征

随着第二性征的出现,初中生开始进入两性分化时期。在男性身上,表现为喉结突出、嗓音低沉、体格高大、肌肉发达、唇部出现胡须、周身出现多而密的汗毛、出现腋毛和阴毛等。在女性身上,表现为嗓音细润、乳房隆起、骨盆宽大、皮下脂肪较多、臀部变大、体态丰满、出现腋毛和阴毛等。

青春期的生长发育很大程度上是由脑和内分泌系统的一系列活动引发的。内分泌系统主要通过下丘脑、脑垂体和性腺三者之间的相互作用发挥功能。性激素分泌是内分泌系统活动的一个重要方面。青春期前,性激素分泌量小。青春期后,个体下丘脑的促性腺释放因子的分泌量增加,从而使脑垂体前叶的促性腺激素分泌增加,进而导致性腺激素水平相应提高,促进性腺发育。女性的性腺为卵巢,男性的性腺为睾丸,性腺的发育成熟使女性出现月经,男性发生遗精。女性月经初潮一般在10~16岁,男性遗精一般在12~18岁。

女性的性器官包括卵巢、子宫和阴道,8~10岁发育加快,10~18岁子宫发育,长度增加1倍,其形状及各部分的比例有所改变。男性的性器官包括睾丸、附睾、精囊、前列腺及阴茎,10岁后发育加快。

生殖系统是人体各系统中发育成熟最晚的,它的成熟标志着人体生理发育的完成。

青春期过后,身体再次进入生命历程中生物学变化相对缓慢的阶段。

四、成年期的生理变化

步入中年个体的生理发生很大变化,例如体重增加、身体发胖、头发开始变白变稀、皮肤变粗糙等。中年后期,男女性都会进入更年期,出现植物性神经紊乱,导致情绪不稳定、易怒、烦躁、精神压抑等。一般情况下,女性从40岁开始,男性从45岁开始,各个组织器官开始由盛而衰,生理功能逐渐下降。

1. 肺

从30岁起,肺的最大通气量随年龄增加呈线性下降趋势,60岁时下降到20岁时的75%。

2. 心脏

40岁以后,心脏功能出现明显下降趋势,主动脉内膜增厚、心脏每次跳动时搏出的血量减少。从30岁开始,高血压的发病率逐步上升。

3. 肾脏

肾皮质在30~50岁达到高峰后开始逐渐退化,40岁以后经过肾脏的血液量每年大约减少1%,导致经肾脏排出的废料减少,留在体内的废料增加,整个机体的代谢功能减弱。

此外,40岁以上的人全身骨骼、关节、肌肉等运动器官的功能也在下降,导致动作的灵活性、协调性下降,做事易疲劳,且恢复得比年轻人慢。

五、发展中的障碍

(一) 学习障碍

儿童入学后,家长、教师会发现一些儿童尽管其智力正常,但学业成绩总是不良,或者存在阅读、语言表达、思维、计算等方面的困难。一些教师由于这些学生成绩差而将他们称为"差生",其结果是使其感到更加自卑,并导致其他同学歧视或排斥这类学生。实际上,有一部分学生存在学习障碍不是因为自身不努力学习。

1963年,美国学者柯克提出了"学习障碍"(Learning Disability)的概念。学习障碍是指个体在习得和运用听、想、说、读、写、推理或数学能力等方面存在显著性困难。这种学习障碍不是由其他障碍(如感觉损伤、智力落后、严重的情绪障碍)或其他外在影响(如文化差异、不充分或不适当的教学)所造成的,当然患有学习障碍的学生有可能并发上述障碍或同时受上述影响因素。

有一些学习障碍是由于大脑特定区域功能损伤造成的,如总是把字母b看做或写做d。还有一些学习障碍儿童表现为手眼协调性差。也有的学习障碍儿童存在严重的注意力缺陷。这些障碍导致儿童的学业成就低于其应该达到的水平,同时由于伴随的行为问题,使其在发展中遇到更大的困难。对于学习障碍学生应避免歧视和偏见,采取补偿策略,开展感觉统合训练和行为矫正,使他们克服学习中存在的困难。

（二）孤独症

孤独症,也称自闭症(Autism),是一种广泛性发育障碍。美国儿童精神科医生堪那(L. Kanner)于1943发表"情感接触的自闭障碍",详述11名(8男3女)儿童的行为特征。他们未满两岁即发病,而且具有下列五项行为特征:(1)极端的孤独,缺乏和别人的情感接触;(2)对环境事物有要求同一性的强烈欲望;(3)对某些物品有特殊的偏好,且以极好的精细动作操弄这些物品;(4)没有语言,或者虽有语言,但其语言似乎不是用来人际沟通;(5)保留智能,呈沉思外貌,并具有良好的认知潜能,有语言者常表现出极佳的背诵记忆力,而未具语言者则以良好的操作测验表现其潜能。这个症候群,堪那称之为"早发幼儿自闭症"。

孤独症是一种发育障碍,目前病因不明,也没有药物可治疗,只有对患者进行及早的、长期持续不断的训练,才能使其达到生活自理和一定程度的康复。实践证明,目前最为有效的训练方法是行为训练。除了典型的孤独症以外,还存在着诸如阿斯伯格症、儿童崩解症、非典型孤独症等不同的孤独症谱系障碍。据估计我国有500万孤独症谱系障碍的患者。加强早期发现、早期干预对于孤独症儿童的康复是至关重要的。

 知识卡片11-2

克氏行为量表

姓名_____ 性别_____ 年龄_____ 填表人_____

下列14种儿童行为,请根据孩子最近一个月内的情况,在题目右边的空格内打勾,不要漏掉任何一题。

行　为	从不(0分)	偶尔(1分)	经常(2分)
不与别人一起玩			
听而不闻,好像是聋了			
强烈反抗学习,如抵抗模仿、说话或做动作			
不顾危险			
不接受日常习惯的变化			
以手势表达需要			
莫名其妙地笑			

> 不喜欢被人拥抱
> 活动量过大
> 避免目光接触
> 过度偏爱某些物品
> 喜欢旋转的东西
> 反复做怪异的动作
> 对周围漠不关心
>
> 题数 _____ 总分 _____
> 评估过程由家长或老师填完表后得出总分,如果总分超过14分或者有2/3的题目得分就可以怀疑此儿童有孤独症倾向。

第二节 认知发展

一、皮亚杰的心理发展阶段理论

瑞士心理学家皮亚杰将儿童思维的发展划分为感知运动阶段、前运算阶段、具体运算阶段、形式运算阶段四个阶段。

(一)感知运动阶段

0~2岁的幼儿处于感知运动阶段,该阶段是婴幼儿认知能力初步发展的时期。婴幼儿主要通过感觉和动作认识周围世界,并逐渐认识到自己与他人、自己与物体的不同,在此期间发展出了"客体恒常性"概念。客体恒常性是指儿童理解了物体可以独立于他们的行为和知觉而存在或运动。4~6个月以前,当把物体从婴幼儿眼前拿开或遮挡后,他们不会找寻物体,好像物体已经不存在了(图11-3a)。6个月后,婴幼儿的视线开始随物体的移动而移动。2岁左右,婴幼儿会去寻找物体(图11-3b)。

图11-3a 4-6个月的婴幼儿不寻找看不到的物体

图 11-3b　2 岁左右的婴幼儿寻找被遮挡的物体

知识卡片 11-3

关于儿童"客体恒常性"实验

美国伊利诺伊大学的研究者利用儿童对"不可能"事件表示出的明显吃惊做了一系列实验,尝试了解儿童是否认识到"客体恒常性"。其中一项研究是让 6 个半月的婴儿观察一辆玩具车从坡道滑下。玩具车滑至坡道中点会有一块挡板遮住婴儿的视线,玩具车滑出挡板另一侧后婴儿又可以看到它。在一种条件下婴儿看到挡板后玩具车的必经之路上放了障碍物。但当释放玩具车后,实验者会使手段让玩具车顺利通过障碍,所以玩具车还能神奇地在挡板的另一侧出现。通过比较"不可能"条件和"可能"条件,也就是障碍物在玩具车路线附近不妨碍它行进的情况,研究者发现,婴儿对不可能情景观察的时间确实更长,说明婴儿明白即使看不到障碍物它也依然存在,他们也一定知道玩具车不可能通过障碍物,这似乎为婴儿理解客体恒常性提供了合理的证据。

(二)前运算阶段

2~7 岁的儿童处于前运算阶段,该阶段儿童的言语能力快速发展,开始逐渐运用符号表征事物,其思维发展的局限性是片面性和自我中心性。

思维的片面性是指儿童此时的思维集中于事物的某些方面而忽视其他方面的倾向。例如,在儿童面前将盛同样多液体的两个杯子中的一杯倒入另一个细长的杯子里,7 岁以下儿童多认为细长杯子中的液体更多。他们只注意到液体的高度,而没有考虑杯子的粗细。在体积、长度、数量等方面,儿童都没有发展出"守恒"概念(图 11-4)。

图11-4　7岁以下儿童液体守恒实验

思维的自我中心性是指儿童倾向于从自己的角度出发看待事物和思考问题,没有意识到别人可能与自己不同。例如,儿童会站在电视机前看电视,他意识不到自己挡住了别人的视线,他认为别人和他看到的一样。但这不同于一般意义上的"自私",因为儿童还意识不到自己和别人的视野不同。

(三)具体运算阶段

7~11岁的儿童处于具体运算阶段,该阶段儿童掌握了守恒的概念,开始使用时间、空间、数等概念,能够运用符号进行逻辑思维。在此期间儿童逆向思维能力也获得了发展,如知道2×3和3×2都等于6。

(四)形式运算阶段

11岁以后儿童进入形式运算阶段,其思维开始脱离具体物体和特定情境,抽象思维逐渐发展完善。青少年可以进行推理,能够提出假设并进行验证,知道事物的发生有很多可能性,思维具有更大弹性和复杂性,其认知能力的提高不再与先天因素关系密切,而主要取决于知识、经验和学识的增长。

二、婴幼儿的认知发展

(一)感知觉发展

1. 触觉

新生儿能凭口腔触觉辨别软硬不同的乳头;2、3个月的婴儿对曾吸吮过的物体的吸吮速度逐渐降低,似乎对它已"不感兴趣",换新物体后吸吮速度马上变快;4个月时婴儿已能同时辨别不同形状和软硬的乳头。

2. 视觉

婴儿出生已具备一定的视觉能力,能觉察眼前的光亮,视敏度达20/200~20/

400;有 1/4 的新生儿能追视红环;4 个月的婴儿就表现出颜色偏好;6 个月到 1 岁期间,婴幼儿的视力已达到成人的正常水平。

3. 听觉

新生儿不仅能听见声音,还能区分声音的高低、强弱、品质和持续时间;1 个月大的婴儿已能鉴别 200Hz 与 500Hz 纯音之间的差异;1~2 个月大的婴儿偏爱乐音,喜欢听人说话,尤其是母亲说话的声音;7~8 个月大的婴儿已乐于随着音乐的节拍舞动双臂和身躯,对成人愉快的语调报以欢愉的表情,对严厉的声音表示不安,甚至大哭。

4. 味觉

婴儿出生时味觉已发育得相当完好。新生儿明显偏爱甜味,对酸味和苦味的反应是做怪相。3 个月大时,婴儿已能分辨含糖 1% 和 2% 的糖水。

5. 嗅觉

新生儿已能辨别不同的气味,偏爱母亲的气味。在出生 12 小时的新生儿面前挥动沾有香蕉精的棉花球,他会显露出兴奋的神情,对臭鸡蛋味则皱眉、转头。

此外,婴幼儿已具有初步的空间知觉和物体知觉能力。

图 11-5　视崖实验

知识卡片 11-4

视崖实验

吉布森(E. J. Gibson)为研究儿童深度知觉能力设计了视崖实验(图 11-5)。

视崖装置的组成:一张 1.2 米高的桌子,顶部是一块透明的厚玻璃,桌子的一半(浅滩)是用红白格图案组成的结实桌面。另一半是同样的图案,但它在桌面下面的地板上(深渊)。在浅滩边上,图案垂直降到地面,虽然从上面看是直落到地的，但实际上有玻璃贯穿整个桌面。在浅滩和深渊的中间是一块0.3米宽的中间板。

这项研究的被试是36名年龄在6~14个月的婴儿。每个婴儿都被放在视崖的中间板上，先让母亲在深的一侧呼唤自己的孩子，然后再在浅的一侧呼唤自己的孩子。结果，有27个婴儿当母亲在浅的一侧呼唤时爬下中央板并穿过玻璃，但当母亲在深的一侧呼唤他们时，只有3名婴儿极为犹豫地爬过视崖的边缘，大部分婴儿拒绝穿过视崖，他们或远离母亲爬向浅的一侧；或因不能够到母亲那儿而大哭起来。

由此可见，婴儿已经意识到视崖深度的存在。

(二) 儿童心理理论发展

心理理论是对自己和他人心理状态（如需要、信念、意图、感觉等）的推测，并以此来预测行为的能力。心理理论概念最早是从对黑猩猩的心理领悟能力研究中提出来的，研究者发现黑猩猩能产生有目的的行为，并能够根据其他黑猩猩的目的推测其行为，并将这一能力命名为"Theory of mind"，中国大陆学者将之翻译为"心理理论"，台湾学者则多翻译为"心智技能"。心理理论研究儿童如何从他人的愿望、信念、情绪和知识等推测他人行为。一般4岁左右的儿童开始逐渐形成这一系列概念的内在理论体系。心理理论包括两个成分，分别是社会知觉和社会认知。社会知觉是基础，包括在人际社会中获得他人的表情、声音、动作等客观知觉信息，婴儿时期就已经具有，是一种内化的人类推测他人意图行为的能力。社会认知比社会知觉更具有系统性，需要对各种零散知觉进行加工，因此社会认知是在社会知觉基础上发生与发展的。

心理理论是指对自己和他人心理状态的认识，并由此对相应行为做出因果性的预测和解释。拥有心理理论能力可以使个体具有有关自己或他人的心理世界的知识，包括愿望、信念、意图、情绪、虚构表征等。心理理论是儿童对心理状态的认识，是人类认识的最基本领域。儿童对现实世界的认识，对自己、他人行动的认识，对心理状态彼此间相互联系的认识，均与其心理理论的发展水平有关。在儿童的日常生活中，心理理论具有举足轻重的地位，像合作、富有同情心、理解他人的情感、预测他人的行为等能力和品质的发展，就必须建立在儿童对信念、愿望、动机等心理状态的认识的基础上。另外，心理理论的发展对儿童的道德发展、社交能力的形成也至关重要。

心理理论测验中最经典的范式是错误信念范式，包括意外内容任务和意外地点任务。其中意外内容信念考察儿童是否认识到别人所持有的错误信念会导致其认知出现偏差，意外地点任务考察儿童是否认识到别人所持有的错误信念会导致其行为出现偏差。

经典意外内容任务的情境是,在一个盒子里放的东西与儿童根据盒子外表和自身经验判断得到的东西完全不同,例如,在一个糖果罐子里放的是一支笔。然后儿童要回答的问题就是,在他看到盒子里面放置的真实东西之前,他以为盒子里面放的是什么,以及一个不在场的人偶会以为里面放的是什么。

意外地点任务的情景是,一个玩偶A把它的小球放在一个红色的碗柜里,然后出去了,在它不在的时间里,另一个玩偶B把这个小球从红色的碗柜移到了绿色的碗柜里,儿童要回答的问题是A回来以后会在哪个碗柜里找它的小球。要能够正确回答这个问题,儿童必须明白其他人所持有的信念和自己所持有的信念是不同的,并且与事实是完全相反的,而且正是这种信念会决定人们的表现行为。

2岁以前的婴儿已经能够表现出许多与认知发展相关的行为,如婴儿偏好看人的眼睛,并且已经具有了视觉追随他人眼光的能力。婴儿对声音有很高的注意性并能对声音做出区分。18个月大的婴儿就能够推断出别人将要做什么,也就是说这个年龄的儿童可能开始理解人的行动是有意图的、有目标的。18个月大的婴儿不仅可以理解人的行动是有意图的,而且可以根据他人的意图做出不同选择。但这个年龄阶段的婴儿还不具备心理理论。

研究发现,2~4岁是儿童获得心理理论的关键年龄。其发展包括三个阶段:2岁左右,儿童获得的是愿望心理学,这一阶段儿童主要是以愿望为准则来评定自己和他人的心理状态;第二个阶段被称为愿望—信念心理学,这一阶段儿童开始表现出对信念的一定理解,但是对行为的解释主要还是以愿望为标准的;4岁时,儿童进入发展的第三个阶段——信念—愿望心理学阶段,这时他们开始对信念有进一步的了解,在对行为进行推断时,信念和愿望被综合起来考虑。也有研究者认为,幼儿心理理论的发展主要表现在由复制式心理理论发展到解释性心理理论。三四岁的儿童能够认识到自己或他人可以拥有信念时,拥有的是复制式心理理论。此时的儿童能够认识到信念是对外部世界的客观表征,他们能区分外部世界和心理表征,实现的是心理对外部世界的复制,但是他们还不能认识心理与外部世界的双向作用,只能认识到外部世界对心理的影响。大约在六七岁时,儿童获得了解释性心理理论,不仅能认识到外部世界对心理的影响,而且能认识到心理对外部世界的作用,即认识到心理在解释外部世界的信息中起重要作用。

三、青春期的认知发展

与儿童相比,青少年的认知表现出了更强的抽象逻辑性。其思维逐渐摆脱具体事物的束缚,能够进行假设—演绎推理;逐渐能够在现实性和可能性之间进行较灵活的可逆性推理,拥有了更广阔的认知视角,开始关注未来;元认知能力大大增强,使其能够更好地监控自己的思维活动,显示出对抽象思想和思维过程本身的强烈兴趣。形式运算思维和辩证思维的出现和发展集中体现了青年期认知发展的特点。①

儿童所进行的具体运算思维直接与具体事物相联系。青年期个体逐渐把形式和内容分开,出现了形式运算思维。皮亚杰等人通过天平实验、钟摆实验和化学混色实验等研究了青年的思维,认为青年比儿童具有更强的可逆性和较高的"归纳—推理"能力,在解决问题时能运用一系列可能的非常系统的和有组织的方式,同时检验多个假设。

知识卡片11-5

皮亚杰的认知发展实验

天平实验

向被试呈现天平和砝码。被试的任务是使天平恢复平衡,可用四种方法:增加砝码、减少砝码、移近砝码、移远砝码。结果:儿童常采用减少下降一边的砝码,青年更可能采取多种方法。证明青年能认识更多不同的可逆性。

钟摆实验

向被试呈现不同长度的绳、不同重量的摆锤,被试可以改变摆锤下落点的高度或最初推动力的大小。要求被试判断什么因素决定钟摆摆动的速度。结果:儿童相信锤重也会影响钟摆摆速,青年可通过变化一个因素而恒定其余因素,观察到锤重虽改变但摆动频率不变,排除了锤重因素。证明青年已具有较高的"归纳—推理"能力。

化学混色实验

向被试呈现4个瓶子、1个标志瓶和2个烧杯,每个瓶子盛有一种透明液体。主试先用一个烧杯盛满取自1号瓶和3号瓶的混合液体,另一个烧杯盛满取自2号瓶的液体,再将标志瓶中的液体分别滴入每个烧杯。演示前一个变成了黄色,另一个没有变色。要求被试尝试各种混合方式,以判断哪种化学液体混合之后液体的颜色会发生改变。结果:14岁儿童能够系统思考所有可能性后一一验证,7岁儿童不能。证明青年可用系统的方式考虑情境之间的联系,同时检验多个假设。

15岁以后,个体认知发展表现出日益明显的辩证思维特征。青年阶段的辩证思维是一种辩证逻辑思维,我国青年辩证逻辑思维的发展趋势是:初一学生已经开始掌握辩证逻辑思维的各种形式,但水平较低;初三学生的辩证思维迅速发展,

---

① 张文新.青少年发展心理学[M].济南:山东人民出版社,2002:212-215.

是重要的转折期;高中生的辩证逻辑思维已占据优势地位。

四、认知老化

研究发现,成人晚期的感知觉会发生显著的退行性变化。几种主要感觉衰退的一般模式是:听觉感受性最早衰退,一般超过50岁,听力就下降;其次是视力,55岁以后出现急剧衰退;味觉与视觉相似,60岁后对咸、甜、苦和酸等物质的感受性陡然下降。

老年期记忆的主要特点是:机械识记减退、记忆广度下降、规定时间内的速度记忆衰退、再认能力较差、回忆力显著下降。

老年期概念学习、解决问题等思维能力有所衰退,但思维的其他特点如思维的广阔性、深刻性等由于老年人的知识经验丰富,往往比青少年强。

老年人智力有所减退,但并非全部减退。衰退的多限于非言语性的、要求一定速度的动作性智力操作,多限于"流体智力"。个体智力因素的衰退速度并不相同,有快有慢。并非智力的全部因素均衰退,有的即使到了年老不但不衰退,甚至有所增长,如言语性的智力测验成绩、"晶体智力"机能等。[①]

第三节 语言发展

一、婴幼儿言语发展

言语活动是由听(书写)和说(阅读)共同构成的,在儿童言语发生发展的过程中,一般来说,接受性言语(感知、理解)先于表达性言语的出现。

(一)儿童言语的准备

儿童言语的准备阶段(0~1岁)的主要特点如下。

1. 发音的准备

1~3个月的婴儿在哭声中或哭声间隙可以发出简单的音,可听出 ei、ou 的声音。2个月后,婴儿不哭时也可发出不需要较多唇舌运动的音,例如 ai、a、e、ei、ou、nei、ai-i 等。这个阶段的发音是一种本能行为,先天聋儿也能发出这些声音。[②]4~8个月的婴儿可以发出连续重复音节,例如 ba-ba,ma-ma 等,这些音与"爸爸"、"妈妈"等词音很相似,但还不具有符号意义。9~12个月的婴儿进入模仿发音阶段,所

[①] 林崇德. 发展心理学[M]. 北京:人民教育出版社,1995:496.
[②] 陈帼眉. 学前儿童发展心理学[M]. 北京:北京师范大学出版社,1995: 228.

发连续音节明显增加了不同音节的连续发音,音调也开始多样化,四声均出现了,听起来像说话,但是这些"话"没有意义。同时,儿童开始模仿成人的语音,例如 mao-mao(帽帽)、qiu-qiu(球球)等,标志着学话的萌芽。

2. 语音理解的准备

婴儿在语音知觉能力方面也作出准备。婴儿对言语刺激非常敏感,出生不到10天的儿童就能区分语音和其他声音,并对语音表现出明显的"偏爱"。几个月的婴儿还具有了语音范畴的知觉能力:能分辨两个语音范畴的差别(如"b"和"p"),而对同一范畴内的变异予以忽略,为语言理解提供了必要前提。

在语词理解方面,8~9个月大的婴儿已经能"听懂"成人的一些语言,表现为能对语言做出相应的反应,但引起儿童反应的主要是语调和整个情景(例如说话者的表情动作),而不是词的意义。一般11个月左右,儿童才能把语词逐渐从复合情景中分离出来,真正理解词的意义。1岁左右,儿童已经能够理解几十个词,但能说出的很少。

(二)儿童言语的准备

儿童言语的准备阶段(1~3岁)的主要特点如下。

1~1.5岁的儿童可说出单词句,其说出的词具有以下特点。

(1)单音重叠:由于儿童大脑发育尚不成熟,发音器官还缺乏锻炼,因此喜欢说重叠的字音。

(2)一词多义:由于对词的理解不够精确,因此儿童说出的词往往代表多种意义。

(3)以词代句:儿童不仅用一个词代表多种物体,而且用一个词代表一个句子。

1.5~2岁的儿童可以说出双词句。1岁半后儿童说话的积极性逐渐高涨,说出的词大量增加,2岁时可达200多个。儿童开始说由双词或三词组合在一起的句子。这种句子的表意功能虽然较单词句明确,但其表现形式是断续的、简略的,结构不完整,故也称为"电报句",具体特点如下。

(1)句子简单:句子简单、短小,只有3~5个字,主要有简单的主谓句、简单的谓宾句、简单的主谓宾句三种形式。

(2)句子不完整:儿童所说句子往往缺字、漏字。

(3)词序颠倒:1岁半至2岁儿童所说的句子时常有颠倒词序的情况,让成人不易理解。

2~3岁是语言发展的关键期,此时儿童语言发展主要表现为能说完整的简单句,出现复合句,词汇量也迅速增加。从2岁开始,儿童能把过去的经验表达出来,语言表达的内容发生了质的变化。3岁时,儿童已经能够掌握1000个左右的词。

儿童并非生而具有言语能力,言语的获得是学习的结果。语言环境对儿童言语的发展非常重要,家庭中父母的话语特征、父母对儿童言语行为的鼓励性、儿童对父母话语的模仿能力以及儿童思维、记忆等认知能力的发展等,都对儿童语言获得有重要影响。儿童口语获得的大致年龄和各阶段的特征见表11-4。

表11-4 儿童口语获得的阶段与阶段特征[①]

口语习得的年龄阶段	口语习得各阶段的特征
刚出生后	能够分辨语音刺激与其他声音刺激
9~12个月	说出第一个指示词
18~24个月	出现双词话语
3~4岁	出现完全符合语法的完整句子
7岁前	获得完全符合语法的口头语言

二、童年期言语发展

（一）语音的发展

儿童语音的发展主要表现在逐渐掌握本族语言的全部语音、能辨别自己和别人发音上的错误、开始形成对语音的意识等方面。

（二）词汇的发展

1. 词汇数量迅速增加

3岁幼儿的词汇量约达1000~1100个,4岁约为1600~2000个,5岁增至2200~3000个,6岁则达3000~4000个。幼儿期是人生中词汇增加的最快的时期,几乎每年增长一倍。

2. 词类范围日益扩大

在词类方面,儿童一般先掌握实词,然后掌握虚词。实词的掌握顺序是名词、动词、形容词、副词、数量词。在词汇内容方面,儿童最初掌握与日常生活直接相关的词,以后逐渐积累一些距离稍远的词,甚至掌握与社会现象相关的词。在词汇性质方面,儿童最初掌握的主要是具体词汇,后来逐渐掌握一些抽象性和概括性比较高的词。

3. 词义逐渐确切和加深

儿童对词义的理解呈现如下趋势:先理解意义比较具体的词,以后开始理解比较抽象概括的词;先理解词的具体意义,以后才能比较深刻地理解词义。

---

① 彭聃龄.普通心理学[M].北京:北京师范大学出版社,2001:498.

(三）基本语法结构的掌握

1. 语句的发展

儿童语句的发展大致呈现如下趋势：句型从简单到复杂；句子结构和词性从混沌一体到逐渐分化；句子结构从松散到逐步严谨；句子结构由压缩、呆板到逐步扩展和灵活。

2. 句子的理解

在语句发展过程中，对句子的理解先于说出语句而发生。1岁前，在儿童尚不能说出有意义的单词时，已能听懂成人说出的某些简单句子，并用动作反应。1岁后，按成人指令动作的能力更加增强。2~3岁的儿童开始与成人交谈，喜欢听成人念儿歌、讲故事。4~5岁的儿童已经能和成人自由交谈。

第四节 社会性发展

一、埃里克森的社会心理发展阶段

埃里克森（E. H. Erikson，1902—1994）认为人的一生可以分为既连续又各有独特发展课题的八个阶段，每个发展阶段都有其独特的发展课题，他称之为"心理·社会的危机"（表11-5）。发展课题完成，危机成功解决，就会形成积极的人格品质，反之则会产生消极的品质。

表11-5 埃里克森的人生发展阶段

阶段	危机	令人满意的结果
婴儿前期	信任对不信任	建立对环境及他人的信任感
婴儿后期	自主对羞耻和怀疑	建立对自己能力的自信
幼儿期	主动对内疚	有自主进行活动的能力
儿童期	勤奋对自卑	相信自己有做事能力并逐步学会劳动本领
青少年期	同一性对同一性扩散	整合形成作为一个独特人的自我形象
成年初期	亲密对孤独	有能力与他人建立爱情和友谊
成年中期	普遍关注对自我关注	关心家庭、社会和后代
成年晚期	自我整合对绝望	有尊严和成就感，能欣然面对死亡

(一) 婴儿前期(0~1岁)

在婴儿前期,婴儿开始认识人,当婴儿感到饥渴、尿湿等不舒适的情况而发出哭声时,父母能否出现是建立信任感的重要条件。信任在人格中形成了"希望"这一品质,它起着增强自我的力量。埃里克森把希望定义为"对自己愿望的可实现性的持久信念,反抗黑暗势力、标志生命诞生的怒吼"。具有信任感的儿童敢于希望,富于理想,具有强烈的未来定向,反之则不敢希望,时时担忧自己的需要得不到满足。

(二) 婴儿后期(1~3岁)

在婴儿后期,婴儿掌握了爬、走、说话等技能,更重要的是他们学会了怎样坚持或放弃,也就是说儿童开始"有意志"地决定做什么或不做什么。埃里克森把意志定义为"不顾不可避免的害羞和怀疑心理而坚定地自由选择或自我抑制的决心"。第一反抗期出现时,父母与子女的冲突很激烈。一方面父母必须承担起控制婴儿行为使之符合社会规范的任务,即使其养成良好的习惯;另一方面婴儿开始有了自主感,会反抗外界控制,若父母听之任之、放任自流,将不利于其社会化,反之若过分严厉,会伤害婴儿的自主感和自我控制能力。如果父母对婴儿的保护或惩罚不当,婴儿就会产生怀疑,并感到害羞,"适度"才有利于在婴儿人格内部形成意志品质。

(三) 幼儿期(3~6岁)

在幼儿期,如果幼儿表现出的主动探究行为受到鼓励,幼儿就会形成主动性,这为他将来成为一个有责任感、有创造力的人奠定了基础。如果成人讥笑幼儿的独创行为和想象力,那么幼儿就会逐渐失去自信心,这使他们更倾向于生活在别人为他们安排好的狭窄圈子里,缺乏自己开创幸福生活的主动性。当幼儿的主动感超过内疚感时,他们就有了"目的"的品质。埃里克森把目的定义为"一种正视和追求有价值目标的勇气,这种勇气不为幼儿想象的失利、罪疚感和惩罚的恐惧所限制"。

(四) 儿童期(6~12岁)

在儿童期,儿童都应在学校接受教育。学校是训练儿童适应社会、掌握今后生活所必需的知识和技能的地方。如果他们能顺利地完成学习课程,就会获得勤奋感,这使他们在今后的独立生活和承担工作任务时充满信心。反之,则会产生自卑。另外,如果儿童养成了过分看重自己的工作的态度,而对其他方面漠然处之,这种人的生活是可悲的。埃里克森说:"如果他把工作当成他唯一的任务,把做什么工作看成是唯一的价值标准,那他就可能成为自己工作技能和老板们最驯服和最无思想的奴隶。"当儿童的勤奋感大于自卑感时,他们就会获得"能力"的品质。埃里克森指出:"能力是不受儿童自卑感削弱的,完成任务所需要的是自由操作的熟练技能和智慧。"

(五) 青少年期(12~18岁)

青少年期的主要任务是建立一个新的同一性或自己在别人眼中的形象,以及他在社会集体中所占的情感位置。这一阶段的危机是角色混乱。埃里克森还提出了"心理合法延缓期"的概念,如果青少年自觉没有能力持久地承担义务,感到要做出的决断未免太多太快,会在做出最后决断以前要进入一种"暂停"的时期,千方百计地延缓承担的义务,以避免同一性提前完结的内心需要。虽然对同一性寻求的拖延可能是痛苦的,但它最后是能导致个人整合的一种更高级形式和真正的社会创新。随着自我同一性形成了"忠诚"的品质。埃里克森把忠诚定义为"不顾价值系统的必然矛盾,而坚持自己确认的同一性的能力"。

(六) 成年早期(18~25岁)

只有具有牢固的自我同一性的青年人,才敢于冒与他人发生亲密关系的风险。因为与他人发生爱的关系,就是把自己的同一性与他人的同一性融为一体。这里有自我牺牲或损失,只有这样才能在恋爱中建立真正亲密无间的关系,从而获得亲密感,否则将产生孤独感。埃里克森把"爱"定义为"压制异性间遗传的对立性而永远相互奉献"。

(七) 成年期(25~65岁)

当一个人顺利地度过了自我同一性时期,以后的岁月中将过上幸福充实的生活,他将生儿育女,关心后代的繁殖和养育。他认为,生育感有"生"和"育"两层含义,一个人即使没生孩子,只要能关心孩子、教育指导孩子也可以具有生育感。而没有生育感的人,其人格贫乏和停滞,是自我关注的人。他们只考虑自己的需要和利益,不关心他人(包括儿童)的需要和利益。在这一时期,人们不仅要生育孩子,同时要承担社会工作,这是一个人对下一代的关心和创造力最旺盛的时期,人们将获得关心和创造力的品质。埃里克森把"关心"定义为"一种对由爱、必然或偶然所造成结果的扩大了的关心,它消除了那种由不可推卸的义务所产生的矛盾心理"。

(八) 成熟期(65岁以上)

在成熟期,由于衰老,老人的体力、心力和健康每况愈下,为此他们必须做出相应的调整和适应,所以被称为自我调整对绝望感的心理冲突。当老人们回顾过去时,可能怀着充实的感情与世告别,也可能怀着绝望走向死亡。自我调整是一种接受自我、承认现实的感受,一种超脱的智慧之感。如果一个人的自我调整大于绝望,他将获得"智慧"的品质,埃里克森把它定义为"以超然的态度对待生活和死亡"。老年人对死亡的态度直接影响下一代儿童时期信任感的形成。因此,第八阶段和第一阶段首尾相连,构成一个循环或生命的周期。

二、儿童期的社会性发展

(一)依恋

与成人的交往对婴幼儿心理发展具有至关重要的作用,在交往过程中会伴随形成一种紧密、强烈而深厚的情绪联系——依恋。依恋是婴儿与其依恋对象双方在感情的相互感染和共鸣中形成的感情联结,这是人的社会性的最基本表现形式之一。

1. 婴儿的依恋发展的阶段

(1)对人无差别反应阶段(0~3个月),婴儿对人反应的最大特点就是不加区分、无差别的反应。他们对人的脸甚至一个精致的面具都会喜欢、注视、微笑;听到人说话的声音都会微笑、手舞足蹈,特别是母亲或抚养者和婴儿说话或抱他,都能使他兴奋,使他们感到愉快、满足。这时他们对母亲和陌生人的反应没有任何差别。

(2)对人有选择反应的阶段(3~6个月)。婴儿对人的反应有了区别。他们对母亲的反应表现出更多的微笑、咿呀学语、依偎、接近;对熟悉的人如家庭其他成员则表现得相对少一些;对陌生人这些反应就更少了,但不是完全没有反应。这时还没有出现怯生现象。

(3)特殊情感联结形成阶段(6个月~3岁)。从六七个月起婴儿对母亲或专门照料者的存在更加关切,特别愿意与他们在一起。7~8个月以后,陌生人的出现和接近会引起婴儿警觉、躲避或哭泣反应,并开始出现日益明显的"分离焦虑"。[①]

2. 婴儿的依恋发展的类型

安斯沃斯(M. D. Ainsworth)等利用婴儿在陌生环境中的表现作为依恋性质评定的方法,将婴儿依恋划分为安全型、回避型、反抗型三种类型。

(1)安全型依恋

安全型依恋的儿童与母亲在一起时能安逸地玩弄玩具,对陌生人的反应比较积极,并不总是偎依在母亲身旁,只是偶尔需要靠近或接触母亲,更多的是用眼睛看母亲、对母亲微笑或与母亲有距离地交谈。母亲在场使婴儿感到足够的安全,能在陌生的环境中进行积极的探索和操作,对陌生人的反应也比较积极。当母亲离开时,其探索行为和操作活动会受到影响,明显地表现出不安、苦恼,想寻找母亲回来。当母亲重又回来时,他们会立即寻求与母亲的接触,并很容易抚慰,平静下来,继续做游戏。这类婴儿约占65%~70%,也被称为B类儿童。

[①] 孟昭兰.心理学[M].北京:北京大学出版社,2006:530-531.

（2）回避型依恋

回避型依恋的儿童对母亲在不在场都表现得无所谓。母亲离开时，他们并不表示反抗，很少有紧张或忧虑的表现；母亲回来了，他们也往往不予理会，表示忽略而不是高兴，自己玩自己的。他们有时也会欢迎母亲的到来，但只是短暂的，接近一下又走开了。这类婴儿并未形成对母亲特别密切的感情联结，他们接受陌生人的安慰就像接受母亲的安慰一样。实际上这类儿童并未形成对人的依恋，所以这类儿童被称为"无依恋的儿童"。这类婴儿约占20%，也被称为A类儿童。

（3）反抗型依恋

反抗型依恋的儿童每到母亲要离开之前，总显得很警惕，有点大惊小怪。当母亲离开时，表现得非常苦恼、极度反抗，任何一次短暂的分离都会引起他大喊大叫。但当母亲回来要亲近他、抱他时，他又反抗与母亲接触。他们对母亲的态度表现得非常矛盾，既寻求接触又反抗接触，他们无法把母亲作为他安全探究的基地。比如，母亲抱他时，他会生气地拒绝、推开，或刚被抱起来又挣扎着要下来。要他重新回去做游戏又似乎不太容易，总是不时地朝母亲那里看。这类婴儿约占10%~15%，也被称为C类儿童。

婴儿的依恋发展与父母养育方式、家庭生活环境和儿童自身的气质特点都有关系。生命第一年，尤其是6个月~1岁对形成依恋关系似乎最为重要。早期依恋对后期行为也有重要影响，安全的依恋有助于培养婴儿对自己、对父母、对同伴的信任感以及积极的探索能力，为儿童个性发展奠定良好的基础。

知识卡片11-6

恒河猴社会性剥夺实验

哈洛（H. Harlow）把出生不久的小猴单独放在一个物质条件良好的环境中，它的一切生理需要都能充分获得满足，但它不能与其他猴子尤其是母猴交往。1年后将它放回正常猴群中，研究者发现这些被隔离过的猴子表现出恐惧、畏缩，不会与其他猴子正常交往，做母亲后对自己的孩子也冷淡、拒绝或漠不关心，甚至残酷无情地伤害幼崽。

动物实验还表明，刚出生就与母猿分开的小猿，成年后在社会和性关系的形成上存在困难。进一步研究表明，这些被早期剥夺母亲的小猿的后天发展并不能通过给予人为的机械替代（指给小猿提供玩具母猿并提供足够的食物）而得到改善。这说明，幼猿的后天成长不仅仅需要足够的食物，而且需要母亲的接触性安慰——即在幼猿受到惊吓、经受失败时，需要母亲通过抚摸、关爱的眼神等接触性动作进行安慰，才能逐渐培养幼猿进一步探索

> 世界、学习新技能的兴趣和能力。
>
> 社会中的许多研究表明,缺少紧密的和充满爱意的关系会影响儿童的身体发育和生存。消极的环境也对儿童的社会性发展有影响。

(二) 同伴关系

同伴关系是儿童社会交往能力发展的重要背景,是发展其社会交往能力的重要途径,为社会化提供了一个发展的平台。首先,同伴交往可以促进儿童智力的发展与认知结构的建构。同伴合作的成绩要优于单个人的成绩。其次,良好的同伴关系还可以满足儿童社会需要,促进儿童社会情感发展。处在同伴群体中的儿童从其他儿童那里获得情感支持与帮助,孤独感和恐惧感减少,特别是当儿童活动受挫而需要帮助时,朋友的帮助可以使其获得心理上的安全感。再次,同伴交往经验也有利于自我概念和人格的发展。在交往中,儿童经常会受到其他儿童的反馈性评价,如"你真行"、"他胆子真小"等,这种来自同伴的社会反馈逐渐塑造着儿童的自我概念。但当儿童发现很难自我改变时,出于保护自尊心或增强自尊感的需要,他常常会采用自我美化的策略,如向下的社会比较、选择性遗忘等,从某种意义上来说,这也是自我概念的发展和进化,是自我成熟的标志之一。最后,良好的同伴关系有助于儿童获得熟练成功的社交技巧。经常和同伴在一起,儿童能锻炼自己和别人交流的能力,特别是语言技巧。儿童同伴之间的交往比与成人交往更自由、更平等,这种平等的关系使儿童有可能从事新的探索和尝试,特别是产生新的敏感性,这种敏感性将成为发展社交能力的基石。

学龄前儿童同伴交往的方式主要是游戏。对3岁儿童观察发现,随着儿童自信心的增强和参与其他游戏活动技能的提高,儿童单独游戏减少而群体游戏增加。儿童进入小学,学习活动成为同伴交往的主要方式之一。小学儿童与同伴交往的频率增加,在互相交流信息、表达思想以及分享方面的能力逐渐提高,同伴的影响越来越突出。同时,同伴群体的共同目标成为儿童社会生活的重要特征,他们能够更加容易地参加那些要求儿童共同努力以达到共同目标的活动,甚至只是某个同伴想达到的目标的合作任务。从小学开始,儿童对他人、对友谊和人际期望逐渐有了更为深刻的理解,他们通过与更多人的接触,逐渐认识到他人与自己的思想不同。

在交往中儿童受欢迎程度的不同,而形成不同的同伴社会地位。

(1)受欢迎的儿童,是指被多数同伴喜欢、没有或很少受到他人排斥的儿童。受欢迎的儿童一般是合作的、有成熟感的、有吸引力的。

(2)被拒斥的儿童,是指不被多数同伴喜欢、受较多成员排斥、地位较低的儿童。被拒斥的儿童被认为是攻击性的、破坏性的、势利的。

(3)一般的儿童,是指那些被同伴接纳的程度处于一般情况的儿童。他们各方面条件都不优越(或者还没有表现出优越性),也不突出。他们并不像被同伴拒绝的那些儿童那样感到孤独,很可能比被拒斥者更有条件逐渐被同伴接纳,或在进入新的班级或新的游戏团体时成为社交明星。

(4)被忽视儿童,是指常被多数同伴忽略、在同伴群体中的地位较低且可有可无的儿童。他们往往体质弱、力气小、能力较差;积极行为和消极行为均较少;性格内向、好静、胆小、不爱说话、不爱交往,在交往中缺乏主动性;孤独感较重,对没有同伴与自己玩感到比较难过与不安。

三、青春期的社会性发展

青春期社会性发展的特点表现出不平衡性和极端性(或偏执性)。

(一)自我意识的发展

自我意识是一种多维度、多层次的复杂心理现象,它由自我认识、自我体验和自我控制三种心理成分构成。

1. 青年初期自我意识高涨

青年期被称为是"第二次诞生",意指青年期自我意识发展经历了第二次飞跃。在青春期,生理上突飞猛进的变化容易引导个体将意识再次指向自我,更加注意、关心自己的身体、内驱力及内部欲求。如初中生的内心世界逐渐丰富,经常沉浸于关于"我"的思考和感受中,经常思索"我是个什么样的人""别人是喜欢我还是讨厌我""我和别人有什么不同"等问题;在作文、日记中带有浓重的个人情绪情感基调,所阐发的自我体会和感受也是直接来源于自我观察、自我批评和自我期望等。

2. 青年中期自我意识高度发展

青年中期,个体开始考虑自己的人生道路,所以一切问题既是以"自我"为核心而展开的,又是以解决好"自我"这个问题为目的的。这种主客观上的需求使得自我意识获得高度发展。此时青年人已能完全意识到自己是一个独立的个体,要求独立的愿望强烈;在心理上把自我分成"理想自我"和"现实自我",由此在思维或行为上产生主体性,渴望按照自己的想法和判断控制自己的言行,同时也出现了自我矛盾;有较强的自尊心,在其言行受到肯定和赞赏时,产生强烈的满足感,反之易产生强烈的挫折感。高中生在自我观察、自我评价、自我体验、自我监督、自我控制等自我意识的各个成分上都获得了高度发展,并趋于成熟。

3. 青年末期自我同一性的确立

青年末期,青年对外界事物的看法更加广泛而深刻,这种对外界的注意和关心是建立在以探讨自我为核心的基础上的。青年的社会人际关系不断扩大,容易引起他们将自己的内在能力与他人进行比较,关心自己的素质、天赋等问题。另外,青年认知能力的发展几乎达到或接近了最高水平,必然引起他们对自己行动的原因、结果及自己存在的价值和人生意义进行思考。自我意识的发展促进了青年自我的形成。经过整个青年期的分化、整合后,自我以同一性确立为标志最终完成。

埃里克森认为,青年期自我发展的核心任务是自我同一性的确立。自我同一性是一种关于自己是谁、在社会上应占什么地位、将来准备成为什么样的人以及怎样努力成为理想中的人等一连串的感受,是对"我是谁"问题内隐和外显的回答,是个体在寻求自我的发展中,对自我的确认和对有关自我发展的一些问题(诸如理想、职业、价值观、人生观等)的思考和选择。自我同一性的确立就意味着个体对自身有充分的了解,能够将自我的过去、现在和将来整合成一个有机的整体,根据社会的限定和需求确立自己的理想与价值观念,并对未来的发展做出自己的思考。同一性的建立有赖于之前几个阶段危机的解决,又为后续阶段的发展奠定基础。

具有同一性的青年,其观点和态度能得到他们最初认同的对象(例如父母或老师)的肯定,其愿望与实现愿望的途径与步伐比较一致,其能力遵循着预定目标与日俱增,这使他们更加自信、乐观、理智和热情,从而继续发展出真正的独立处事能力,在面对外部世界时善于进取、敢于冒险。当遇到矛盾和困难时,其感情能从困惑中逐渐变得坦然,其思想能从冲突中得到解脱,他们能经受挫折而变得成熟起来。没有建立自我同一性的青年会导致"同一性扩散"。他们很难树立明确的目标,需要和愿望是变幻不定的,缺乏统一的感情和兴趣,不知道自己将来会成为一个什么样的人;遇到多变的情况时,没有恒定的处理方式,表现为矛盾的自我,扮演着混乱的角色;他们没有确定的前进目标,对偶然发生的欲望和愿望没有把握去实现,或者盲目行动不计后果,或者把期望放弃或压抑而不敢面对。[①]

埃里克森还指出,同一性发展本身所固有的复杂性使青年需要一个"心理延缓偿付期",即步入青年期的个体自觉没有能力持久承担社会责任和义务时,先进入一种"暂停"时期而不做出某种决断,以尽可能地避免同一性提前完结。对在校大学生来说正处于"延缓偿付期"。从高中紧张的学习状态中脱身后,大学生终于有充分的时间探索自我、计划将来,以免仓促做出无法挽回的决定。同时,青年还可以利用这段时间,触及各种人生观、价值观,尝试着选择并检验其是否符合自己,经过多次反复循环,最终确立自我同一性。

(二)反抗心理增强

反抗心理是初中生普遍存在的一种个性心理特征。这种特征主要表现为对一切外在力量予以排斥的意识和行为倾向。

[①] 孟昭兰.心理学[M].北京:北京大学出版社,2006:548-549.

1. 反抗心理产生的原因

自我意识的突然高涨是导致个体反抗心理出现的第一个原因。随着自我意识的高涨，个体更倾向于维护良好的自我形象，追求独立和自尊，但其某些想法及行为不能被现实所接受，屡遭挫折，于是就产生过于偏激的想法，认为其行动的障碍来自成人，便产生了反抗心理。

中枢神经系统的兴奋性过强是导致初中生反抗性出现的第二个原因。只有当中枢神经系统的功能与身体外周相应部分的活动达到协调时，个体的身心方能处于和谐状态。在青春期刚刚起步时，个体有关性的中枢神经系统的活动性明显增强，但性腺的机能尚未成熟，两者尚不协调。其结果表现为，个体的中枢神经系统处于过分活跃状态，使青春期个体对于周围的各种刺激——包括别人对其的态度——等表现得过于敏感，反应过于强烈。

在正常情况下，外界的刺激强度与神经系统的反应之间存在着一定的依存性，两者应是相互协调的。但在青春期阶段，这种依存关系受到了影响，致使个体对于较弱的刺激也给予很强烈的反应，比如青少年常因区区小事而暴跳如雷。

独立意识是青春期产生反抗心理的第三个原因。个体迫切地要求享有独立的权利，将父母曾给予的生活上的关照及情感上的爱抚视为获得独立的障碍，将教师及社会其他成员的指导和教诲也看成是对自身发展的束缚。为了获得心理上独立的感觉，个体对任何一种外在力量都有不同程度的排斥倾向。可以说此时的反抗心理，在很大程度上是为了否认自己是儿童，而确认自己已是成熟的个体。

2. 反抗心理的表现

在个体的发展过程中，存在两个反抗期。第一反抗期出现于2岁到4岁之间，几乎与自我意识发展的第一个飞跃期重叠。这一时期儿童的反抗主要是指向身体方面的，即反对父母对他们身体活动的约束。

第二反抗期则出现于青春期阶段，这时的反抗主要是针对某些心理内容的，如希望成人能给予尊重，承认其具有独立的人格。

青春期个体的反抗方式是多样化的，有时表现得很强烈，有时则以内隐的方式相对抗，常有以下几种具体表现。

第一，态度强硬，举止粗暴。有相当一部分个体，是以一种"风暴式"的方式对抗某些外在力量的。这种反抗行为发生得十分迅速，常使对方措手不及。当时的任何劝导都无济于事，但事态平息之后，这种强烈的反抗情绪也将较快地随之消失。

第二，漠不关心，冷淡相对。个体的另一种反抗不表现在外显的行为上，只存在于内隐的意识中。这种情况常出现于性格内向的个体身上。他们不直接顶撞予以反抗的对象，但却采取一种漠不关心、冷淡相对的态度，对对方的意见置若罔闻。这种反抗态度和情绪不易随具体情景的变化而转移，具有固执性。

第三,反抗的迁移性。个体反抗行为的迁移性是指,当某一人物的某一方面的言行引起了他们的反感时,就倾向于将这种反感及排斥迁移到这一人物的方方面面,甚至将这个人全部否定;同样,当某一成人团体中的一个成员不能令他们满意时,他们就倾向于对该团体中的所有成员均予以排斥。这种反抗的迁移性,常使个体在是非面前产生困惑,在情绪因素的左右下,他们常常会将一些正确的东西排斥掉,这给他们的成长带来不利。

(三) 情绪表现的矛盾性

在青春期个体的情绪表现中,也充分体现出半成熟、半幼稚的矛盾性特点。随着个体心理能力的发展和生活经验的扩大,其情绪的感受和表现形式不再像以往那么单一,但还远不如成人的情绪体验那么稳定,表现出明确的两面性。

1. 强烈、狂暴性与温和、细腻性共存

个体的情绪表现有时是强烈而狂暴的,但也不是一味的强烈,有时也表现出温和、细腻的特点。

情绪的温和性是指个体的某些情绪在文饰之后,以一种较为缓和的形式表现出来。与幼年和童年期的儿童相比,青春期个体已经积累了较多的经验,了解了不同的情绪在人际关系中具有不同作用的事实,因此,他们的情绪表达已不很开放和充分,并能适当控制某些消极情绪,或对某种情绪予以文饰,以相对缓和的形式表现。

情绪的细腻性是指个体情绪体验上的细致的特点。青春期个体已逐渐克服了儿童时期情绪体验的单一性和粗糙性,情绪表现变得越发丰富和细致,而且,有些情绪感受并非直接由外部刺激所引起,而是加入了许多主观因素。

2. 情绪的可变性和固执性共存

情绪的可变性是指情绪体验不够稳定、常从一种情绪转为另一种情绪的特点。情绪的这种特点一般是由于情绪体验不够深刻造成的,个体尽管在表面上情绪表现的强度很大,但体验的深度并不与此成正比,一种情绪容易被另一种情绪所取代。

情绪的固执性是指情绪体验上的顽固性,即由于个体对客观事物的认识存在着偏执性的特点,因而带来了情绪上的固执性。

3. 内向性和表现性共存

情绪的内向性是指情绪表现形式上的一种隐蔽性。个体在情绪表现上已逐渐失去了那种毫无掩饰的单纯和率真,在某些场合,可将喜、怒、哀、乐等各种情绪隐藏于心中不予表现。

情绪的表现性是指在情绪表露过程中,自觉或不自觉地带上了表演痕迹。个体在团体中有时为了从众或其他一些想法,会将某种原本的情绪加上一层表演的色彩,在情绪的表露上失去了童年时那种自然性,带有了造作痕迹。

(四)人际交往上的新特点

青春期个体在结交朋友方面,也显示出与童年完全不同的特点。

1. 逐渐克服了团伙的交往方式

童年期的儿童在结交朋友方面最明显的特点是交朋友上的团伙现象,表现为六七个儿童经常在一起交往和游戏。在这种交往中,儿童们感到了身心自由和愉快。因此,就交友的方式来说,小学时代是团伙的时代。到了小学高年级,这种交友的团伙形式就已发展到了顶点,然后就逐渐趋于解体,被新的交往形式所取代。

进入青春期以后,个体突出了许多心理上的不安和焦躁。他们需要有一个能倾吐烦恼、交流思想并能保守秘密的地方,而交友的团伙形式是不具备这种功能的。因此,他们交友的范围逐渐缩小了,青春期个体最要好的朋友一般是一至两个。他们选择朋友的标准主要包括以下几个方面:①有共同的志趣和追求;②有共同的苦闷和烦恼;③性格相近;④在许多方面能相互理解等。初中生好友之间一般为相同的性别,这一阶段朋友之间的关系也是十分密切的,所建立起的友谊相对稳定和持久。

2. 朋友关系在青少年的生活中日益重要

不同年龄阶段的个体,生活于其中的人际关系的场所不尽相同,感情所指向的对象也有区别。

幼儿主要与家庭中的各个成员构成一种心理上的交往关系。小学儿童虽已有了自己所喜爱的同龄朋友,但在感情上仍十分依赖父母。进入中学后,初中生将感情的重心逐渐偏向于关系密切的朋友。

青春期个体对朋友有特殊要求,认为朋友应该坦率、通情达理、关心别人、保守秘密,同时观点和行动上的一致也是朋友之间心理接近的重要条件之一。此外,青春期个体在交友上还具有多层次的特点,随着志趣和爱好发展得越来越广泛,内心生活越发丰富,个体就越难在一个朋友身上满足自己各方面的需求,所以个体可能与某一个朋友的交往只限于某一方面的兴趣,而与另一个朋友的交往又只限于另一方面的兴趣。

青春期个体的朋友关系对于发展其的各种心理水平和情绪的稳定性是非常重要的。有了朋友,个体会表现得更热情、更积极、更富有信心和勇气,更好地发展各种社会性能力。

3. 与异性朋友相处表现出阶段性

在幼儿期和童年期,儿童们的交往一般是不分性别的,经常是男女儿童在一起游戏,即使有时分出性别,也不是由于性别意识本身造成的,而是由于在兴趣方面存在差异。

初中以后，男女生之间的关系有了新的特点，双方都开始意识到了性别问题，并彼此对对方逐渐发生了兴趣。但是，在最初阶段，他们对于异性的兴趣却是以相反的方式予以表达：或者在异性同学面前表露出漠不关心的态度；或者在言行中表现出对异性同学的轻视；或者以不友好的方式攻击对方。总之，从表面上看，他们并不相互接近，而是相互排斥。

到初中阶段的后期，男女生之间逐渐开始融洽相处。而且，在一些男生与女生心中，会有一位自己所喜爱的异性朋友。女生一般对那些举止自然、友好、不粗鲁、有活力的男生更容易产生好感；男生一般对那些仪表好、文雅、活泼的女生易产生好感。但男女生一般都不将这种情感公开出来，在许多情况下，只是一个永久的秘密。因为，随着时间的流逝，随着他们各方面的发展与成熟，随着价值观念的不断变化和调整，这种产生于初中阶段的情感很可能渐渐地淡化，甚至完全消失。所以，初中阶段男女同学之间的爱慕之情是很稚嫩的，缺乏牢固的基础，很少有保持下来并最终发展为爱情和婚姻的。但是，只要处理得当，控制在相当有限的程度内，这种感情也有一定的意义。当一个初中生喜欢上一个异性同学时，他（她）自然也希望对方能接受自己，于是就能更加自觉地按照一个好少年的标准，尽可能地去完善自己，从而促进各方面的发展。然而，如果这种关系无限度地发展，就会妨碍初中生的正常进步。

4. 与父母的关系发生微妙变化

家庭是社会的基本细胞，父母是影响儿童早期成长的重要人物。在童年期以前儿童的眼光里，父母的形象至高无上，他们对父母既尊重又信任。进入青春期以后，初中生与父母之间的关系发生了微妙的变化。这种变化表现在下述方面。

第一，情感上的脱离。初中生由于在情感上有了其他的依恋对象，与父母的情感便不如以前亲密了。

第二，行为上的脱离。初中生要求独立的愿望十分强烈，在行为上反对父母对他们的干涉和控制。

第三，观点上的脱离。初中生对于任何事件都喜欢自己进行分析和判断，不愿意接受现成的观念和规范。因此，他们对于以前一贯信奉的父母的许多观点都要重新审视，而审视的结果与父母意见常常不一致。

第四，父母的榜样作用削弱。随着初中生生活范围的扩大，会有其他成人形象通过各种途径进入他们的心目中，这些人物又都是些近乎理想水平的形象，相形之下，父母就黯然失色了；另一方面，随着个体思维水平和认识能力的提高，会逐渐发现存在于父母身上的、过去未曾觉察的某些缺点，这也会削弱父母的榜样作用。

四、成年期的社会性发展

(一) 成年早期的社会性发展

成人早期的基本特征,大致表现为五个方面:从成长期到相对稳定期的变化;智力发展到全盛时期;恋爱结婚到为人父母;创立事业到紧张工作;困难重重到适应生活。成人社会性发展任务与其基本特征是相辅相成的:一定的发展任务可以表现为一定的发展特征,而一定的基本特征又提供了完成发展任务的条件。[1]

成人前期的发展任务主要是:(1)学习或实践与同龄男女之间新的熟练交际方式;(2)承担作为男性或女性的社会任务;(3)认识自己身体的构造,有效使用自己的身体;(4)从精神上到行为上都独立于父母或其他成人;(5)具有经济上自立的自信;(6)选择职业及就业;(7)做结婚及家庭生活的准备;(8)发展作为社会一员所必需的知识和态度;(9)追求并完成负有社会性责任的行为;(10)学习或实践作为行为指南的价值和伦理体系。

成人前期的社会性发展任务多取决于社会要求。成人前期的任何一个社会成员,假如不能符合特定社会的要求,不能积极地承担社会义务,又不能享有应有的社会权利,就不能很好地执行各种社会行为准则,其社会适应必定是失败的。因此,成人前期必须逐步适应并自觉按照社会要求来采取行动。社会要求表现在成人前期的种种社会性发展任务上,主要为:(1)就业、创业,即为社会创一番事业,又取得经济上的自立;(2)择偶、婚配,建立和谐的家庭;(3)生儿育女,抚育子女,开始树立家长教育观念;(4)作为社会群体的意愿,逐步取得群体中的地位和社会地位;(5)做一个合格公民,承担起公民的基本义务,享受公民的基本权利。

(二) 成年中期的社会性发展

处在人生"中转站"的中年人,其社会性心理发展有着特殊的表现。首先,社会生活角色的变化给中年人带来沉重压力,容易产生紧张和焦虑。其次,中年人兴趣范围不如青年期广阔,但兴趣重点有所转移,一般表现在:事业心强,对社会公务越来越感兴趣;社会参与性增强,对政治时事比较关心;休闲需要增强,休闲方式从剧烈运动型转变为安静型;兴趣变化趋于稳定。第三,面临中年危机,因为对诸多新问题、新情况不能适应而出现了心理不平衡现象。荣格认为中年人一般都能适应社会环境,已经建立了家庭,在事业上有所成就。青年时力比多指向外部,对物质目标很感兴趣;而中年时这方面的目标大多已经实现,心理能从外部兴趣方面收回来。由于价值观和性格的改变,这也是最容易出问题的时期,荣格称之为"中年危机"。荣格指出大约2/3的病人处于中年期,他们大多感到生活空虚、精神不振。

埃里克森认为,成人中期的主要发展任务是获得创生感。创生既包括履行父

---

[1] 韩树杰.成人社会性发展与成人教育创新——从心理学的视角[D].曲阜师范大学,2007.

母职责,如生儿育女,也涵盖"生产力"、"创造性"等内容,如积极参与竞争,为社会做出贡献。对于长期持续拼搏的一些中年人来说,因为工作超负荷、负担过重,一旦感到自己不能一如既往地参与竞争或进行创造时,就逐渐进入停滞状态。因此,如果能圆满解决创生与停滞的矛盾,有助于中年人表现出关心的品质。

(三)成年晚期的社会性发展

成年晚期的社会性发展处于一个矛盾的变化之中。人到老年,随着生理衰老年龄的到来,人的机体功能明显下降,适应能力亦逐渐降低。重要的是,由于从职业生活中退出,其社会角色发生了巨大的变化,由社会财富的创造者变成消费者,由社会力量的中坚变成需要得到社会力量保护的对象。总之,他们的"职责和权力在缩小,已不再占据世界位置的中心"。这一切,对于人的心理状态来说,无疑是一个极大的转折。有人甚至认为,老年时代即是一个"丧失的时代"——身心健康的丧失、经济上独立的丧失、社会与家庭联系上的丧失、生存目的的丧失。个体由此产生衰老感、孤独感和死亡临近感,甚至发生性格上的变异。所以埃里克森等人常把老年期看做是人生旅途上的又一次危机。人的衰老(包括社会的和生理的)是生命发展的必然趋势,但老年期的本质并不意味着丧失了什么,而是老年人应如何正确看待并"正面迎战"这些丧失。

老年人的发展任务主要是:(1)适应体力和健康的削弱,正确对待衰老,正确对待死亡;(2)适应退休生活,继续履行作为公民的职责和义务;(3)适应丧偶,增强对环境的适应性,消除孤独感;(4)加入同年龄组,努力与自己年龄相仿的人建立起明朗密切的联系;(5)保持满意的物质生活,继续发展多方面的生活情趣。

在老年期,整合对绝望的冲突是通过生活回顾与自我评价的动态过程来解决的。现实因素包括健康、家庭关系、角色丧失或角色转换,同时对个人的过去志向与成就的评价相整合。整合的实现是一生心理社会成长的最高点。面对死亡这一最后现实,我们如何找出生命的意义?成年晚期整合性的实现鼓舞着年轻人继续与他们自身生活阶段中的挑战做斗争。成年晚期适应的模式的多样性,源自个体人格特征的持续性及个体所面临环境的可能范围。个体对生活及死亡现实性态度的固化,会带来对生活的新的认识,并导致更为普遍化的道德取向。

第五节 性别发展

一、生理的性别与社会的性别

生理性别指男女在生物学或解剖学上的区别,生理性别的主要征状为:男女两性除生殖器官不同之外,各自拥有自己的第二性特征。在受精过程中,个体的生理性别已确定。社会性别即社会性别角色,是指在一定的社会关系中占有某一社会位置或具有某种身份,并遵守相应的行为规范的特定性别的个体,即社会按照性别价值和观念而分配给个体的社会性别角色。这种社会性别角色,无论其内容还是表现形式,总是反映着特定的历史条件下社会结构、社会组织水平和社会心理的特点,反映社会文明的发展水平,而男女性别差异的心理,实质上是性别角色差异的反映。[①]

二、性别角色的获得

(一)性别角色概念

性别角色指社会大众视为代表男性或女性的典型行为与态度,或符合大众愿望与理想的男性或女性的典型行为与态度。[②]性别角色包括性别认同、性别稳定性和性别恒常性。性别角色的社会化使男女儿童在个性上表现出明显的性别差异。

性别认同是儿童对自己和他人的性别的正确标定,出现得最早;性别稳定性是儿童对人一生性别保持不变的认识,一般出现于3~4岁;性别恒常性出现较晚,一般在6~7岁时出现。

性别认同是对自己和他人性别的正确标定。在1岁半到2岁之间,儿童已能正确地标志自己以及其他人的性别,但尚未发展起性别稳定性。如问及这样的问题:"你(一个小姑娘)长大了,会做爸爸吗?"或者:"如果你想的话,你会是个男孩子吗?"小孩子会轻松地回答:"是的。"如果出示一个洋娃娃,并且在儿童面前改变娃娃的发型和衣服,儿童则认为洋娃娃的性别与以前不同了。

性别稳定性是指儿童对自己的性别不随其年龄、情境等的变化而改变这一特征的认识,一般在3~4岁左右达到。在这个阶段,儿童能够认识到,一个人的性别在一生中是稳定不变的。但即使是在这样的认识下,他们还会像小时候那样继续坚持认为:改变发型、衣服或者"性别适宜"的行为也会导致一个人性别的转换。这说明,儿童对性别稳定性的理解还存在着局限。

性别恒常性是指儿童对一个人不管外表发生什么变化而其性别保持不变的认识。一般到6~7岁,儿童才能发展起性别恒常性。儿童性别恒常性的发展是有规律的,即沿着先认识自己的性别恒常性,然后认识与其同性儿童的性别恒常性,再是认识异性儿童的性别恒常性的线路发展。

性别刻板印象是指被广泛接受的有关对男性和女性来说合适的个性特征的观点。每个社会对男性和女性都会提出种种不同的要求,小到服饰、言谈举止、兴趣爱好、行为特征,大到家庭分工、社会分工,从而形成一种男女性别的刻板行为模式。一个人要适应社会、发展自我,学会认识自己的性别并选择相应的性别角

---

① 肖建安.生物性别与社会性别对性别语体形成的影响[J].河南大学学报(社会科学版),2000,40(4):75.
② 张春兴.教育心理学[M].杭州:浙江教育出版社,1998:389.

色是十分重要的。根据社会对性别角色的要求来确认自己,达到对性别角色的认同,也是一个人社会化的重要内容之一。

儿童大约在2岁左右,开始标志他们自己以及其他人的性别,使用这样的词语:"男孩"、"女孩"、"男人"、"女人"。这些分类一旦建立,儿童就开始对活动和行为进行性别上的划分,或者对行为给予性别上的理解,结果就掌握了许多性别刻板印象。

在儿童能标志他们自己的性别并且用男性和女性人物来配上陈述和对象之前,他们就喜欢"适合于性别"的活动。到1岁半,出现了性别刻板印象的游戏和玩具选择。3岁时,这些偏好对于男孩和女孩来说就变得有高度的一致性。学龄前期开始,孩子们会寻求与自己性别相同的伙伴,这些伙伴能分享他们的乐趣和行为。到5岁时,活动和职业的性别刻板印象很好地建立起来了。在儿童中期和青少年期间,对原先没有明确刻板印象的领域,现在产生了刻板印象,而且加深了对刻板印象的理解。结果,有关男性和女性的个性和能力的观点变得更灵活了。

(二)性别角色发展阶段

根据认知发展理论,依个体在发展过程的不同时期所体现出来的不同发展取向,可以把6岁到18岁儿童的性别角色发展划分为三个阶段。[①]

第一阶段:6~8岁,生物取向阶段。此时个体所持有的关于男性和女性的各种认识以男女之间机体上所存在的生理差异和特征为依据。

第二阶段:10~12岁,社会取向阶段。个体对男性和女性所持的各种性别角色概念以社会文化的要求和社会角色的期待为依据,个体通过学习社会公认和赞许的关于男女行为的各种准则和规范而获得对男性和女性的认识。处于此阶段的个体所持有的性别角色概念实质上是作为个体社会角色的一部分而存在的,是与社会文化的期待和影响一致的,在个体看来,它又是难以改变的。

第三阶段:14~18岁,心理取向阶段。个体所持有的性别角色概念不再是以社会准则和规范为唯一根据,而是以男女各自具有的内在心理品质为主要依据。对于此阶段的个体来说,性别角色不再以生理性状和社会角色为主要内容,而以个体在心理上所表现出的性别特征为核心。

实际上,处于青少年期的个体很少有人能真正达到第三阶段的标准。青少年对性别角色的认识多数还是社会取向的,且具有一定程度的刻板化。

---

① 张文新.青少年发展心理学[M].济南:山东人民出版社,2002:446.

第六节 道德发展

一、柯尔伯格的道德推理阶段

柯尔伯格(L. Kohlberg,1927—1987)编制了若干道德两难问题,要求不同年龄的儿童对道德问题做出判断和认知,从而形成了道德发展阶段理论。以下是一个经典的两难故事。

海因兹的妻子得了癌症,生命垂危,只有一种药能救她。而这种药是一个药剂师的最新发明。药剂师以高于成本10倍的价格出售,总共需要2000美元。海因兹想尽办法才借到1000美元,只够药费的一半。海因兹请求药剂师便宜点卖给他药,或者允许他赊欠一段时间。但药剂师却说:"不行!我发明这种药就是为了赚钱。"在走投无路的情况下,海因兹在晚上撬开药店的门偷到了药。他应该这样做吗?这么做对不对?为什么?

根据儿童们做出选择时回答的理由,柯尔伯格将个体道德认知发展分为三个水平,每个水平又再分为两个阶段。

(1) 前习俗水平

惩罚定向阶段:儿童对行为判断的主要依据是避免惩罚,服从权威。如:"他不应该偷药,因为他可能被抓住,送进监狱。"

寻求快乐定向阶段:儿童发展了交互的道义,认为自己满足需要的同时,也应该别人满足需要,了解公平和平等交换。如:"他偷药不会得到任何好处,因为他妻子可能会在他出狱前就死了。"

(2) 习俗水平

好孩子定向阶段:儿童对正确行为的判断依据是,使自己在自己和别人眼中都是一个好人,行为良好的动机是愿意服从那些固定化了的规则。如:"他不应该偷药,因为其他人会把他当成一个小偷,他的妻子不会用偷来的东西救自己的命。"

权威定向阶段:儿童不仅关心对社会秩序的遵守,而且关心对这个秩序的维持、支持和论证,认为正确的行为应包含履行一个人的责任、尊敬权威和为了自己而维持已有的社会秩序。如:"尽管他的妻子需要这种药,他不应该为了得到它而触犯法律。法律面前人人平等,他妻子的情况并不能使盗窃变得合法。"

(3) 后习俗水平

社会契约定向阶段:儿童认识到为所有人的幸福和保护所有人的权利而制定和遵守法律。如:"他不应该去偷药,药剂师应该受到谴责,但还是应该保持对他人权利的尊重。"

个体原则的道德定向阶段:儿童信任普遍道德原则的有效性,个人要有对这些原则承担义务的意识。如:"他应该去偷药,接着去自首,他也许会受到惩罚,但他挽救了一个人的生命也值得。"

二、道德推理的性别和文化观点

卡罗尔·吉丽根（C. Gilligan）对柯尔伯格的道德推理理论提出了批评。她指出，柯尔伯格的理论主要建立在对男孩的观察上，这种研究方法忽略了男性和女性在习惯性道德判断上可能存在的差异。她认为，女性的道德判断是以"爱护他人"为基础，逐渐过渡到自我实现阶段，而男性的判断是以"公正"为基础。[①]吉丽根的理论扩展了柯尔伯格的看法，但后续研究表明，她关于男性和女性在道德推理上有独特风格的看法是不正确的。虽然男性和女性在达到成人道德发展水平时所经历的过程有所不同，但他们作为成人做出的道德判断却非常相似。因此，可以认为，成人关于道德两难问题的推理一方面是考虑公正性，另一方面是考虑人道主义。成年后期个体判断的基础会从特定情境的细节转换到一般原则的应用上，道德判断越来越以一般性社会利害关系为基础，而不是以特定的两难问题为基础。

然而有关道德推理中性别差异的争论主要还是就西方文化中的道德推理做出的。跨文化比较研究表明，即使是仅仅对与道德判断有关的情形做出普遍性的结论也是不可能的，文化在定义道德与否时起着极为重要的作用。

 推荐影片

《童梦奇缘》

电影《童梦奇缘》讲述了一个渴望早点长大的少年的故事。小光的母亲在三年前自杀，12岁的小光认为母亲的死是由父亲移情别恋导致的，他总是想方设法给爸爸与新妈妈捣乱，希望早点长大，离开令其讨厌和不快乐的家。一天，他又出走后，来到公园里，遇到一个喜欢进行科研的流浪汉，流浪汉发明了能使生物快速成长的药水。小光无意中得了药水，结果一夜之间就长到二十多岁。小光外表虽是成年人，内心却仍是儿童水平，总是以儿童的言语、行为来应对社会生活，闹出不少笑话。成长太快也带来了麻烦，小光发现自己长得太快了，每过一晚他的年龄都会变大十岁。最终，他终于知道了生母自杀的真相，并有所悔悟。小光终于与家人和解了，他知道了原来自己在家人心中是多么重要。

点评与反思：从发展心理学的视角来观赏《童梦奇缘》，影片中说"生命是一个过程"，以离奇夸张的方式快速展现了一个人从少年到老年的发展历程。最初小光的身体与其心理成长是不同步的，他还是以少年的眼光和方式来解决问题，也

---

① 格里格.心理学与生活[M].王垒,译.北京:人民邮电出版社,2003:320.

正因为如此,他比教练和校长更能理解同学们。但随着小光以成人的形象频频出现,他逐渐适应了自己的新身份,言谈举止变得更加成熟了。只是这一次身体的发展变化太快,他总是不能很好地发展完善自己的心理。影片引起丰富的想象,启发观众理性认识生命、珍惜时间,并注重亲情与沟通,学会正确面对生活和现实。对照现实生活而言,快快长大是许多孩子的梦想,影片中小光突然长大,使他能够用全新的角度来观察自己的生活和周围的人,最终帮助他将对家人的误解和仇恨化解为理解和宽容。更出人意料的是,影片在结尾没有走老套路,让孩子通过神奇的方法或梦的解除又回到原来的生活中,而是让他体验时光的飞速流逝,理解快速生长的代价是衰老,并且无可挽回。在小光刚刚醒悟时,他还在徒劳地寻找解药,但最终他明白了人生的意义。

 实践与实验指导

心理理论实验①

在幼儿园选取3、4、5岁幼儿各一组,控制性别比例均衡,通过以下实验项目考察幼儿获得心理理论的年龄,并比较是否存在性别差异、年龄组差异。

1. 愿望任务

指导语:这是小A,他准备吃点东西,这有两种东西,但只能选择一样来吃(拿出卡片让幼儿看)。自我愿望问题:你喜欢饼干还是苹果? 如果幼儿说喜欢苹果,指导语就是:嗯,真是不错的选择,可是小A平时最喜欢饼干,那么(目标问题):现在他该吃东西了,只能选择一样,他会选择什么? 苹果还是饼干?

答对目标问题计1分。

2. 知识任务

指导语:这是一个盒子,你知道里面装了什么吗? 猜猜看。等幼儿回答后,打开盒子给幼儿看:让我们看看,哦,原来里面是一把尺子。关上盒子,问:好了,那么现在盒子里装着什么呢? 待幼儿回答后,拿出人偶,说:现在小A过来了,

记忆控制问题:那么他看到过盒子里面的东西吗?

目标问题:他知道盒子里面装了什么吗?

幼儿必须两个问题都回答"不"才能得满分2分。

3. 错误信念任务之意外内容任务

主试拿出牙膏盒让被试判断里面装的是什么,然后让被试打开盒子取出里面的东西,辨清是一支铅笔。主试指导被试把铅笔重新装回盒子,恢复到原状。接着主试进行提问。

---

① 杨伶.假装游戏对中度智障儿童心理理论的干预研究[D].陕西师范大学硕士论文,2011.

表征转换问题:"在我还没有打开盒子前,你以为里面是什么?"(若被试无法立即做出回答,将问题进一步简化为:"铅笔还是牙膏?")

错误信念问题:"如果XXX进来,让她看这个盒子,不给她看里面的东西,你猜猜她会以为里面是什么?"("铅笔还是牙膏?")

检测问题:"现在盒子里是什么?"

计分:表征转换问题和错误信念问题均为0/1计分,此任务的最终得分为0~2分。

4. 错误信念任务之意外地点任务

指导语。这是小A,他平时很喜欢玩玩具小汽车(把装在纸盒里的玩具汽车拿出来玩)。玩了一会儿他想睡觉了,就把小汽车藏在这个纸盒子里,然后去睡觉(主试将玩具放到黄盒子里,关上柜门返回)。现在小强睡着了,门也关起来了。他看得到这里吗?对,他看不到,也听不到我们在这里说话。这是弟弟(拿出另一只玩具男孩),他也喜欢玩小汽车。他打开纸盒子把小汽车拿出来玩,然后把小汽车藏在另外一个蓝盒子里,去外面玩了。现在小汽车藏在不同的地方。小强还在睡觉,他知道弟弟玩过小汽车吗?对,他不知道。现在小强睡醒了。

记忆控制问题:"小强把小汽车藏在哪里了?"(若被试无法立即做出回答,将问题进一步简化为:"这里还是那里?")

事实检测问题:"小汽车现在实际上在哪里?"("这里还是那里?")只有被试对上述问题做出正确回答,才继续下面的提问;否则向被试重新演示上述故事,以保证被试对原有位置和当前位置有正确认识。

想法问题:"小强以为小汽车在哪里?"("这里还是那里?")

行为预测问题:"小强首先会去哪里找小汽车?"("这里还是那里?")

计分:想法问题和行为预测问题均为0/1计分,此任务的最终得分为0~2分。

5. 情绪任务

指导语:这是一盒饼干,你们觉得这个饼干盒里面装的是什么呢?(幼儿回答饼干)。这时拿出人偶:这是小A,他平时最喜欢吃饼干,饼干是他的最爱。之后把人偶藏起来,说,小A出去玩了,让我们看看这个饼干盒里到底是什么。打开盒子:让我们看看,原来里面是苹果,不是饼干。

记忆控制问题:小A最喜欢吃什么?

这会小A回来了,他饿了,想吃东西,于是来到饼干盒面前。

目标问题1:当他打开盒子前,他感觉如何?(情绪控制)开心还是伤心?

目标问题2:当他打开盒子后,看见盒子里不是饼干而是苹果,他感觉如何?(情绪控制)开心还是伤心?

每个问题各得1分,共2分。

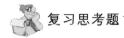复习思考题

一、名词解释

无条件反射 客体恒常性 依恋 同伴关系 自我意识 性别角色 性别恒常性 性别稳定性 性别刻板印象

二、简答

1. 婴幼儿动作发展遵循的主要规律是什么？
2. 儿童言语形成要经过哪几个阶段，表现出怎样的特点？
3. 同伴关系对于儿童社会交往能力的发展具有怎样的意义？
4. 什么是自我同一性？
5. 请结合实例解释青少年反抗心理产生的原因。
6. 简述青少年人际交往的特点。

三、论述

1. 简述皮亚杰的心理发展阶段理论，根据最新研究数据对其理论进行分析评论。
2. 埃里克森将人的一生划分成哪几个发展阶段？简述各阶段的主要内涵。
3. 柯尔伯格对个体道德认知的发展阶段是怎样划分的？

四、案例分析

1. 两家人抱错孩子7年，换还是不换？

贝贝和晶晶是同一天在同一家医院里出生的，她们的出生时间只相隔5分钟。由于医院护士的过失，两个女婴被分别抱给另一方的家长。随着两人逐渐长大，家长发现女儿长相与父母差异很大。当地法院根据法医学司法鉴定，认定了两人目前的养父母并非其亲生父母，并判决两个家庭达成有关监护权、抚养权相互变更的协议，由其各自将亲生女儿接回到各自的家中。但两家父母对抚养多年的养女也难以割舍。

请从发展心理学的观点分析：两家人是否该换回自己的孩子？

2. 狼孩与猪孩

1920年，在印度加尔各答附近的一个山村里，人们打死大狼后，在狼窝里发现了两个由狼抚育过的女孩，其中大的年约七八岁，被取名为卡玛拉，小的约两岁，被取名为阿玛拉。后来她们被送到一个孤儿院去抚养。她们刚被发现时，生活习性与狼一样：用四肢行走；白天睡觉，晚上出来活动，怕火、光和水；只知道饿了找吃，吃饱了就睡；不吃素食而要吃肉（不用手拿，放在地上用牙齿撕开吃）；不会讲话，每到午夜后像狼似地引颈长嚎。阿玛拉于第2年死去，卡玛拉又活了9年，到17岁时死亡。经过7年的教育，卡玛拉才掌握了45个词，勉强说几句话，开始朝人的生活习性迈进。她死时估计已有17岁左右，但其智力只相当三四岁的孩子。

1974年,王显凤出生于辽宁省台安县某村。她的母亲患病,父亲是聋人,缺乏照顾的她与猪为伍,形成了猪的习性,1984年才被人发现。经检测,这个11岁的孩子头脑中混沌一片,没有大小、长短、上下、颜色等概念,几乎没有记忆力、注意力、想象力、意志力和思维能力,甚至表现的情绪也极为原始简单,只有怨、惧、乐,没有悲伤。据测量她的智商为39分。中国医科大学组织人员采用特殊引导的教育方法帮助王显凤认字、念诗,培养其独立生活的能力。7年后测定,王显凤的智力相当于小学二三年级水平,智商达到69分,社会交往能力基本达到了正常人水平。

通过狼孩与猪孩的事例,分析心理发展关键期的重要意义。

主要参考文献

[1] 陈帼眉.学前儿童发展心理学[M].北京:北京师范大学出版社,1995.

[2] 林崇德.发展心理学[M].北京:人民教育出版社,1995.

[3] 孟昭兰.心理学[M].北京:北京大学出版社,2006.

[4] 彭聃龄.普通心理学[M].北京:北京师范大学出版社,2001.

[5] 张春兴.教育心理学[M].杭州:浙江教育出版社,1998.

[6] 张文新.青少年发展心理学[M].济南:山东人民出版社,2002.

[7] 谢弗,基普.发展心理学[M].邹泓,等译.北京:中国轻工业出版社,2009.